HISTOIRE ET PHILOSOPHIE DES SCIENCES
sous la direction de Bernard Joly et Vincent Jullien
8

L'Observation scientifique

Ouvrage publié avec le soutien de l'Institut
d'histoire et de philosophie des sciences et des techniques
(CNRS, Université Paris 1 – Panthéon-Sorbonne, ENS)

Vincent Israel-Jost

L'Observation scientifique

Aspects philosophiques et pratiques

PARIS
CLASSIQUES GARNIER
2015

Vincent Israel-Jost est chercheur postdoctorant à l'université catholique de Louvain (Belgique). Il a obtenu un doctorat en philosophie des sciences en 2011 à l'université Panthéon-Sorbonne et en mathématique appliquées à l'imagerie médicales en 2006 à l'université Strasbourg I. Ses travaux portent à la fois sur la production des images médicales et sur leur statut épistémologique.

ISBN 978-2-8124-3533-1 (livre broché)
ISBN 978-2-8124-3534-8 (livre relié)
ISSN 2117-3508

PRÉFACE

Il fut un temps où un compte rendu d'observation en science pouvait faire état de sensations directement éprouvées par l'observateur. Testant différents filtres au foyer de son télescope pour observer le Soleil, l'astronome William Herschel parle, dans ses carnets d'observation rédigés au court de l'année 1800, de la sensation plus forte de chaleur qu'il ressent lors de l'utilisation de certains filtres. De telles *sense data*, il n'est plus guère question dans l'immense majorité des comptes rendus d'observation scientifique aujourd'hui. Lorsque le CERN annonce le 4 juillet 2012, lors d'une conférence, l'identification du boson de Higgs (une particule élémentaire jouant un rôle clef dans le modèle standard de la physique des particules), il est aussi question d'observation, mais en un sens on ne peut plus éloigné de celui de l'observation du phénomène de chaleur radiante par Herschel. « Nous observons dans nos données des indices clairs d'une nouvelle particule, au niveau de 5 sigmas, dans la gamme de masses autour de 126 GeV », déclare la porte-parole d'une des expériences engagées dans la quête observationnelle de cette particule[1]. L'observation du boson de Higgs est à ce titre exemplaire de la plupart des processus scientifiques d'investigation observationnelle aujourd'hui : l'expérience sensible individuelle n'y joue aucun rôle épistémologiquement significatif. Certes, elle intervient encore en science, mais elle le fait en bout de chaine pour ainsi dire du processus observationnel – le scientifique va regarder l'image ou la courbe produite par ce processus – plutôt qu'en début de chaine, en tant que source d'input physique comme dans l'expérience commune.

On peut dès lors regretter que nombre de discussions en philosophie des sciences sur la nature et le rôle de l'observation attribuent traditionnellement à cette dernière des caractéristiques qui se révèlent bien peu

1 Communiqué de presse du CERN du 4 juillet 2012, ayant pour titre : « Les expériences du CERN observent une particule dont les caractéristiques sont compatibles avec celles du boson de Higgs tant attendu ». http://cds.cern.ch/journal/CERNBulletin/2012/28.

appropriées lorsque l'on prend acte de la transformation des pratiques scientifiques d'observation au courant du XXe siècle. L'idée philosophique d'une observation sensible, directe, a-théorique, si elle pouvait avoir encore quelque pertinence au temps de Herschel, semble aujourd'hui en effet tout simplement obsolète, étant donné le recours de plus en plus massif à l'instrumentation et au traitement des données. Pourtant, des débats majeurs en philosophie des sciences continuent de se construire sur cette idée. Ainsi, lorsque les anti-réalistes s'opposent aux réalistes au sujet de raisons de croire, ou non, à l'existence des entités inobservables postulées par nos meilleurs théories, la frontière entre observable et inobservable continue d'être tracée en référence à ce qui peut être observé directement, sans instrument, par nos sens. Électrons, protons, séquences d'ADN, et même parfois encore atomes se retrouvent ainsi dans la catégorie des entités inobservables. Que l'on puisse alors encore débattre philosophiquement de leur existence, du seul fait que ces entités ne sont pas directement accessibles à nos sens, peut assurément laisser perplexe quiconque est engagé, au laboratoire, dans des processus d'étude et de manipulation de ces entités.

On ne peut dès lors que souhaiter que cet écart – ou faudrait-il parler de retard ? – entre le discours philosophique et la réalité des pratiques scientifiques soit comblé. Et c'est précisément ce que se propose de faire Vincent Israel-Jost dans cet ouvrage aussi nécessaire que novateur. Son projet est en effet de redéfinir la notion d'observation en science en prenant acte des évolutions des moyens d'investigation empirique qui ont marqué ces dernières décennies. Un tel projet est doublement risqué puisqu'il s'agit de revenir sur une notion centrale en épistémologie, et de ce fait très implantée dans les discours philosophiques, et de le faire avec l'ambition que cette redéfinition soit pertinente aux yeux des scientifiques. Le pari est brillamment gagné : combinant les deux qualités essentielles qu'exige un tel projet, à savoir une compréhension épistémologiquement très fine du rôle de l'observation en science, et une connaissance de première main de méthodes actuelles d'investigation empirique, Vincent Israel-Jost, au fil de pages d'un style toujours limpide, réussit à élaborer une nouvelle conception de l'observation scientifique à la fois précise, riche et stimulante sur le plan épistémologique, et ancrée dans la réalité complexe des pratiques observationnelles d'aujourd'hui.

Sa proposition peut au final se résumer ainsi : l'observation doit être conçue comme une limite stable d'un processus itératif, correctif, consistant en une évolution conjointe des énoncés d'expérience et du cadre conceptuel de l'investigateur. Une telle conception est novatrice à plusieurs titres. En proposant une justification de nature cohérentiste des énoncés d'observation, elle permet de s'affranchir de leur cadre traditionnel de justification que constitue le fondationnalisme. Dans ce cadre, des énoncés auto-justifiés, en l'occurrence des énoncés d'observation élémentaires font office de fondements de la connaissance. Or, comme le rappelle Vincent Israel-Jost, une telle conception fondationnaliste n'est plus guère tenable aujourd'hui, à la suite notamment des objections devenues classiques que sont la critique de la notion de « donné » développée par Wilfrid Sellars ou encore le problème de la charge théorique mis en avant par Norwood Russell Hanson. Pour autant, faut-il abandonner toute ambition de conserver aux énoncés d'observation l'autorité épistémique qui découlait de leur auto-justification ? Un autre apport important de la conception de l'observation proposée dans cet ouvrage est précisément qu'elle permet de rompre ce couplage traditionnel entre autorité et autonomie. En développant une analyse détaillée des mécanismes d'interdépendance entre les énoncés d'expérience et le cadre conceptuel du sujet, Vincent Israel-Jost montre comment la nature itérative de l'investigation empirique assure la possibilité d'une stabilisation de ses résultats. Une telle stabilité est alors ce qui assure le statut privilégié que l'on doit accorder aux énoncés d'observation, en cas de conflit avec des énoncés d'origine non observationnelle. L'« empirisme itératif » que propose Vincent Israel-Jost parvient ainsi à restituer une réelle autorité épistémique aux énoncés d'observation, hors de tout cadre fondationnaliste de justification. Il s'agit là, déjà, d'un apport majeur au champ de la philosophie générale des sciences. Mais l'ouvrage va plus loin.

Dans une démarche qui n'est pas sans rappeler celle de Pierre Duhem lorsqu'il invite son lecteur, afin qu'il puisse bien saisir la nature d'une expérience de physique, à entrer dans un laboratoire du début du XXe siècle, avec ses tables encombrées de bobines, fils de cuivre entourés de soie et barres de fer oscillantes, Vincent Israel-Jost nous conduit dans la seconde partie de son ouvrage au cœur de pratiques scientifiques actuelles en matière de recueil, de traitement et d'interprétation des données. L'observation scientifique cesse alors tout à fait d'être cette boite noire qu'elle continue trop souvent d'être dans les discussions épistémologiques : le lecteur peut saisir dans toute leur complexité et leur diversité les processus effectivement mis en œuvre par les scientifiques, mais aussi les difficultés qu'ils rencontrent, pour aboutir à des énoncés d'observation stables. Désormais ancré dans un examen précis des pratiques scientifiques, le cadre épistémologique de l'empirisme itératif élaboré dans la première partie s'en trouve renforcé.

L'importance d'un ouvrage ne se mesure pas seulement à la pertinence et à l'originalité des thèses qu'il propose, elle se mesure aussi aux nouveaux chantiers ou voies de recherche que ces thèses ouvrent ou renouvellent. De ce deuxième point de vue, le présent ouvrage est tout autant une réussite. Je n'évoquerai ici que trois domaines de réflexion, parmi bien d'autres, qui peuvent à mon sens bénéficier directement de la nouvelle conception de l'observation scientifique élaborée par Vincent Israel-Jost. Avec l'essor des capacités informatiques de calcul, les simulations numériques sont devenues, dans de nombreuses disciplines, une composante essentielle de l'enquête scientifique. Les philosophes des sciences s'intéressent de plus en plus à ce nouveau mode d'investigation du monde, s'interrogeant en particulier sur sa spécificité et sa nouveauté au regard des deux autres modes, traditionnels, que sont la théorisation mathématique et l'expérimentation / observation. Une question centrale est alors de savoir si les données produites par simulation peuvent remplacer les données observationnelles. Nul doute que les réflexions sur cette question s'enrichiront de la redéfinition de l'observation opérée dans cet ouvrage. Le débat entre réalistes et anti-réalistes, évoqué plus haut, gagnerait lui aussi assurément en pertinence en abandonnant le critère d'observabilité directe par les sens pour se reconstruire sur la notion d'observabilité qui découle de l'empirisme itératif. Enfin, on ne saurait aujourd'hui surestimer l'importance de la question de l'autorité de la science dans nos sociétés. À l'heure où nombre de décisions politiques font intervenir des formes d'expertise scientifique, il est essentiel de réfléchir aux raisons d'accorder cette autorité épistémique à la science. Et il semble raisonnable d'attendre que de telles réflexions se nourrissent de la façon dont, à l'intérieur des sciences, certains résultats acquièrent stabilité et autorité.

Stéphanie RUPHY
Professeure de philosophie
à l'université Grenoble-Alpes

INTRODUCTION

> Et bien que personne, sinon un niais ou un fou, ne prétende contester l'autorité de l'expérience, ou rejeter ce grand guide de la vie humaine, il peut être permis à un philosophe, ma foi, d'avoir du moins assez de curiosité pour faire l'examen du principe de la nature humaine qui donne cette puissante autorité à l'expérience.
> David HUME

À la fin du XIXe siècle, le physicien allemand Röntgen découvre les rayons X alors qu'il expérimente sur les rayons cathodiques. Au terme de quelques semaines de recherches intensives, il parvient à caractériser l'interaction de ces nouveaux rayonnements avec la matière : ils traversent un livre de 1000 pages ; il faut plusieurs couches de papier aluminium pour que leur ombre soit visible ; le bois est très transparent. Une assiette en aluminium de 15 mm d'épaisseur atténue considérablement, mais pas complètement le rayonnement tandis que le caoutchouc laisse passer les rayons. D'autres types de matériaux sont encore considérés, ainsi que l'interaction des rayons X avec le corps humain : si l'on tend la main entre l'appareil émetteur de ces rayons et l'écran qui les détecte, on voit les ombres[1] plus foncées des os à l'intérieur de l'ombre beaucoup plus claire de la main[2].

Cette découverte marque le début d'une révolution dans les pratiques d'investigation empirique des scientifiques. En quelques décennies ont été développés des instruments qui détectent différents types d'ondes

1 En radiologie, un faisceau de rayonnement X est atténué par les matériaux qu'il traverse. Ce qui est détecté est donc la partie restante du rayonnement, si bien que les matériaux les plus atténuants apparaissent sur un film comme des ombres.

2 W. Röntgen, « On a New Kind of Rays », *Nature*, vol. 53, 1896, p. 274-276.

électromagnétiques (ondes radio, micro-ondes, infrarouges, ultraviolets, rayons gamma, etc.) et mécaniques (dans l'air, dans l'eau ou encore les tissus biologiques). Ces instruments ont permis, au courant du XXe siècle, d'explorer toutes sortes de phénomènes jusque-là inaccessibles. Il s'agit de phénomènes qui n'auraient pu être détectés ni par les sens humains non assistés, ni par des instruments optiques tels que le microscope et le télescope. Le radiotélescope, par exemple, qui détecte les ondes radio, a permis la découverte d'objets astronomiques n'émettant pas de lumière visible tels que les pulsars et les quasars.

Ces instruments rendent également possible, et c'est là un fait souvent négligé, l'exploration de phénomènes qui étaient déjà observés. Mais ils montrent ces phénomènes différemment, sous d'autres aspects, ou bien ils permettent de réaliser en pratique des explorations qui n'étaient possibles qu'en principe. Des galaxies visibles avec de puissants télescopes optiques le sont également par la détection du rayonnement infrarouge, qui apporte une information complémentaire sur ces objets tandis que les os de la main, qui sont parfaitement *observables*, ne sont jamais observés chez les sujets vivants. Ils sont en revanche parfaitement visibles sur une radiographie comme l'a démontré Röntgen.

Depuis les années 1960, une deuxième révolution a lieu dans les pratiques de l'investigation scientifique. Il s'agit de l'informatisation des instruments qui sont les uns après les autres devenus *numériques*. La distinction traditionnelle qui s'imposait il y a encore une vingtaine d'années entre instruments d'imagerie, produisant des images sur des plaques sensibles ou des films, instruments d'observation, à travers lesquels on regarde comme un prolongement de l'œil, et les appareils de mesure d'une propriété physique n'a plus lieu d'être et n'est même plus tenable. Tous ces instruments font désormais partie d'une même famille puisqu'ils sont équipés de détecteurs, sensibles à une propriété physique, et qu'ils délivrent des *données* numériques, c'est-à-dire des listes de nombres. À l'heure actuelle, on regarde de moins en moins à travers un télescope ou un microscope. On regarde un écran sur lequel sont affichées des listes de nombres (des mesures) sous forme d'images. En quoi ces progrès techniques ont-il engendré une révolution de l'investigation scientifique ?

L'informatisation des instruments et la numérisation des données a d'abord des retentissements d'ordre pratique, dans l'archivage et le stockage de données, l'aisance avec laquelle elles peuvent être échangées immédiatement d'un coin à l'autre de la planète ainsi que leur reproductibilité sans aucune perte de qualité et à coût à peu près nul. D'autre part, le format numérique des données les rend extrêmement *plastiques*. Elles peuvent, comme je l'ai dit plus haut être visualisées sous forme d'images, mais aussi de courbes, de tableaux ou de listes de nombres. Lorsqu'il s'agit d'images, les couleurs, le contraste, le facteur de grossissement et bien d'autres paramètres peuvent être modifiés à la seconde pour obtenir le rendu le mieux accessible à l'investigateur. Enfin, et il s'agit là à mon sens de l'apport le plus important du format numérique des données, celles-ci peuvent être considérées comme des objets mathématiques sur lequel des calculs peuvent être effectués par ordinateur. Les données peuvent être *traitées* numériquement.

Le traitement numérique des données ouvre un nombre impressionnant de nouvelles possibilités dans l'exploration des phénomènes. Il permet de corriger certains défauts des instruments en diminuant le « bruit » des mesures (les signaux parasites qui viennent se rajouter à la mesure) ou en réduisant notablement le flou de certaines images. Ce faisant, il rend les données mieux compréhensibles et en facilite l'interprétation. Le traitement des données peut transformer un instrument existant en un nouvel instrument aux capacités exploratoires démultipliées. Le scanner X, par exemple, qui produit des images tridimensionnelles de toutes sortes d'entités, et notamment des organes humains, n'est autre qu'un appareil de radiographie numérique, produisant des radiographies bidimensionnelles à partir desquelles sont mathématiquement reconstruites des images en volume. On pourrait donc se dire qu'il n'y a pas plus dans ces images tridimensionnelles que dans une série d'images bidimensionnelles, mais ce n'est pas le cas. Il suffit de comparer la netteté d'une image de coupe de scanner X à l'enchevêtrement des structures projetées sur une même image radiographique en surimpression pour se convaincre que le scanner permet de voir des phénomènes absolument invisibles en radiologie. Enfin, certains dispositifs *deviennent* des instruments d'exploration parce que les données qu'ils produisent sont traitées. L'imagerie par résonance magnétique (IRM) en est le meilleur exemple. Les données produites par une IRM sont absolument ininterprétables sans une lourde phase de calculs qui aboutit à la production d'images qui sont, elles, parfaitement interprétables. Je reviendrai en détail sur ces instruments tout au long de ce travail.

Pourquoi penser que le concept d'observation permettrait d'analyser ces nouvelles pratiques de l'investigation de manière féconde ? Et pourquoi serait-il important de distinguer celles de ces pratiques qui relèvent de l'observation et celles qui n'en relèvent pas ? L'examen des travaux relativement récents qui ont été consacrés à l'observation dans une perspective pratique, tenant compte des moyens mis en œuvre dans l'investigation empirique contemporaine, n'est pas d'une très grande aide pour répondre à ces questions. En effet, en dépit de débats philosophiques étoffés, il n'y a pas à ce jour de consensus sur la possibilité d'utiliser certains instruments à des fins d'observation. Pourtant, de cet échec relatif, il me semble qu'il ne faut pas tirer la conclusion selon laquelle l'observation, thème jusqu'ici classique de la philosophie des sciences, serait inadaptée à l'étude des pratiques actuelles. Mais pour que le concept d'observation puisse éclairer ces pratiques, il faut aussi que les nouvelles formes d'exploration empirique contribuent à la refonte d'un concept dont les origines précèdent de loin toutes les innovations que j'ai mentionnées. Il ne s'agit donc pas tant de fonder l'analyse des pratiques contemporaines de l'investigation empirique sur un concept d'observation solide et bien implanté dans l'histoire de la philosophie que de confronter la pratique à un concept en cours de révision.

S'il est entendu que l'observation doit être repensée à la lumière des nouvelles pratiques de l'investigation empirique, que faut-il garder de tous les développements qui ont été produits à son sujet ? D'où faut-il partir pour entamer ce travail ? En dépit des dissonances entre acteurs des différents débats sur l'observation, on peut identifier un accord entre eux pour ce qui est de leur projet très général, qui est d'éclairer le rôle épistémique de l'expérience dans une perspective empiriste. C'est pour cette raison que le point de départ que je propose est l'examen des origines de l'observation dans l'empirisme, dont elle est un concept clé.

La doctrine empiriste veut souligner la place dominante de l'expérience dans la formation et dans l'évolution de la connaissance. Prenons celles de nos expériences pour lesquelles quelque objet extérieur à notre conscience est à l'origine d'une stimulation sensorielle. Toute expérience de ce type ne permet pas forcément au sujet d'apprendre quelque chose, et ce pour plusieurs raisons. Par exemple, le sujet a pu ne pas prêter attention à cette stimulation parce qu'il était absorbé par une pensée ou bien parce que rien dans cette expérience n'a attiré son attention, si bien qu'il n'est arrivé à aucun résultat épistémique. Une autre possibilité est que le sujet voulait apprendre quelque chose, ce qui l'a mis dans le bon état d'attention, mais son expérience n'a pas été suffisamment claire. Il a pu faire trop sombre pour voir ; ou ce qu'il y avait à entendre était couvert par d'autres bruits parasites, etc. Toute expérience n'aboutit donc pas à un résultat épistémique, et encore moins à un résultat épistémique qui soit fécond, pertinent pour le sujet et qui ait une véritable valeur pour la constitution de la connaissance du sujet. En revanche, l'observation traduit la possibilité de nous en remettre à certaines expériences qui, dans des conditions extérieures bien déterminées et pour des sujets dont l'état de la perception et l'état d'attention sont adéquats, contribuent à la fois à l'acquisition de nouvelles connaissances et à la mise à l'épreuve de celles qui sont déjà constituées.

Cette double fonction vis-à-vis de la connaissance est cruciale pour comprendre en quoi l'observation est un concept fondamental en théorie de la connaissance et en philosophie des sciences. Elle ne traduit pas l'existence d'observations de plusieurs types différents mais les deux facettes, constructive et destructive, d'une même activité. La première fonction de l'observation est de nous faire apprendre sur les états de choses du monde. Nous accumulons ainsi de la connaissance factuelle de laquelle peuvent être tirés d'autres types de connaissance : des généralisations, des lois, des théories, etc. La seconde est d'opposer une force de résistance à la connaissance non observationnelle. L'observation sert donc aussi à la révision de la connaissance dont elle a contribué au départ à la création. Cette fonction critique est particulièrement importante, pour la connaissance scientifique collective comme pour la connaissance individuelle du quotidien, parce qu'elle permet un progrès par le remplacement graduel de nos généralisations, lois, théories, etc. par d'autres qui sont en meilleure adéquation avec les faits.

Défendre le rôle critique de l'observation vis-à-vis de la connaissance constituée, c'est déjà arriver au nœud du problème auquel ont été confrontés les philosophes. C'est bien en effet pour défendre ce rôle que l'observation a souvent été envisagée comme étant directe, a-théorique, passive et neutre. Ces qualificatifs visent à défendre la thèse selon laquelle l'observation nous délivre les connaissances les plus indubitables et les plus fondamentales, sur lesquelles l'ensemble de la connaissance scientifique peut être fondé et à partir desquelles elle peut être rejetée. Elle doit être directe parce que des intermédiaires sont des sources d'erreur, a-théorique parce qu'elles doit permettre de remettre en cause nos meilleures théories, passive pour que l'observateur soit un pur receveur de ces connaissances fondamentales et neutre, ce qui signifie que l'observateur ne doit pas déformer la réalité en y projetant des attentes ou des désirs. L'observation ainsi conçue doit fournir des connaissances caractérisées par une *autorité épistémique* la plus élevée qui soit. Mais ces qualificatifs posent également autant de contraintes qui pèsent sur l'observation et la rendent inadaptée au traitement des pratiques contemporaines de l'investigation empirique.

Ainsi, si l'on considère les diverses contributions philosophiques sur l'observation que je présenterai au cours de cette étude, deux positions se dessinent. La première, qui est essentiellement motivée par des considérations épistémologiques, garde à l'esprit les deux fonctions de l'observation que j'ai identifiées et aboutit pour cela à une forme canonique d'observation réalisée à l'œil nu, sans instrument, et par un observateur qui cherche à garder son esprit vierge de toute influence épistémique autre que son expérience. Elle exclut de fait l'usage des instruments qui rend l'expérience indirecte et chargée de théorie, ainsi que le traitement des données qui va à l'encontre de la neutralité de l'observation puisque les données sont souvent filtrées et épurées. Parce qu'il s'agit à ce jour à mon avis de la position la plus influente dans les débats sur l'observation, je nomme cette conception la « conception traditionnelle de l'observation ». La seconde position, plus libérale, met davantage l'accent sur les pratiques et cherche notamment à accommoder l'usage des instruments dans l'observation pour rendre compte de la somme de connaissance que ces instruments nous permettent d'acquérir. Ce faisant, elle garde à l'esprit la première fonction de l'observation, la collecte de connaissances factuelles, mais elle tend à négliger la seconde. La raison en est qu'une observation instrumentée, mettant en jeu des dispositifs complexes et reposant sur des théories ne peut plus être considérée comme étant épistémiquement mieux assurée que les théories qu'elle pourrait servir à tester.

L'objectif principal de cette étude est de proposer une voie qui permette de dépasser le clivage entre ces deux positions, en défendant la thèse selon laquelle certaines des pratiques actuelles reposant sur l'usage d'instruments et même de traitement des données relèvent de l'observation et que cela confère aux résultats qu'elles apportent une forte autorité épistémique et la possibilité de remettre en cause la connaissance déjà possédée par un sujet ou une communauté de sujets. Cette thèse s'appuie sur le constat qu'en dépit de la complexité des méthodes actuelles d'investigation empirique et de l'intrication entre la connaissance théorique et celle qui est tirée de ces investigations, nos théories continuent d'évoluer et parfois d'être fortement ébranlées sous la pression de l'expérience et que celle-ci doit donc avoir une forme d'autorité épistémique.

Je propose pour cela deux grandes parties, chacune divisée en quatre chapitres. La première partie traite du problème de l'attribution d'un privilège épistémique aux énoncés d'observation en dépit de l'interdépendance entre théorie et observation. Ma proposition est destinée à répondre à la fois aux exigences épistémologiques imposées par les deux fonctions de l'observation (apprentissage sur les états de chose du monde et remise en question de la connaissance déjà constituée) et à la prise en compte des nouvelles pratiques de l'investigation empirique. La seconde partie traite des conditions pratiques de l'observation. J'y étudie successivement le rôle du sujet et de son savoir, celui des instruments d'observation et celui du traitement des données. Enfin, le dernier chapitre présente une étude de cas venant à la fois illustrer et mettre à l'épreuve les thèses défendues dans les chapitres précédents. Clôturant ce travail sur l'observation scientifique, cette étude de cas en est également à l'origine puisqu'elle s'appuie sur des travaux de recherche que j'ai menés dans le domaine des mathématiques appliquées à l'imagerie biomédicale[1] et qui m'ont conduit à formuler la plupart des questions abordées ici.

1 Ces recherches ont été menées entre 2002 et 2006 dans le service de Biophysique et Médecine Nucléaire de l'hôpital de Hautepierre dirigé par M. le Professeur André Constantinesco. Elles ont abouti à l'obtention d'un doctorat en mathématiques appliquées. Voir V. Israel-Jost, « Optimisation de la reconstruction en tomographie d'émission monophotonique avec collimateur sténopé », Thèse de doctorat, université Louis Pasteur, 2006.

Cet ouvrage étant tiré de ma thèse de doctorat en philosophie des sciences, il a largement bénéficié des remarques et conseils de mes deux co-directeurs, Anouk Barberousse et Jean Gayon. La version finale du manuscrit de thèse a ensuite pu être remaniée pour obtenir le texte de cet essai grâce notamment à l'examen minutieux qu'en avaient fait Gerhard Heinzmann, Thierry Martin et Stéphanie Ruphy, que je remercie en outre d'avoir accepté d'écrire la préface. Je tiens également à remercier l'Institut d'histoire et philosophie des sciences et techniques (CNRS, Paris 1, ENS), d'une part pour avoir fourni un cadre idéal à la rédaction de mes travaux, et d'autre part pour le soutien financier qui a été accordé par son directeur, Jean Gayon, à la publication de cet ouvrage. Enfin, merci à André Constantinesco et Philippe Choquet qui m'ont accueilli dans le service de biophysique et médecine nucléaire de l'hôpital de Hautepierre pendant l'élaboration de ma thèse de doctorat en mathématiques appliquées à l'imagerie médicale, et dont l'initiation patiente aux techniques d'imagerie aura été indispensable à l'orientation de mes travaux en philosophie.

PREMIÈRE PARTIE

CONCEPTIONS PHILOSOPHIQUES DE L'OBSERVATION

PRÉSENTATION DE LA PREMIÈRE PARTIE

L'examen de la littérature philosophique sur l'observation peut décontenancer le lecteur par l'ampleur et la variété des débats qu'il révèle. Quelques auteurs se sont interrogés à propos de la possibilité même d'observer certains phénomènes tandis que d'autres se sont préoccupés des instruments en général, ou certains instruments particuliers, pour savoir s'ils pouvaient servir à des fins d'observation. D'autres discussions portent sur la connaissance qui est requise ou non pour observer : faut-il savoir comment marche un microscope pour l'utiliser correctement ? Faut-il être un biologiste confirmé pour prétendre être un bon observateur dans le domaine de la biologie ? Enfin, des débats plus anciens portent sur la forme syntaxique des énoncés d'observation et sur l'obligation d'associer ou non à l'observation un langage spécifique qui exclut certains termes jugés trop théoriques. En considérant ces débats, qui semblent tous procéder de questions légitimes, on peut s'interroger sur la nature d'un travail portant sur la notion d'observation en général. Plutôt que d'aborder ces différentes questions indépendamment en pensant qu'y apporter une réponse mènera à une conception complète de l'observation, il me semble qu'une étude généraliste sur l'observation peut éclairer ces débats et introduire un ordre, c'est-à-dire des questions plus pressantes ou plus fondamentales que d'autres.

Le premier chapitre a donc une fonction essentielle dans cette étude, en proposant une stratégie d'ensemble pour prendre position dans les différents débats sur l'observation. J'y distingue les questions d'ordre extensionnel, qui visent à déterminer quelles sont les situations concrètes qui relèvent de l'observation, et les questions liées à l'intension du concept d'observation. Le développement de ce que j'appelle une « préconception » de l'observation répond à la question fondamentale qui sous-tend le reste de l'étude : qu'attendons-nous d'une observation ?

C'est le résultat attendu de l'observation qui reflète l'intension du concept, et ce n'est qu'une fois ce résultat clairement exposé que l'on saura traiter des questions extensionnelles. En somme, pour traiter des questions extensionnelles, par exemple si un instrument X peut servir à des fins d'observation, il faut se demander si l'utilisation de X permet d'atteindre le résultat visé par l'observation.

La thèse principale que je défends ici est que l'observation aboutit à un résultat épistémique, sous la forme de rapports ou d'énoncés d'observation, et que ces énoncés d'observation jouissent d'un privilège épistémique par rapport aux énoncés d'origine non observationnelle. C'est la détermination précise de ce privilège et de la manière dont il peut être défendu qui structure cette première partie pour arriver à une conception de l'observation. Pour cela, je montre que la conception de l'observation développée par les philosophes de l'empirisme logique au début des années 1930, que j'identifie comme étant la plus influente dans les différents débats sur l'observation, est elle-même née du souci d'attribuer aux énoncés d'observation un privilège. Cette conception « traditionnelle » repose sur la thèse selon laquelle les énoncés d'observation peuvent servir de fondement à la connaissance en raison d'un mode de justification particulier. Selon la conception traditionnelle de l'observation, les énoncés d'observation sont autonomes par rapport au reste de la connaissance. Ils modifient la connaissance des sujets sans être modifiés en retour par l'état de la connaissance d'un sujet ou de la communauté de sujets. Étant autonomes, ils sont auto justifiés puisque leur justification n'a pas à reposer sur d'autres énoncés.

Pour importante que soit cette conception de l'observation, je montre ensuite qu'elle n'a pas résisté à la vague des critiques qui lui ont été adressées en particulier depuis le milieu des années 1950. C'est de manière générale l'autonomie des énoncés d'observation qui a été contestée et à laquelle on a opposé la « charge théorique de l'observation ». Ces critiques, que j'expose en détail et dont je soutiens la validité, n'ont cependant pas abouti selon moi au développement d'une nouvelle conception de l'observation qui soit complète. En effet, le rejet de l'autonomie des énoncés d'observation s'est accompagné d'un renoncement à défendre le privilège épistémique de ces énoncés, tandis que les quelques travaux qui ont porté sur la défense du privilège des énoncés d'observation ont immanquablement pris la forme d'un retour au fondationnalisme épistémologique qui sous-tend la conception traditionnelle de l'observation.

Dans le dernier chapitre de cette partie, je propose donc une conception de l'observation qui défend le caractère privilégié des énoncés d'observation tout en reconnaissant l'interdépendance inéluctable entre ces énoncés et la connaissance déjà possédée par le sujet. Je tire pour cela les leçons de l'échec de la conception traditionnelle de l'observation en dissociant la défense du privilège épistémique des énoncés d'observation de leur mode de justification dont j'affirme qu'il ne diffère pas de la justification des énoncés d'origine non observationnelle. Ma défense du privilège épistémique des énoncés d'observation demande de considérer l'observation comme l'aboutissement d'une investigation empirique dynamique. Je montre que l'autorité des résultats d'une investigation empirique se construit graduellement, à mesure que le cadre matériel, conceptuel et doxastique du sujet ou de la communauté impliquée dans l'investigation se stabilise.

UNE PRÉCONCEPTION DE L'OBSERVATION

Dans son livre *Les fondements philosophiques de la physique*, Carnap consacre un chapitre à l'observation et souligne la différence de sens prise par ce terme entre scientifiques et philosophes. Alors que pour ces derniers l'observation est prise dans un sens restreint pour l'associer à la seule perception, les scientifiques n'hésitent pas à considérer que des expériences médiates, pour lesquelles un téléphone a servi à faire parvenir le son d'une voix ou un microscope optique a été utilisé pour obtenir une image grossie d'un échantillon, sont des cas clairs d'observation. Il poursuit :

> Il serait vain de chercher à savoir lequel des deux, du philosophe ou du physicien, fait un bon usage du terme d'« observable ». On passe de façon continue des observations sensibles directes aux observations réalisées à l'aide de méthodes extrêmement complexes et indirectes. Il est évident qu'on ne peut pas tracer dans ce continuum une ligne de démarcation qui soit nette ; c'est une affaire de degré[1].

La remarque de Carnap est surprenante car elle montre avec un certain détachement qu'il est difficile de définir clairement l'observation, alors que ce concept joue un rôle extrêmement important dans sa philosophie, comme dans celle de l'empirisme logique en général. Selon lui, l'extension du concept est floue et ne permet pas aux communautés philosophiques et scientifiques de s'entendre pour déterminer s'il faut ou non compter une transmission téléphonique ou ce que l'on peut voir au moyen d'un microscope comme des observations. Et ce qu'il semble suggérer dans ces lignes est que l'absence d'un accord sur ce qui compte comme une observation n'est pas un problème qui mérite d'être

---

1 R. Carnap, *Philosophical foundations of Physics : An Introduction to the Philosophy of Science*, Basic Books, 1966 (p. 66). *Les fondements philosophiques de la physique*, traduction par Jean-Mathieu Luccioni et Antonia Soulez, Armand Colin, 1973.

élucidé. Chacun peut comprendre ce qu'est l'observation en fonction de différents contextes et l'identifier à l'observation sensible directe, par la perception non assistée, lorsque ce terme apparaît dans un texte d'épistémologie, ou faire reposer l'observation sur les données produites par des instruments complexes dans un article scientifique.

Reconnaître un tel écart de sens et l'accepter comme une chose naturelle ne peut conduire qu'à des problèmes philosophiques profonds que la dichotomie proposée par Carnap entre *la* position des philosophes et *celle* des scientifiques tente de contenir. Ainsi, faute d'un accord entre ces deux camps, il y en aurait au moins un parmi les philosophes et parmi les scientifiques. Pour Carnap, il existe donc une théorie de l'observation standard chez les philosophes, associée à la perception non assistée, et un autre sens que l'on emploie par commodité dans un contexte non philosophique. En réalité, au moment où Carnap publie ce texte (en 1966), des voix se sont déjà élevées parmi les philosophes pour se détacher de cette conception que Carnap leur attribue. Le continuum identifié ici par Carnap entre des moyens d'accès au phénomène plus ou moins directs et complexes conduit par exemple Grover Maxwell à conclure que puisqu'en effet toute ligne de démarcation entre observation et non-observation ne pourrait être tracée qu'arbitrairement, nous n'avons aucune raison de la placer à un endroit plutôt qu'à un autre. Dès lors, Maxwell n'exclut pas l'usage d'instruments à des fins d'observation et se rapproche en cela de ce que Carnap appelle la conception des scientifiques[1].

Quant à l'élection ou au refus de telle ou telle méthode en matière d'observation, c'est toujours le même débat qui se répète depuis une cinquantaine d'années. Au début des années 1980, Van Fraassen tente de redonner de l'allant à un empirisme moribond depuis le déclin du positivisme logique, amorcé une vingtaine d'années auparavant. Ses positions sur l'observation, quoi que peu développées, reprennent dans les grandes lignes celles de Carnap, définissant l'observabilité comme la possibilité d'être perçu par les sens non assistés. De fait, Van Fraassen exclut tout le domaine microscopique du champ de l'observation, ce qui a pour effet de provoquer une dispute avec Hacking. Ce dernier définit dans son ouvrage *Concevoir et expérimenter* les lignes d'une philosophie des

1 G. Maxwell, « On the Ontological Status of Theoretical Entities », éd. H. Feigl et G. Maxwell, *Scientific Explanation, Space, and Time*. Minnesota Studies in the Philosophy of Science, 1962, p. 3-27.

sciences attentive aux pratiques des scientifiques et propose une défense argumentée de l'usage du microscope dans l'observation. Je reviendrai plus loin, notamment dans la deuxième partie de cette étude, sur les arguments de ces deux auteurs concernant l'utilisation du microscope et d'autres instruments, ainsi que sur les positions tenues par d'autres philosophes des sciences sur ce sujet, mais l'essentiel pour le moment est de souligner que ce débat, commencé au début des années 1980, a mobilisé de nombreux auteurs et se poursuit encore aujourd'hui, sans que l'on parvienne à un consensus même relatif, sur l'usage des instruments dans l'observation.

La conclusion qu'il faut en tirer est que si l'observation a pu faire l'objet d'un certain accord chez les philosophes à une époque, elle a donné lieu au cours des cinquante dernières années à des débats contradictoires portant sur à peu près tous les aspects du concept. Ainsi, à la lecture des différents auteurs qui se sont exprimés sur l'observation – c'est-à-dire une bonne partie des philosophes des sciences – il ne faut espérer trouver de réponse consensuelle ni sur la question de l'utilisation des instruments dans l'observation (et si oui lesquels et sur quels critères), ni sur le rôle épistémologique de l'observation, que certains voient encore comme apportant un fondement absolu à la connaissance, tandis que d'autres n'y voient qu'un moyen parmi d'autres de former des croyances, auxquelles nous n'avons pas de raisons d'accorder la priorité lorsqu'elles entrent en conflit avec un système de croyances préétabli. On ne trouve donc à l'heure actuelle qu'un spectre de positions sur l'observation qui renvoie l'image de ce continuum décrit par Maxwell et Carnap.

Ce premier chapitre a pour ambition d'amorcer un cadre théorique qui permette à la fois d'identifier et de structurer les débats les plus saillants qui sont relatifs à la notion d'observation. Mon point de départ pour cela consiste à me pencher sur les questions relatives aux aspects extensionnels de l'observation, c'est-à-dire à la manière de laquelle les frontières de l'observation peuvent être placées. Prenons n'importe quel domaine scientifique, par exemple la biologie cellulaire ou l'astrophysique et interrogeons-nous : est-ce que l'on observe avec les instruments utilisés au cours des investigations dans ces domaines, le microscope et le télescope ? Est-ce que les entités, processus ou propriétés propres à ces domaines sont observables ? Par exemple, est-ce qu'une cellule est observable en dépit de ses dimensions microscopiques ? Est-ce que l'intérieur du Soleil est observable malgré les couches périphériques qui ne nous permettent pas d'y accéder ? Le trait commun à toutes ces questions est que pour y répondre, il faut déjà avoir une idée de ce que l'on entend par « observation ». Sans une préconception de l'observation, il est impossible de fournir un argument visant à déplacer les frontières de l'observation de manière à inclure telle ou telle pratique. Autrement dit, pour aborder les questions de nature extensionnelles, il faut en premier lieu disposer de certains éléments relatifs à la définition intensionnelle de l'observation. Ce n'est qu'en considérant que certaines pratiques *étendent* ce que nous entendons au départ comme observation que nous pouvons déplacer les frontières de l'observation de manière non arbitraire.

Il apparaît pourtant très vite, en examinant la littérature sur l'observation, que si le traitement des questions de nature extensionnelle repose en effet chez les différents auteurs, sur certaines préconceptions de l'observation, celles-ci sont variables et surtout sont rarement explicitées. Les aspects intensionnels de l'observation ne sont en tout cas jamais systématiquement discutés, ce qui explique en grande partie l'absence de réponses relativement consensuelles aux différents débats en cours. C'est donc par la question fondamentale « que signifie observer ? » qu'il me semble devoir entamer cette étude. À ce titre, l'existence même de débats relatifs aux aspects extensionnels de l'observation donne d'entrée une clé pour aborder cette question fondamentale sous un angle particulier. Le fait que les philosophes des sciences s'interrogent, s'affrontent et se contredisent sur le problème de savoir par exemple si tel ou tel instrument peut ou non servir à des fins d'observation indique assez clairement qu'il y a quelque chose d'important qui est en jeu dans l'attribution du statut observationnel. Si tel n'était pas le cas, si le fait d'accorder ce statut observationnel aux résultats de certaines investigations ne changeait finalement rien à notre réception de ces résultats, il serait difficile d'expliquer pourquoi les philosophes investissent autant de temps et d'énergie à délimiter précisément et de manière contradictoire les frontières de l'observation. C'est la raison pour laquelle la première question qui doit être traitée est celle-ci : quelle *valeur* devons-nous attribuer à l'observation ? Que nous apporte l'attribution du statut observationnel à un type particulier d'expérience ?

QU'ATTENDONS-NOUS D'UNE OBSERVATION ?

Tenter d'observer quelque chose revient à s'engager dans une activité de nature exploratoire concernant cette chose. Le contexte de cette activité qui m'intéresse en premier lieu est scientifique mais tout au long de cette étude, je passerai de considérations et d'exemples portant sur la science à des situations courantes, associées à la vie quotidienne, caractérisées notamment par le fait qu'aucun instrument n'y est utilisé et que les sujets y sont considérés individuellement, et non collectivement comme l'appelle souvent le contexte scientifique. J'espère ainsi démontrer qu'il existe une continuité entre ces deux contextes et qu'il n'est pas besoin de les traiter séparément.

Comprendre l'observation comme une activité implique qu'elle consiste en un *processus* visant un *résultat*. Dès lors, c'est le type de résultat attendu qui doit déterminer pour une large part en quoi peut consister le processus qui le précède, et c'est pourquoi le résultat attendu d'une observation me semble devoir être discuté en premier. Pour en revenir à la terminologie que j'ai introduite, qui distingue les aspects intensionnels et extensionnels de l'observation, ce que j'ai appelé le problème de l'extension est fortement lié au *processus* de l'observation (quelles actions sont permises au cours d'une observation, par exemple l'utilisation de tel ou tel instrument) mais pour que l'on puisse déterminer la nature de ce processus, il faut pouvoir s'appuyer sur certains aspects intensionnels de l'observation. Ces aspects intensionnels sont eux-mêmes liés à ce que nous attendons d'une observation, c'est-à-dire à ce qu'une observation est censée nous apporter.

À quel type de résultat arrive-t-on par l'observation ? Le but de l'observation est de contribuer à l'entreprise scientifique en permettant aux chercheurs de formuler des propositions énonçant des faits, les « rapports d'observation ». S'ensuit une première décision à prendre concernant la formulation de ces rapports d'observation : doit-on dire qu'elle appartient ou non à l'acte d'observer ? Il s'agit d'une interrogation que l'on retrouve chez différents auteurs, qui revient à se demander si l'observation s'apparente à un « voir » ou à un « voir que[1] … ». La définition que propose

1 F. Dretske, *Seeing and knowing*, Routledge and Kegan Paul, 1969. Voir aussi par exemple B. Van Fraassen, *The Scientific Image*, Oxford University Press, 1980.

Chang témoigne de cette ambiguité quant au statut du résultat d'une observation lorsqu'il affirme que « l'observation est l'acte de récolter de l'information par les sens, aboutissant à une interprétation univoque[1] ». Faut-il comprendre que le rapport d'observation, que Chang identifie à une interprétation, fait partie de l'observation ou bien sa formulation suit-elle une observation qui est déjà terminée ? Si une certaine lecture de cette définition indique une séparation entre l'observation (l'acte de récolter de l'information et rien de plus) et la formulation d'une proposition qui s'ensuit, il est également possible, étant donnée l'association constante de l'observation et du rapport d'observation, d'affirmer que l'observation englobe la formulation d'un rapport.

Le principal problème qu'engendre cette deuxième option est qu'elle semble créer une difficulté pour l'observateur qui ne possède pas les bons concepts pour pouvoir observer. Par exemple, selon Van Fraassen, « dire que x a observé une balle de tennis [...] ne demande pas du tout que x ait observé qu'il s'agissait d'une balle de tennis ; cela demanderait une certaine prise de conscience conceptuelle du jeu de tennis[2] ». En réponse à ce problème, on peut être d'accord avec Van Fraassen pour dire que l'observation d'une balle de tennis ne devrait pas demander que l'on connaisse quoi que ce soit au jeu du tennis, tout en insistant pour qu'une observation aboutisse à la formulation d'un rapport, à l'aide des concepts disponibles. Il est ainsi possible de faire un rapport sur une balle de tennis en la décrivant par exemple comme une petite balle jaune, ou même comme une petite sphère jaune et rebondissante. L'important est encore une fois d'insister sur l'exigence qu'une observation aboutisse à la formulation d'une proposition portant sur un fait, exigence sans laquelle l'observation n'est plus observation mais simple stimulation sensorielle.

Admettons donc que l'observation ne puisse être dissociée de la formulation d'un rapport d'observation, sous forme propositionnelle. J'ai établi plus haut que le simple constat qu'il existait un vif débat à propos des frontières de l'observation impliquait que l'attribution du statut observationnel devait conférer une valeur particulière à des énoncés. C'est la détermination de cette valeur qui représente la première tâche

---

1 H. Chang, « A Case for Old-Fashioned Observability, and a Reconstructed Constructive Empiricism », *Philosophy of Science*, vol. 72, 2005, p. 876-887.

2 B. Van Fraassen, *The Scientific Image*, p. 15, Oxford University Press, 1980.

en vue d'arriver à une préconception de l'observation. De quelle nature est le privilège associé aux énoncés d'observation ?

L'examen des diverses contributions philosophiques indique une tendance persistante initiée par Van Fraassen au début des années 1980, qui consiste à placer les discussions sur l'observation au sein d'un débat plus large concernant le réalisme scientifique. Selon Van Fraassen, la réalisme scientifique est une position selon laquelle « la science, avec ses théories, cherche à nous fournir une histoire littéralement vraie de ce qu'est le monde ; et l'acceptation d'une théorie scientifique implique la croyance que cette théorie est vraie[1] ». Or ce débat sur le réalisme scientifique s'articule autour de la notion d'observable, l'enjeu étant de décider si les propositions scientifiques qui concernent le domaine inobservable (celui de la physique subatomique par exemple) sont vraies ou tendent à être vraies au même titre que celles qui portent sur les observables (les tables, les chaises, etc., ce qui est visible à l'œil nu). Pour Van Fraassen, qui défend une position anti-réaliste, la vérité des théories ne peut être évaluée que sur le domaine des observables. Cette position implique donc que seule l'observation est capable de nous délivrer des propositions vraies sur le monde, ce qui nous permet d'identifier précisément la valeur qui est attachée au statut observationnel : les rapports d'observation (ainsi que les énoncés qu'ils permettent de former à l'aide d'opérations logiques préservant la vérité) sont des énoncés *vrais*. À l'inverse, nous n'avons aucune garantie que les autres énoncés scientifiques, et en particulier ceux qui sont impliqués par les théories concernant les inobservables, soient vrais, et nous devrions par conséquent éviter de nous prononcer sur leur vérité.

Il s'agit là d'une manière de structurer le débat et c'est la raison pour laquelle, à mon avis, Van Fraassen est parvenu à relancer une vive discussion sur différents aspects de l'observation. En effet, en posant les choses de cette manière, on en arrive à se demander, étant donnée cette distinction marquée entre les propositions d'origine observationnelle et non observationnelle, où placer la frontière entre les deux domaines. Pourtant, bien que cette question ait reçu une attention soutenue de la part de nombreux philosophes[2], son traitement n'a abouti à aucun

1 *Ibid.*, p. 8.

2 Voir notamment I. Hacking, « Est-ce qu'on voit à travers un microscope ? », éd. Sandra Laugier et Pierre Wagner, *Philosophie des sciences vol. II : naturalismes et réalismes*, Vrin, 1981, p. 235-274 ;

consensus même partiel entre les différents acteurs du débat. Bien qu'il ne me semble pas nécessaire de fournir un argument complet s'opposant à la manière dont les débats sur l'observation ont été menés, en les centrant sur le réalisme scientifique, je peux avancer deux raisons qui me semblent aller à l'encontre de la fécondité de cette approche.

La première est que la manière dont Van Fraassen a cadré ce débat est largement influencée par sa position anti-réaliste concernant le domaine inobservable, qu'il a développée sous l'appellation « d'empirisme constructif ». Dès lors, il est compréhensible que des philosophes ayant une sensibilité réaliste se soient trouvés mal à l'aise en parlant d'observation dans le cadre posé par Van Fraassen puisque ce cadre les place devant un dilemme. S'ils participent au débat posé en ces termes, même s'il s'agit pour eux de repousser la frontière de l'observabilité au-delà de l'endroit où Van Fraassen cherche à la maintenir, ils se retrouvent de fait à renoncer au réalisme puisque leur position implique qu'ils deviennent anti-réalistes dans le domaine de l'inobservable, aussi réduit qu'ils aient pu le rendre. Si en revanche ils maintiennent leur position réaliste, ils perdent toute possibilité de tracer les frontières de l'observation ou de l'observabilité, puisque ces frontières marquent en même temps précisément le domaine du réalisme scientifique. Il est donc permis de s'interroger sur la pertinence de lier l'observation au réalisme scientifique, dans la mesure où ce lien implique un biais anti-réaliste.

La deuxième raison pour laquelle les récents débats sur l'observation n'ont pas été très concluants est qu'il manque un argument important chez Van Fraassen. Dans *The Scientific Image*, il lie la valeur supposée des rapports d'observation (leur vérité) à certains moyens par lesquels ces rapports sont obtenus, insistant sur l'importance de la vision non assistée (ou des sens non assistés, mais nous n'avons pas à nous préoccuper de cette généralisation ici). Pourtant, s'il semble bien sûr important d'établir un contact sensoriel avec le monde pour s'assurer qu'il existe un lien entre le contenu de nos énoncés d'observation et le monde, il ne peut s'agir d'une condition suffisante à l'obtention de propositions vraies. En effet, beaucoup des rapports que nous pourrions formuler

B. Van Fraassen, « Empiricism in the Philosophy of Science », éd. P.M. Churchland et C.A. Hooker, *Images of Science : Essays on Realism and Empiricism*, University of Chicago Press, 1985, p. 245-308 ; P. Teller, « Whither Constructive Empiricism ? », *Philosophical Studies*, vol. 106, 2001, p. 123-150 ; M. Alspector-Kelly, « Seeing the Unobservable », *Synthese*, vol. 140, 2004, p. 331-353.

en réponse à nos expériences visuelles n'ont pas le statut de rapports d'observation parce que bien souvent, le seul fait d'avoir une expérience visuelle ne permet pas d'observer quoi que ce soit et de formuler un rapport qui soit vrai. Il faut ajouter d'autres conditions pour que l'on puisse prétendre observer quelque chose, même si cette chose appartient à la catégorie familière des objets solides, de taille macroscopique. Le sujet doit être dans un certain état d'attention, il doit y avoir une luminosité suffisante, l'expérience visuelle doit durer suffisamment longtemps, etc. Par conséquent, l'usage de la vision non assistée ne peut pas seule expliquer que nos rapports d'observation soient véridiques. Dans une certaine mesure, Van Fraassen en tient compte lorsqu'il écrit que « X est observable s'il existe des circonstances sous lesquelles, si X est présent devant nous, nous l'observons[1] ». Mais ces circonstances que Van Fraassen mentionne, et qui comblent l'écart entre l'observable et l'observé, méritent qu'on leur accorde une attention plus grande que ces quelques mots. Il s'agirait de fournir une explication complète à la véridicité supposée des rapports d'observation en fournissant des détails sur ces circonstances qui garantissent que nous observons quelque chose.

Il faut souligner que ce que je viens d'identifier comme un argument incomplet en faveur de la vérité des rapports d'observation, ne reposant que sur le lien entre observation et vision non assistée, a donné lieu à un enchaînement de critiques dans les récents débats philosophiques, concernant ce qui relève ou non de l'observation. À la suite d'un Van Fraassen essayant de réduire l'observable à ce qui peut être vu à l'œil nu, plusieurs contributions ont eu l'ambition de démontrer que le domaine observable devait être élargi. Parmi elles, celle de Vollmer me semble particulièrement refléter le déficit que j'ai relevé quant aux arguments fournis pour expliquer *pourquoi* les rapports d'observation étaient véridiques[2]. Critiquant Van Fraassen pour son anthropocentrisme (le privilège qu'il accorde aux modalités sensorielles humaines), Vollmer cherche à fournir un principe solide permettant de distinguer les domaines de l'observable et de l'inobservable. Or bien qu'il s'agisse d'un projet tout à fait essentiel pour donner corps à l'empirisme de Van Fraassen, cette tentative sombre rapidement en s'appuyant sur le même rapprochement

1 B. Van Fraassen, *The Scientific Image*, p. 16, Oxford University Press, 1980.
2 Vollmer, Sara, « Two Kinds of Observation : Why Van Fraassen Was Right to Make a Distinction, but Made the Wrong One », *Philosophy of Science*, vol. 67, 2000, p. 355-365.

entre la véridicité des rapports d'observation et leur condition d'obtention par la vision non assistée. Alors que nous aurions besoin d'une conception de l'observation qui nous renseigne sur la garantie de l'obtention de rapports d'observation véridiques, Vollmer se concentre sur la préservation d'une ressemblance structurelle avec la vision, affirmant que l'observation devrait s'appuyer sur ce qu'elle identifie comme « le même principe physique » que la vision, c'est-à-dire la diffraction et la recombinaison d'ondes électromagnétiques (lumière visible ou autre). Cette approche a ensuite été critiquée par Chang qui affirme :

> S'il n'est pas rationnel de privilégier la perception humaine, il l'est encore moins de privilégier un mode sensoriel particulier (la vision), puis de procéder à une étrange généralisation qui accorde un privilège à toutes les interactions qui suivent celles qui sont en jeu dans la vision humaine[1] (Chang, 2005, p. 879).

Le problème identifié ici par Chang est qu'entre Van Fraassen et Vollmer, nous n'avons guère avancé dans notre compréhension des facteurs qui contribuent à accorder une valeur particulière à l'observation. Vollmer semble avoir complètement perdu de vue que si l'observation se caractérise, comme Van Fraassen l'entend, par la véridicité des rapports d'observation, c'est ce privilège qu'il nous faut expliquer, en cherchant par exemple comment il peut être étendu à des expériences au cours desquelles des instruments ont été utilisées. Au contraire, Vollmer tient pour acquise la validité du lien qui unit vision non assistée et vérité des rapports d'observation et ne cherche dès lors qu'à s'interroger sur une manière d'étendre la vision.

À la suite de ces deux remarques critiques c'est à mon avis un autre cadre que celui de Van Fraassen qui doit être proposé pour développer une conception de l'observation qui soit épistémologiquement féconde tout en étant applicable dans des situations concrètes. Au lieu de défendre la thèse selon laquelle les rapports d'observation seraient véridiques, je propose de construire mon étude à partir de cette thèse fondamentale :

> Les rapports d'observation jouissent d'une *autorité épistémique* vis-à-vis de la connaissance déjà constituée, c'est-à-dire que l'observateur est justifié à leur accorder la priorité lorsqu'ils entrent en conflit avec d'autres propositions.

---

1 H. Chang, « A Case for Old-Fashioned Observability, and a Reconstructed Constructive Empiricism », *Philosophy of Science*, vol. 72, 2005, p. 876-887 (p. 879).

Ce privilège qui est accordé aux rapports d'observation doit être compris comme étant à la fois relatif et local. Il est relatif parce que les rapports d'observation jouissent d'une autorité supérieure à celle des propositions d'origine non observationnelle, mais cela ne signifie nullement que ces autres propositions ne jouissent d'aucune autorité. Il est clair que les propositions scientifiques ont une autorité variable et que, par exemple, celles qui sont impliquées par des théories bien corroborées jouissent d'une autorité supérieure à celle de conjectures qui viennent d'être posées, tandis que les rapports d'observation jouissent de la plus haute autorité. D'autre part, cette autorité ne s'exerce que localement, ce qui signifie que nous n'avons pas à nous préoccuper de savoir si tout rapport d'observation à plus d'autorité que n'importe quelle proposition d'origine non observationnelle. Cela n'aurait guère de sens que l'on s'interroge sur le fait de savoir si mon observation qu'il y a un verre posé sur la table a plus d'autorité que l'énoncé « la vitesse de la lumière est finie, elle est la même dans tous les référentiels et est égale à *c* » et ce n'est pas quelque chose dont nous avons besoin, dans la mesure où seul nous intéresse le cas où un conflit est possible entre propositions d'origine observationnelle et non observationnelle.

L'avantage que l'on peut trouver à définir l'observation à partir de cette propriété fondamentale est qu'elle s'accorde avec l'une des préoccupations majeures de l'empirisme, qui est de justifier l'affirmation selon laquelle la connaissance empirique est guidée par l'observation, puisque l'observation permet de construire, tester, modifier et éventuellement rejeter des théories. En outre, cette propriété nous permet de nous en tenir à des considérations épistémologiques, sans nous préoccuper de thèses métaphysiques concernant le réalisme scientifique. Il n'est pas question de prétendre ici à la nouveauté, dans la mesure où l'idée que l'observation nous permet de mettre nos croyances à l'épreuve du monde a constamment été dans l'esprit des philosophes et des scientifiques, mais il semble important que l'on puisse clairement énoncer ce que l'on attend d'une observation : qu'elle nous fournisse des propositions portant sur des faits, qui jouissent d'une haute autorité épistémique.

Après la formulation de cette propriété fondamentale, beaucoup de chemin reste encore à parcourir pour en arriver à une véritable conception de l'observation. En particulier, aucune des question liées à l'extension de l'observation n'a encore été abordée, qu'il s'agisse du type d'entités, de propriétés ou de faits que nous pouvons observer, ou des instruments ou autres moyens techniques que nous pouvons utiliser pour observer. Cependant, la manière dont cette propriété va orienter la présente étude justifie que l'on puisse d'ores et déjà parler d'une préconception de l'observation.

PROBLÈMES EN JEU DANS LE DÉVELOPPEMENT D'UNE CONCEPTION DE L'OBSERVATION

Le problème principal qui depuis plusieurs décennies anime les débats philosophiques sur l'observation concerne, je l'ai dit, la question des frontières de l'observation. Qu'est-ce qui, dans les pratiques scientifiques, relève de l'observation ? En particulier, quelles sont les entités, propriétés ou faits que l'on peut observer et quels sont les moyens, notamment techniques, qui peuvent être mis en œuvre à des fins d'observation ? Ce problème de l'extension du concept d'observation, pour légitime et important qu'il soit, ne peut pas être traité directement et c'est la raison pour laquelle j'ai dû commencer par développer une préconception de l'observation qui identifie la thèse fondamentale selon laquelle nous obtenons par l'observation des énoncés qui portent sur des faits, et qui jouissent d'une autorité épistémique supérieure en cas de conflit avec des énoncés d'origine non observationnelle.

Cette thèse fondamentale demande à être défendue et il me faudra donc expliquer pourquoi les rapports d'observation jouissent d'une telle autorité épistémique. Appelons ceci le « problème du privilège » de l'observation. C'est l'objet de la première partie de cet essai que de parvenir à identifier les mécanismes par lesquels ces énoncés gagnent leur autorité. Ce n'est qu'après avoir apporté une réponse à ce problème qu'il sera possible, dans la seconde partie, de se pencher sur les pratiques qui garantissent l'obtention de rapports faisant autorité, c'est-à-dire d'aborder le problème de l'extension de l'observation.

Enfin, il est un autre problème qui se pose en parallèle aux deux que je viens d'identifier, et que je nommerai « problème de la justification » des énoncés d'observation. Il s'agit d'un problème qu'il est doublement important de ne pas ignorer. Il a d'abord un intérêt pour lui-même car, comme tous les énoncés scientifiques, les rapports d'observation devraient pouvoir être bien justifiés. D'autre part, c'est un problème dont le traitement a été historiquement lié à celui du problème du privilège. En effet, comme je le montrerai dans le chapitre suivant, la tentative la plus aboutie de développer une conception de l'observation qui offre une réponse aux trois problèmes que j'identifie ici est axée en premier lieu sur un traitement du problème de la justification. Un examen de cette conception « traditionnelle » et des problèmes qu'elle engendre permettra, à mesure que ses failles se révèleront, d'orienter la suite de cette étude.

LA CONCEPTION EMPIRISTE, FONDATIONNALISTE, DE L'OBSERVATION

Le premier chapitre a conduit à la formulation de la thèse principale que je défendrai dans cet essai, selon laquelle les énoncés d'observation jouissent d'un privilège épistémique. En outre, j'ai discuté plusieurs options relatives à ce privilège et j'ai retenu celle qui me paraît être la plus féconde, qui soutient que l'observateur est justifié à accorder la priorité à un énoncé d'observation lorsque celui-ci entre en conflit avec d'autres énoncés. Dans ce chapitre, je mets en suspens la question de la forme précise du privilège associé au statut observationnel (véridicité, priorité épistémique ou autre) pour me concentrer sur les raisons de ce privilège, quel qu'il soit. Je discuterai donc, en fonction du contexte, soit de la notion de privilège générique (d'où vient que l'on puisse attribuer un privilège quelconque aux énoncés d'observation ?) soit d'une forme particulière de ce privilège lorsque j'exposerai une conception qui la précise.

L'une des critiques que j'ai adressées à Van Fraassen en particulier, et à certains autres acteurs du débat sur l'observation initié par lui, est que nous ne disposons guère que d'une explication très elliptique du privilège qui est accordé aux rapports d'observation. La restriction aux sens non assistés revêt une importance considérable pour défendre la véridicité des rapports d'observation mais il ne s'agit pas d'un argument complet, loin de là, puisque toute expérience perceptive ne se ponctue pas par un rapport véridique. L'interprétation la plus plausible que l'on puisse proposer du recours à la perception non assistée pour définir l'observation est que les auteurs se réclamant de l'empirisme se situent implicitement dans la lignée d'une conception de l'observation qui a été développée au cours des années 1930 par les empiristes logiques, et notamment par Carnap. Je qualifierai cette position de « traditionnelle », précisément du fait de son influence dans les débats philosophiques, mais aussi parce qu'elle me semble être la plus aboutie à ce jour pour répondre à tous les problèmes que j'ai formulés à la fin du chapitre précédent. Son exposé est l'objet du présent chapitre.

La conception traditionnelle de l'observation trouve son point de départ dans des considérations épistémologiques. Il s'agit en premier lieu d'asseoir la connaissance scientifique en fournissant un schéma justificationnel des divers types de connaissances et en faisant ressortir une organisation hiérarchique de la connaissance scientifique dans son ensemble. Le problème général de la justification est que tout énoncé doit donner lieu à une chaîne de raisons pour être accepté. En toute rigueur, cette chaîne est infinie car toute raison avancée pour fournir une justification de l'énoncé en question devient elle-même un énoncé à justifier. On invoque généralement le sceptique, qui pousse le raisonnement à ses limites en demandant sans cesse de nouvelles justifications, montrant ainsi que nous ne savons pas justifier nos croyances comme il le faudrait, ou bien le petit enfant qui en répétant la même question « pourquoi ? » passe graduellement d'une saine curiosité à un moyen d'énerver ses parents qui ponctuent généralement la séance par un « parce que c'est comme ça ! »

Le cadre épistémologique qui sous-tend la conception traditionnelle de l'observation répond au problème de régression de la justification en invoquant l'existence d'énoncés auto-justifiés. Il s'agit d'une réponse de bon sens, et qui semble refléter la pratique puisque nous tendons à interrompre nos chaînes de raisons lorsque nous en arrivons à des énoncés qui nous semblent évidents. Les énoncés auto-justifiés servent de fondements à la connaissance, donnant au cadre épistémologique décrit ici le nom de « fondationnalisme ». Je me pencherai dans un premier temps sur ce cadre de manière très générale, avant de considérer une version particulière du fondationnalisme, dans laquelle les énoncés qui tiennent lieu de fondements sont précisément les énoncés d'observation. C'est ce cadre fondationnaliste et empiriste qui rend la conception traditionnelle de l'observation apte à répondre en premier lieu au problème de la justification, en postulant des énoncés d'observation auto-justifiés.

Cette approche a en outre l'avantage d'offrir une réponse au problème du privilège attribué aux rapports d'observation. Étant auto-justifiés alors que les autres énoncés ne le sont pas, ils jouissent d'un statut particulier qui leur confère un avantage épistémique. Enfin, ce cadre nous éclaire aussi sur le problème de l'extension de l'observation, c'est-à-dire sur les pratiques que l'on peut mettre en œuvre à des fins d'observation et plus généralement sur ce qui relève de l'observation et ce qui n'en relève pas. En effet, l'auto-justification va de pair avec l'autonomie épistémique. Des énoncés ne peuvent être auto-justifiés qu'à la condition qu'ils ne reposent pas sur d'autres énoncés sans quoi ces énoncés, ainsi que les liens de dépendance, devraient être justifiés. Or pour que les rapports d'observation jouissent de cette autonomie épistémique, il faut qu'ils soient obtenus de la manière la plus directe possible, éliminant par exemple toute possibilité de recours aux instruments tels que les microscopes, télescopes, etc. Sans anticiper sur les critiques de cette conception que j'exposerai en détail dans le chapitre suivant, il apparaîtra néanmoins que cette association de l'observation à ce qui est « directement » appris sur le monde impose un glissement hygiéniste visant à préserver l'observation de toute influence.

FONDATIONNALISME ET INDÉPENDANCE ÉPISTÉMIQUE

L'analyse classique de la connaissance propositionnelle pose trois conditions pour qu'une proposition constitue une connaissance pour un sujet : que cette proposition soit crue par le sujet, qu'elle soit vraie et qu'elle soit justifiée[1]. Dans ce qui suit, je m'intéresse plus particulièrement à la justification de la connaissance et présente le problème de la régression qui l'affecte. Ce problème prend la forme suivante : si l'on admet que pour justifier une proposition *p* il faut donner des arguments, ces arguments eux-mêmes doivent être justifiés. Est-il alors jamais possible de mettre fin à la chaîne des justifications, c'est-à-dire d'arriver à donner des arguments qui ne demandent plus de nouvelles justifications ?

La réponse adoptée par le fondationnalisme consiste à affirmer qu'il existe bien des propositions qui jouissent d'un statut à part car elles sont auto-justifiées. Selon les tenants du fondationnalisme, il n'est pas

1 M. Williams, *Problems of Knowledge : a Critical Introduction to Epistemology*. Oxford University Press, 2001, chapitre 1.

seulement souhaitable que de telles propositions existent, il s'agit même d'une condition nécessaire à la possibilité de la connaissance empirique. Quelles sont alors ces propositions et qu'est-ce qui leur confère un statut épistémologiquement privilégié ? Le propre de telles connaissances est d'être obtenues de manière directe, d'être *données* à la conscience d'un sujet qui reconnaît immédiatement le fait qu'elles sont indubitables. Or si la connaissance portant sur le monde matériel semble devoir être toujours médiate si elle passe par l'expérience perceptive et donc la sensation, la connaissance d'un sujet portant sur ses propres états ne met en jeu aucun intermédiaire. Le fondationnalisme trouve donc dans la connaissance subjective de nos propres états le fondement dont il a besoin pour établir la possibilité de la connaissance, ce que j'exposerai dans un deuxième temps. Une telle réponse confère en outre une architecture pyramidale à la connaissance avec des fondements solides, indubitables, et des connaissances obtenues par dérivation.

LA RÉGRESSION DE LA JUSTIFICATION

Le problème de la régression épistémique qui affecte la connaissance semble avoir été formulé par Agrippa entre le Ier et le IIe siècle de notre ère. Sextus Empiricus (*circa* 160-210) lui attribue l'énoncé de cinq modes, dont trois répondent directement à la régression de la justification. Celle-ci affecte toute tentative de justifier une proposition p en affirmant que pour justifier p, il faut invoquer un argument p' qui doit à son tour être justifié grâce à un argument p'', et ainsi de suite indéfiniment.

Le premier mode d'Agrippa[1] relatif à ce problème est celui de la régression à l'infini. Il consiste à admettre qu'il n'y a pas de réponse à apporter à ce problème de régression autre que de se lancer dans une justification qui ne peut jamais prendre fin. Le deuxième mode est celui du dogmatisme (ou de l'hypothèse). Il consiste à arrêter la justification

1 Les trois modes formels qui répondent à la régression de la justification constituent ce que l'on appelle souvent le « trilemme d'Agrippa ». On trouve également le nom de « trilemme de Fries » du philosophe Jakob Friedrich Fries qui a été le premier à reformuler les cinq modes d'Agrippa sous la forme d'un trilemme – voir J. Fries, *Neue oder anthropologische Kritik der Vernunft*, Mohr und Zimmer, 1807. Le nom de « trilemme de Münchhausen » apparaît aussi dans la littérature consacrée à ce sujet mais il met particulièrement l'accent sur le mode circulaire de la justification puisqu'il évoque l'épisode au cours duquel le Baron de Münchhausen parvient à s'extirper d'un marais en se soulevant lui-même par les cheveux.

à un certain point, à des propositions qui ne sont pas justifiées. Le troisième mode, la circularité, envisage la justification d'une proposition *p* comme reposant sur d'autres propositions dont la justification repose à son tour sur *p*. Cette troisième voie sera examinée dans le dernier chapitre de cette partie.

La doctrine que je présente ici, le fondationnalisme, prend pour point de départ le deuxième mode d'Agrippa pour tenter de le rendre acceptable. Le dogmatisme est en effet présenté par Agrippa dans une perspective sceptique qui conclut à l'absurdité de justifier une proposition en faisant reposer en dernière instance cette justification sur une proposition non justifiée. Le fondationnaliste adopte une position sensiblement différente. Plutôt que de dire que la justification s'arrête sur une proposition qui n'est pas justifiée, il affirme que la justification peut légitimement s'arrêter sur une proposition qui n'est pas *à justifier* ou qui est auto-justifiée ou encore *immédiatement* justifiée.

Une source de motivation importante pour le fondationnaliste consiste à considérer les deux autres modes d'Agrippa et d'utiliser un argument par élimination. Que la chaîne de justification se poursuive à l'infini (premier mode) ou qu'elle boucle sur elle-même (troisième mode), il s'agit là de deux solutions apparemment inacceptables et moins en conformité avec nos pratiques épistémiques. De fait, l'acceptation d'une proposition est possible pour un sujet lorsque celui-ci arrive au point où il lui paraît absurde de poursuivre la chaîne de la justification. Je crois que le verre est posé sur la table parce que je le vois et que je n'ai pas à remettre en question le bon fonctionnement de ma vision ; je crois que Brutus a tué Jules César parce que je l'ai lu, et que je n'avais aucune raison de remettre en cause l'honnêteté de mon livre d'histoire. C'est pour le fondationnalisme un point d'arrêt qui marque la fin de la justification en pratique, et non un cercle et encore moins une chaîne infinie de raisons.

Le fondationnalisme sépare donc les propositions en deux catégories selon qu'elles soient immédiatement justifiées, ce qui leur confère un privilège épistémique et un statut de propositions *élémentaires* ou qu'elles soient dérivées, leur justification reposant alors sur des propositions élémentaires. Dans la section suivante, j'expose de quelle manière les partisans du fondationnalisme conçoivent ces propositions élémentaires, pourquoi elles peuvent être considérées comme telles et comment elles peuvent servir à la justification des propositions dérivées.

LE FONDEMENT SUBJECTIF DE LA CONNAISSANCE

Le début de réponse au problème de la régression épistémique qui correspond à la branche du trilemme privilégiée par le fondationnalisme indique une distinction entre deux types de connaissances : les connaissances fondamentales et les connaissances dérivées. Cette distinction peut être expliquée selon qu'une chose est connue directement ou non. Plus une connaissance est directe et plus elle est certaine. Le fondationnalisme affirme que la connaissance directe est nécessaire pour fonder toute justification et pour qu'il puisse y avoir une connaissance quelconque, directe ou non. Que faut-il entendre par connaissance directe ? DeVries et Triplett en proposent la caractérisation suivante :

> Très grossièrement, l'idée est que la connaissance directe n'a pas à être obtenue par l'inférence, la réflexion, le classement des données, l'appel à la mémoire, la comparaison des données, ou l'utilisation d'autres processus cognitifs constructifs. Toute ce qu'elle a à faire est simplement d'*être là*. Elle demande seulement l'attention de la personne – et encore – pour être connaissance pour cette personne. En tant que telle, elle est *donnée*. Et le reste de la connaissance, l'*indirectement* connu, doit être construit à partir de ce qui est donné par les sortes de processus cognitifs mentionnés ci-dessus. Il s'ensuit que la connaissance directe doit être non-inférentielle. Plus important encore, il s'ensuit que la connaissance du donné n'est en aucune manière épistémiquement dérivée d'une autre connaissance. Une telle connaissance est connue *indépendamment* de toute autre connaissance[1].

Dans ce passage, la connaissance directe est définie comme une connaissance parfaitement autonome, un *donné* qui est caractérisé par son indépendance épistémique. Ce terme de « donné » a joué un rôle important dans les débats épistémologiques du XXe siècle et peut être compris en première analyse comme ce qui peut être connu sans que l'on ait à recourir à d'autres propositions pour le justifier.

Le donné doit jouer un rôle majeur dans la construction de l'édifice de la connaissance. Mais pour ce faire, il faut qu'il soit doté d'un attribut que l'on peut nommer l'*efficacité épistémique*. Cela signifie que le fait que le donné constitue une connaissance est nécessaire mais non suffisant.

---

1 W. DeVries, Willem et T. Triplett, Timm, *Knowledge, Mind, and the Given-Reading Wilfrid Sellars's "Empiricism and the Philosophy of Mind"*, Hackett Publishing Company, 2000, p. XIX-XX.

Encore faut-il que cette connaissance puisse servir de support à tout le reste de la connaissance empirique qui n'est pas *donné*[1].

La détermination plus précise de ce qui peut constituer le donné a été largement influencée par la tradition cartésienne, et plus précisément par la distinction entre le mental et le non-mental ou le matériel. Dans l'épistémologie cartésienne, ce à quoi une personne possède le meilleur accès sont ses propres états mentaux. En revanche, les objets matériels ou les états mentaux d'autrui ne peuvent être connus de cette personne que par l'intermédiaire de sa connaissance de ses propres états mentaux. Ici apparaît donc l'idée d'une connaissance plus ou moins directe selon qu'elle ait pour objet le mental ou le non-mental. L'accès aux états mentaux est considéré comme étant direct, rendant leur connaissance non inférentielle et en ce sens, donnée. Le reste de la connaissance doit alors être reconstruit à partir de la connaissance du donné.

Le donné a souvent été construit à partir de la sensation, qui joue le rôle d'empreinte des objets extérieurs. Mais il s'agit là d'une thèse substantielle relative au donné, sur laquelle je reviendrai plus loin. Cette thèse influence néanmoins la plupart des définitions du donné qui sont proposées. Pour Goldman par exemple :

> Le concept du donné se réfère à l'appréhension immédiate des contenus de l'expérience sensible, exprimée à la première personne, des rapports des apparences exprimés au présent. L'appréhension du donné est vue comme immédiate à la fois dans un sens causal, puisqu'il lui manque la chaîne causale habituelle impliquée dans la perception des qualités réelles des objets physiques, et dans un sens épistémique, puisque les jugements qui l'expriment sont justifiés indépendamment de toutes les autres croyances. Certains partisans de l'idée de donné maintiennent que son appréhension est absolument certaine : infaillible, incorrigible et indubitable. Il a aussi été affirmé qu'un sujet est omniscient vis-à-vis du donné : si une propriété apparaît, le sujet le sait[2].

1 Une forme possible d'efficacité épistémique serait que le donné ait une forme propositionnelle qui lui permette de servir dans des arguments visant à justifier le reste de la connaissance. Ce n'est cependant pas la seule manière de rendre le donné épistémiquement efficace et d'autres suggestions de donné non propositionnel ont été émises au cours du XXe siècle.

2 A. Goldman, « The given », *A Companion to Epistemology*, Blackwell, 1992, p. 159-161 (p. 159).

Dans cette définition, il apparaît que la notion de donné est indissociable de celle d'immédiateté (c'est-à-dire de *directement* donné) et ce dans deux sens distincts. L'*accès* au donné est direct, il ne passe par aucun intermédiaire qui rendrait le processus moins direct et donc susceptible d'être affecté d'erreurs. D'autre part, les jugements portant sur le donné sont directement justifiés au sens où aucune autre croyance n'intervient dans leur justification. De là naît le privilège épistémique de ces jugements et la possibilité qu'ils offrent de constituer le fondement de la connaissance empirique. Cette définition est en revanche déjà orientée en faveur d'un fondationnalisme empiriste, puisque ce sont les contenus de l'expérience sensible qui jouent le rôle de donné. Or ce donné a pris historiquement bien d'autres formes dans l'histoire de la philosophie comme le soulignent DeVries et Triplett :

> Des choses autres que les sensations ont pu être considérées comme étant données. Les rationalistes accordaient à certains principes le statut d'un donné : par exemple, le principe causal de Descartes dans la troisième *Méditation* ou les axiomes de Spinoza dans son *Éthique*. Les réalistes platoniciens ont parfois affirmé que les universaux sont donnés : nous les connaissons directement et indépendamment de toute autre connaissance, et notre connaissance des universaux est un support essentiel pour le reste de la connaissance[1].

Le fondationnalisme doit donc, dans sa forme la plus générale, rester neutre quant à la nature du donné. Celui-ci doit permettre l'accès à des connaissances qui sont immédiatement justifiées et l'épistémologie classique, fondée sur la tradition cartésienne, voit la connaissance des états mentaux subjectifs comme la mieux à même de servir de fondement à la connaissance empirique.

La justification des croyances qui ne sont pas fondamentales n'est pas au centre du présent travail. J'aborderai dans les chapitres ultérieurs la question de savoir dans quelle mesure les croyances obtenues par l'expérience et portant sur les faits singuliers relèvent ou non de l'observation et pourraient être, en ce sens-là, fondamentales. En revanche, les questions pouvant porter sur la justification des lois empiriques et des théories ne seront pas ou très peu discutées. Je me contenterai de souligner qu'il serait beaucoup trop restrictif d'exiger que la relation

1 W. DeVries, Willem et T. Triplett, Timm, *Knowledge, Mind, and the Given-Reading Wilfrid Sellars's "Empiricism and the Philosophy of Mind"*, Hackett Publishing Company, 2000, p. XXI.

de justification que l'on peut postuler entre les croyances élémentaires et non élémentaires soit déductive. Il n'est donc pas nécessaire pour qu'un fondationnaliste considère qu'une croyance élémentaire *A* justifie une croyance non élémentaire *B* que *A* implique *B*. Il suffirait que, par exemple, si *A* est vraie, il soit probable que *B* le soit aussi[1].

Il n'en demeure pas moins que la fondationnalisme pose une structure hiérarchique relativement claire sur la connaissance empirique. La justification des connaissances fondamentales est transmise aux autres croyances, permettant de considérablement élargir l'ensemble de la connaissance mais les diverses connaissances qui le composent sont plus ou moins bien justifiées, leur justification étant notamment fonction de leur degré d'éloignement avec les connaissances élémentaires.

L'EMPIRISME FONDATIONNALISTE

Le fondationnalisme, dans sa forme générale, n'est pas une doctrine empiriste. C'est une épistémologie qui vise à donner une structure générale à l'acquisition et à la justification de la connaissance dans laquelle certaines connaissances élémentaires jouent le rôle de fondements sur lesquels peut être construit le reste de la connaissance empirique. L'empirisme fondationnaliste donne corps à cette structure en faisant de l'expérience la source de ces connaissances élémentaires privilégiées. Plus précisément, certaines expériences, au cours desquelles le sujet perçoit des objets suffisamment clairement, aboutissent à des connaissances qui présentent le plus haut degré de sécurité épistémique.

Chez les philosophes du positivisme logique, et notamment chez Carnap, les connaissances élémentaires qui sont nécessaires dans une épistémologie fondationnaliste sont des rapports d'observation et portent le nom d'*énoncés protocolaires*. La possibilité de concevoir ces énoncés comme étant au fondement de la connaissance est conditionnée par les réponses que l'on peut apporter à deux problèmes principaux. Le premier est un problème de sous-détermination des énoncés d'observation. Une

1 M. Steup, « Epistemology », *The Stanford Encyclopedia of Philosophy*, éd. Edward N. Zalta, 2006.

observation peut en effet légitimement conduire à la formulation de plusieurs énoncés mutuellement incompatibles, rendant tous ces énoncés incertains et par conséquent, impropres à jouer le rôle de fondement de la connaissance. Le second problème est d'ordre linguistique. Il s'agit d'un problème lié à la formulation des rapports d'observation, et qui concerne l'import épistémique du langage dans l'énoncé d'observation, condamnant l'autonomie épistémique de l'observation. Or pour que l'on puisse parler de « justification immédiate » des énoncés d'observation, ceux-ci doivent être indépendants des croyances ou connaissances de fond du sujet. Je montrerai que les réponses apportées par l'empirisme fondationnaliste rejoignent la thèse cartésienne selon laquelle le fondement de la connaissance est subjectif et conclurai en résumant la notion empiriste fondationnaliste d'observation et la manière dont elle répond aux trois problèmes de l'observation que j'ai identifiés.

LES ÉNONCÉS PROTOCOLAIRES

Je me tourne ici vers les efforts effectués par les acteurs du cercle de Vienne pour fonder la connaissance empirique à partir des énoncés d'observation. Formé au cours des années 1920 et mêlant des philosophes (parmi lesquels Schlick, Carnap et Kraft) et des hommes de sciences et sciences humaines (Hahn, Gödel, Frank et Neurath), le cercle de Vienne a pour ambition de reprendre le projet empiriste pour l'enrichir des développements récents de la logique et de la formalisation des mathématiques. La philosophie du cercle de Vienne, dans son aspiration originale, peut être caractérisée par trois traits principaux qui justifient que l'on emploie le terme de « positivisme logique » pour la désigner[1] : son *empirisme*, par la réaffirmation du rôle primordial de l'expérience sensible comme source de connaissances des sciences empiriques ; son *positivisme* qui vise à décrédibiliser la métaphysique en affirmant que seuls les énoncés pouvant faire l'objet d'un test empirique sont doués de sens ; sa composante *logique* enfin, qui trouve en particulier dans les travaux de Russell et Whitehead[2] une source d'inspiration pour mener à bien un travail de formalisation consistant à réduire tout énoncé doué de sens à sa composante empirique à l'aide de la logique du premier ordre.

1 R. Meyers, *Understanding Empiricism. Acumen Publishing Limited*, 2006.
2 B. Russell, et A. N. Whitehead, *Principia Mathematica*, Cambridge University Press, 1910.

Ces trois caractéristiques du positivisme logique ont naturellement conduit les membres du cercle de Vienne à clarifier le rôle épistémologique de l'observation. La composante empiriste de ce mouvement pousse à l'affirmation du caractère autoritaire de l'observation. En outre, la composante proprement positiviste de cette doctrine met ses partisans sous pression de rendre compte de la démarcation postulée entre énoncés doués ou dénués de sens. Or cette démarcation repose sur les conditions de *vérifiabilité* des énoncés, c'est-à-dire sur le fait que leur vérité puisse ou non être établie à partir d'observations. Enfin, la mise en application du programme réductionniste du positivisme logique demande, pour analyser un énoncé scientifique, de distinguer sa partie empirique et sa partie logique. C'est donc tout le programme du positivisme logique qui repose sur une définition adéquate de l'observation, des conditions sous lesquelles ce terme peut être employé et de la place que l'observation occupe dans l'acquisition de la connaissance.

Peu après la publication du Manifeste du cercle de Vienne en 1929, Carnap s'empare véritablement du problème du fondement empirique et publie trois articles entre 1931 et 1933[1] dans lesquels il présente une position fondationnaliste s'appuyant sur l'expérience sensible. Il opte donc pour la deuxième branche du trilemme d'Agrippa (le dogmatisme) et affirme que l'expérience perceptive, lorsqu'elle se déroule dans des conditions adéquates et porte sur des faits singuliers, peut conduire à la formulation d'énoncés protocolaires ou élémentaires. Il s'agit d'énoncés exprimant des rapports d'observation et qui constituent les énoncés de base du système de connaissances empiriques. Leur justification ne doit faire appel à aucun élément extérieur à l'observation, en particulier à aucune croyance qui serait déjà détenue par le sujet. Cette autonomie épistémique leur permet d'être immédiatement justifiés et de présenter un très haut degré de sécurité épistémique. Avant d'aborder plus en détail la manière dont les énoncés protocolaires sont construits pour servir de fondement à la connaissance empirique, il convient de faire une remarque préliminaire à leur sujet visant à clarifier le rôle que Carnap entend faire jouer à la perception *non assistée*.

1 R. Carnap, « Die physikalische Sprache als Universalsprache der Wissenschaft », *Erkenntnis*, vol. 2, 1931, p. 432-465 ; R. Carnap, « Ü berwindung der Metaphysik durch logische Analyse der Sprache », *Erkenntnis*, vol. 2, 1931, p. 219-241 ; R. Carnap, « Über Protokollsätze », *Erkenntnis*, vol. 3, 1932, p. 215-228.

Dans la tradition empiriste fondationnaliste, il est inconcevable qu'une observation médiate (au cours de laquelle il est fait usage d'un instrument) puisse conduire à la formulation d'énoncés élémentaires puisque ceux-ci doivent être directement justifiés. L'énoncé « la surface de la Lune est criblée de cratère » ne peut pas être directement justifié si l'expérience qui a conduit un sujet à le formuler demande de faire usage d'un instrument (un télescope) puisque sa justification dépend des croyances que le sujet possède à propos de cet instrument (la théorie de l'instrument, que je discuterai dans la seconde partie de cet essai). Carnap donne pourtant des exemples d'énoncés protocolaires qui sont formulés à la suite d'une expérience mettant en jeu des appareils de mesure : « J'ai perçu telle ou telle valeur sur le compteur », « [...] ma lecture de la seconde aiguille ne montre en général pas une erreur supérieure à... » (Carnap 1932, p. 466). Ce qu'il faut comprendre dans la position de Carnap, est que lorsque les énoncés protocolaires font référence à des appareils d'observation ou de mesure, la théorie de l'instrument (la connaissance qu'il est nécessaire de posséder pour savoir comment l'instrument représente le monde) n'entre pas en jeu parce que les aspects représentationnels de l'instrument sont évacués. Lorsqu'un compteur est perçu, l'énoncé protocolaire ne porte jamais chez Carnap sur la quantité que cet instrument mesure, mais sur la position de l'aiguille sur un cadran. Il y a donc ici une distinction importante entre deux types d'énoncés : « la radioactivité est (ici et maintenant) de 1,3 millisievert » ne pourrait pas être un énoncé protocolaire, à l'inverse de « l'aiguille de ce compteur est (ici et maintenant) sur la marque 1,3 », qui ne fait référence qu'à l'expérience perceptive (non médiate).

Si l'expérience ne peut conduire à la formulation d'énoncés protocolaires qu'à la condition qu'il s'agisse d'une expérience perceptive (par la perception non assistée), comment peut-on rendre compte de l'avantage épistémique incontestable qu'apporte l'expérience lorsqu'elle est assistée d'un instrument tel que le télescope par rapport à l'observation à l'œil nu ? Ne pourrait-on pas dire que l'énoncé *A* : « la surface de la Lune est criblée de cratères » est mieux justifié lorsqu'il est prononcé à la suite d'une expérience médiate que lorsque l'observation a eu lieu à l'œil nu ? La réponse que pourra apporter un empiriste fondationnaliste est la suivante. Il n'y a pas lieu de comparer les degrés de sécurité épistémique de l'énoncé *A* selon qu'il est prononcé à la suite d'une expérience directe ou assistée d'un instrument. En effet, le fait en question (la présence de cratères sur la Lune) n'est pas directement observable depuis la Terre et *A* n'est donc pas justifié du tout à l'issue d'une expérience perceptive non assistée. Ce que l'on peut comparer en revanche sont les degrés de sécurité épistémique des deux énoncés suivants :

- *A* : « la surface de la Lune est criblée de cratères ».
- *B* : « je vois des formes circulaires qui se dessinent sur la surface accidentée de ce qui me paraît être une sphère ».

Ces deux énoncés sont prononcés à la suite de la même expérience consistant à observer une image télescopique, mais le premier présuppose un certain mode de fonctionnement du télescope, le fait qu'il soit pointé dans la direction de la Lune, etc. tandis que le second ne fait référence qu'à l'expérience perceptive directe. *B* peut donc être un énoncé protocolaire tandis que *A* ne peut pas l'être.

La position empiriste fondationnaliste peut donc rendre compte de l'avantage épistémique conféré par les instruments. Sans un télescope, l'énoncé *A* ne pourrait être justifié. Mais si un télescope est utilisé, la justification de l'énoncé *A* repose sur celle de l'énoncé *B*, qui sera lui immédiatement justifié. De manière générale, suivant ce raisonnement, l'empirisme fondationnaliste a associé l'observation à la perception non assistée. Ce qui est perçu *à travers* l'instrument (un énoncé comme *A*) peut être justifié à partir d'énoncés élémentaires (tels l'énoncé *B*) mais n'est pas considéré comme étant observationnel et donc immédiatement justifié. Carnap résumé ainsi la position qu'il attribue aux philosophes :

> Le physicien appelle observables des grandeurs que l'on peut déterminer de manière relativement simple, telle que la longueur au moyen d'une règle, le temps au moyen d'une horloge, ou la fréquence des ondes lumineuses au moyen d'un spectromètre.
>
> [...]
>
> Mais, objectera un philosophe, l'intensité d'un courant électrique n'est pas réellement observée. Ce que l'on observe, c'est la position de l'aiguille sur le cadran. On lira par exemple *5,3* au point d'arrêt de l'aiguille d'un ampèremètre relié au circuit électrique. L'intensité du courant n'est certainement pas observée mais *inférée* à partir de ce qui est observé[1].

1 R. Carnap, *Philosophical foundations of Physics : An Introduction to the Philosophy of Science*, Basic Books, 1966, p. 220.

La frontière dont Carnap attribue le tracé au philosophe repose sur la distinction entre connaissances directement acquises et justifiées et connaissances inférentielles. Les secondes sont dérivées des premières et sont pour cela moins certaines. L'incertitude naît du fait que des croyances inférentielles admettent souvent des hypothèses concurrentes qui entrent en compétition avec elles. Par exemple, mon expérience assistée par un télescope qui me pousse à croire *A* pourrait me conduire à m'interroger si ce que je vois à travers l'instrument n'est pas un astéroïde autre que la Lune. En revanche, l'énoncé *B* n'admet pas de véritable compétiteur naturel parce que je ne m'engage pas sur la nature des entités qu'il me semble percevoir. Le « philosophe » auquel pense Carnap, c'est-à-dire l'empiriste fondationnaliste, doit, pour échapper à l'incertitude, privilégier la connaissance directe. Pour le dire autrement, l'expérience est généralement sous-déterminée et l'est d'autant plus que la justification du rapport d'expérience est moins directe. Dans la section suivante, j'aborde ce problème et présente la solution généralement adoptée par l'empirisme fondationnaliste, fondée sur la théorie des *sense data*.

LES *SENSE DATA*

Deux arguments distincts permettent de mettre en évidence la sous-détermination de l'expérience sensible. Le premier est que l'expérience à elle seule ne permet pas la détermination précise des contributions à la sensation des différents facteurs extérieurs. Ainsi le mur, que je vois jaune, pourrait en réalité être blanc et m'apparaître jaune en raison de conditions de luminosité anormales que mon observation du mur ne suffit pas à établir. Ce problème est généralement identifié dans la littérature portant sur la perception comme *l'argument de l'illusion*. Les illusions existent, nous le savons, et personne n'est à l'abri de prendre un objet pour un autre, pour peu que les conditions de l'expérience soient défavorables. Si, en dépit de ce problème de sous-détermination, l'observateur maintient son désir de formuler un jugement, et de ne rien utiliser dans ce jugement qui ne lui soit donné par son observation, il se met en danger d'attribuer des propriétés à l'objet de son observation que celui-ci ne possède pas.

Le second problème, plus radical, exprime que l'expérience n'est par elle-même pas suffisante pour assurer avec certitude qu'un objet physique est la cause de la sensation éprouvée. Il est ainsi possible que le sujet ait une hallucination, c'est-à-dire une expérience qui, de son point de vue, ne peut être distinguée d'une véritable perception, mais au cours de laquelle nul objet ayant une existence indépendante de son esprit n'est perçu. Les situations conduisant à une hallucination sont bien connues : le sujet peut faire un rêve extrêmement vif au cours duquel il se trouve face à un mur jaune. Ou bien une fatigue extrême ou la prise de substances hallucinogènes peut conduire un sujet éveillé à percevoir ce qui lui semble être un mur jaune, alors qu'il ne se trouve ni en présence d'un mur, ni de quoi que ce soit qui soit jaune.

Les deux arguments, de l'illusion et de l'hallucination se rejoignent en ce que tous deux identifient un problème de sous-détermination de l'expérience perceptuelle[1]. La possibilité de l'illusion naît du fait que différents états du monde peuvent être subjectivement identiques, si bien que seule l'introduction d'hypothèses concernant les conditions de la perception permettent au sujet de trancher entre ces possibilités et de choisir celle qui lui paraît être en accord avec ces hypothèses (par exemple : la lumière est normale, il n'y a pas de brouillard, son système visuel n'est pas affecté par une quelconque maladie, etc.). Il sait qu'il n'a pas pris un mur blanc pour un mur jaune parce qu'il est également convaincu que les conditions de sa perception ne sont compatibles qu'avec le fait que le mur soit jaune. La possibilité de l'hallucination repose sur les états possibles du sujet, dont la cognition peut être grandement affectée par différents facteurs (par exemple le manque de sommeil ou la prise d'alcool). La possibilité d'une illusion ou d'une hallucination implique que l'expérience n'est pas à elle seule une véritable source d'information sur le monde. Elle ne peut conduire qu'à un jugement perceptuel *possible* portant sur des objets physiques, mais il existe toujours plusieurs configurations distinctes du monde auxquelles on peut penser, qui donneraient lieu chez le sujet à la même expérience.

C'est pour remédier à ce problème de sous-détermination que sont introduits les *sense data* (ou parfois *sensa*). Si le sujet veut s'en tenir à ce qui est strictement donné par l'expérience perceptive, sans utiliser la moindre croyance de fond pour formuler son jugement, il ne peut pas faire porter ce jugement sur des objets physiques puisque leur configuration

1 L. BonJour, « Epistemological problems of perception », *The Stanford Encyclopedia of Philosophy*, éd. Edward N. Zalta, 2007 ; Crane, Tim. « The problem of perception », In Edward N. Zalta, editeur, *The Stanford Encyclopedia of Philosophy*, éd. Edward N. Zalta, 2005.

et leurs propriétés sont sous-déterminées par l'expérience. L'expérience perceptive n'est donc pas ce que l'on peut penser intuitivement qu'elle est et doit porter sur des objets différents des entités physiques ordinaires. Les *sense data* sont précisément cet objet : des entités non physiques, privées, qui ont les qualités sensorielles éprouvées par le sujet.

Le terme de « *sense data* », introduit au début du XXe siècle par divers auteurs tels que Moore, Russell, Broad et Price[1] reprend une idée présente depuis longtemps dans la philosophie de la perception. Price souligne en effet que les diverses analyses de la perception présentées au cours des siècles passés s'appuient sur des notions comparables : celle d'espèce sensible chez les Anciens, de sensation chez Locke et Berkeley ou d'impression chez Hume. Pour Price, il s'agit donc surtout d'adopter un nom pour cette notion qui soit suffisamment neutre pour ne pas engager l'analyste de la perception qui l'emploie à une thèse précise concernant différentes questions telles que celle de l'origine du *sense datum* ou de sa persistance lorsqu'il est non senti.

Les *sense data* répondent à un problème de sous-détermination qui établit que des configurations physiques différentes peuvent conduire à des expériences indiscernables chez le sujet. Or s'il n'est rien que le sujet puisse dire en faveur de telle ou telle configuration physique à partir de son expérience en cours et de cette expérience seule, deux choix sont possibles. Soit l'on renonce à la possibilité d'obtenir des connaissances empiriques sur le monde, soit l'on fait porter ces connaissances non plus sur les différents états possibles du monde mais sur l'état du sujet. On en revient ainsi à la distinction cartésienne entre le mental et le non-mental. Le non-mental – le monde physique, extérieur – ne peut pas faire l'objet d'une connaissance directe et l'accès à cette dernière doit donc partir d'un retranchement vers le subjectif.

De manière formelle, la relation I d'identité subjective entre deux configurations physiques p_1 et p_2 est satisfaite pour une expérience E si p_1 et p_2 ne peuvent pas être distinguées sur la base de E. Par exemple, un mur de couleur jaune et un mur blanc éclairé d'une lumière jaune satisfont cette relation puisque le sujet ne peut les distinguer sur la base

1 G. E. Moore, « Sense data », éd. T. Baldwin, *Selected Writings*, Routledge, 1993, p. 45-58 ; B. Russell, *The Problems of Philosophy*, Williams and Norgate, 1912 ; C. D. Broad, « The Theory of Sensa », Scientific Thought, Routledge, 2002, p. 239-283 ; H. B. Price, *Perception*, Methuen, 1932.

d'une expérience perceptive. On peut alors considérer le *sense datum* comme une classe d'équivalence de ces différentes configurations par le relation *I* et faire porter le discours, non plus sur le monde physique, mais sur des classes d'équivalence des configurations du monde physiques, que nous ne pouvons pas distinguer. Or ces classes d'équivalence ne sont pas supposées être de pures constructions abstraites. Elles sont instanciées par nos *sense data* (nos impressions sensibles, sensations, idées, etc. selon les auteurs) qui sont eux déterminés de manière complète par l'expérience.

En posant le *sense datum* comme unité d'analyse de la connaissance, l'épistémologue n'a plus, ni à rendre compte des moyens par lesquels le sujet pourrait arriver à établir une distinction entre des configurations physiques subjectivement identiques, ni même à postuler l'existence d'un monde extérieur qui serait la cause de ces *sense data*. Il peut se contenter de formuler des propositions au sujet de ces entités sans chercher à voir par delà une réalité sous-jacente dont Hume a souligné l'aspect irrémédiablement inaccessible[1]. On arrive ainsi à une conception cartésienne de l'expérience, selon laquelle quelque chose nous est donné au cours d'une expérience perceptive, conduisant à une connaissance, mais une connaissance qui ne peut porter sur autre chose que sur des entités subjectives, des *sense data*.

LE LANGAGE DE L'OBSERVATION

Outre le problème de sous-détermination que j'ai abordé dans la section précédente, il existe un problème épistémologique de l'empirisme fondationnaliste lié au format propositionnel des énoncés élémentaires. Rappelons la chose suivante : le fondationnalisme épistémologique admet l'existence de connaissances élémentaires. Dans sa forme empiriste, voulant faire jouer à l'expérience le rôle de source de connaissances privilégiées, il postule qu'il y a un *donné* de l'expérience, qui conduit à l'obtention de connaissances immédiatement justifiées. Enfin, pour que ce *donné* soit épistémiquement efficace, l'empirisme fondationnaliste lui impose un format propositionnel.

---

1 David Hume, *Enquête sur l'entendement humain*, section XII, « Par quel argument peut-on prouver qu'il faut que les perceptions de l'esprit soient causées par des objets extérieurs, entièrement différents d'elles, bien qu'ils leur ressemblent (si c'est possible), et qu'elles ne peuvent naître ni de l'énergie de l'esprit lui-même, ni par la suggestion d'un esprit inconnu et invisible ou d'une autre cause encore plus inconnue de nous ? », D. Hume, *Enquête sur l'entendement humain*, Flammarion, 1983, p. 234-235.

Le problème naît alors de la tension entre ce qui semblent être deux attributs indispensables du fondationnalisme : la justification immédiate, directe et autonome des connaissances élémentaires et le format propositionnel qui leur est imposé pour garantir leur efficacité épistémique.

L'utilisation de concepts pour formuler des énoncés a été présentée par Popper comme étant épistémiquement similaire à celle de lois. Prenons l'énoncé « voici un verre d'eau » dans lequel les termes « verre » et « eau » dénotent des corps physiques présentant un caractère régulier quasi légal[1]. Dire d'un corps qu'il s'agit d'un verre revient, selon lui, à affirmer que ce corps possède certains attributs et un certain comportement. Par exemple, on pourrait dire que le terme de « verre » est indissociable de la propension qu'ont les objets désignés par ce terme à se briser lorsqu'ils tombent par terre. Or ce sens qui est porté par le concept de « verre » n'est pas fourni par mon expérience présente qui consiste à voir un verre posé sur la table. Je dois donc faire appel, pour utiliser ce concept lorsque je formule un énoncé relatif à mon expérience présente, à des croyances de fond telles que « si ce verre tombait par terre, il se briserait ». Mais alors, l'indépendance épistémique de cet énoncé est perdue. Sa justification repose sur celle des énoncés qui fixent le sens du mot « verre ». Et par conséquent, l'énoncé qui me paraissait décrire mon expérience de manière absolument neutre, directe et indépendante de toute croyance que je posséderais déjà n'est en réalité pas immédiatement ou directement justifié et ne peut faire partie de mon système de connaissances élémentaires.

Ce problème a conduit Carnap à définir un vocabulaire de l'observation au sein duquel les termes renverraient à l'expérience perceptive la plus directe. Pour ce faire, il procède en deux temps. J'ai présenté plus haut un premier critère, qui consiste à affirmer le rôle fondamental de la perception directe. Dans un énoncé protocolaire ne peuvent figurer que des termes désignant des entités publiquement observables, par la perception non assistée. Cela exclut les termes tels que « bactérie » ou « cellule » puisqu'ils désignent des entités qui sont trop petites pour être perçues sans faire usage d'un microscope. Ce premier critère repose donc sur la distinction entre ce qui peut et ne peut pas être détecté par les sens non assistés. Ce critère ayant opéré, certains termes désignant des entités ou propriétés visibles à l'œil nu sont dans un second temps

1 Voir (Popper 1973, p. 94).

éliminés du vocabulaire observationnel parce qu'ils ne servent pas à exprimer des expériences élémentaires. C'est le cas du mot « arthropode ». Les énoncés qui le contiennent doivent, pour pouvoir être justifiés, être reformulés à l'aide d'une conjonction d'énoncés utilisant des termes plus primaires. Carnap propose ainsi la retraduction de l'énoncé « *x* est un arthropode » en utilisant la conjonction « *x* est un animal », « *x* a un corps articulé », « *x* a des pattes articulées » etc.[1] Le second critère est donc essentiellement linguistique et doit garantir que les termes non élémentaires n'infiltrent pas un compte rendu d'observation, sans quoi ce dernier ne pourrait être *immédiatement* justifié.

On trouve chez Carnap une séparation entre deux catégories de termes : les termes observationnels et les termes théoriques. Pour déterminer plus précisément le critère qui marque la distinction entre termes observationnels et théoriques, Carnap affirme que plusieurs positions peuvent être adoptées :

> En théorie de la connaissance, il est habituel de dire que les énoncés élémentaires font référence au « donné » ; mais il n'y a guère d'unanimité sur la question de ce qui est donné. Parfois, il est admis que les énoncés sur le donné parlent des qualités les plus simples portant sur les sensations et les émotions (par exemple « chaud », « bleu », « joie », etc.) ; d'autres sont inclinés à dire que les énoncés élémentaires portent sur les expériences totales et les similitudes qui existent entre elles ; une position encore différente est que les énoncés élémentaires parlent des choses[2].

Les positions esquissées par Carnap présentent des différences notables. La première renvoie à un purisme fondationnaliste dans lequel les énoncés élémentaires ne sont composés que de termes qui renvoient eux-mêmes aux sensations. C'est une position qui s'harmonise avec la théorie des *sense data* et qui reconnaît donc dans le repliement subjectif le fondement de la connaissance empirique. L'un des principaux initiateurs de cette position est Ernst Mach, dont le positivisme atomiste peut être considéré comme étant à l'origine des thèses épistémologiques du cercle de Vienne.

La deuxième position évoquée brièvement par Carnap est inspirée des travaux de la *Gestaltpsychologie* et de son hypothèse fondamentale selon laquelle la structure de l'expérience visuelle ne dépend pas d'une décomposition en expériences élémentaires mais de la totalité de l'expérience

1 R. Carnap, « Ü berwindung der Metaphysik durch logische Analyse der Sprache », *Erkenntnis*, vol. 2, 1931, p. 219-241.

2 *Ibid.*

qui régit ce qui est perçu. Dans l'exemple fameux du lapin-canard (voir la figure 1), les traits élémentaires de l'image (contour de la tête, des « oreilles » ou du « bec ») ne sont perçus qu'après qu'une identification globale de l'animal a déjà eu lieu.

La troisième position renvoie à la thèse du *physicalisme*, selon laquelle les énoncés élémentaires relatifs à l'expérience n'ont pas à être formulés dans un langage de *sense data* mais dans un langage naturel, dont les termes désignent les entités matérielles extérieures et non les sensations qu'éprouve le sujet quand il les perçoit ou pense les percevoir.

Dans ce même article, Carnap affirme vouloir rester neutre quant à ces différentes positions, les jugeant comme étant équivalentes. Elles traduisent néanmoins de grandes différences épistémologiques, illustrées en particulier par la première et la troisième d'entre elles. La question à laquelle ces positions renvoient est la suivante : jusqu'à quel point de radicalité dans le subjectivisme faut-il aller pour assurer un fondement à la connaissance empirique ? J'ai présenté l'idée cartésienne du fondement subjectif de la connaissance ainsi que la théorie des *sense data* comme une voie probablement nécessaire à l'établissement des connaissances élémentaires, mais ce retranchement vers les aspects privés de l'expérience doit-il également affecter le langage comme le soutient la première position évoquée par Carnap ? Les conséquences en seraient que les termes du langage protocolaire ne pourraient désigner que des sensations élémentaires, et qu'en outre, il n'y aurait aucune garantie pour que le sens d'un terme (« rouge » par exemple) soit conservé d'un sujet à l'autre.

Carnap répond néanmoins qu'il est possible de traduire les énoncés de l'un de ces formats dans chacun des autres. Pour comprendre le cheminement qui le conduit à affirmer cela, examinons les trois thèses qu'il a formulées au sujet des énoncés et du langage protocolaires[1] :

- T1 : Le langage protocolaire est pur, au sens où le contenu des énoncés protocolaires est indépendant de toute théorie scientifique. Il est en principe possible de séparer l'interprétation théorique de la pure prise de connaissance des données. Les énoncés protocolaires expriment cette prise de connaissance indépendante de toute théorie.

1 A. Barberousse, M. Kistler, Max et P. Ludwig, *La philosophie des sciences au XXe siècle*, Flammarion, 2000, p. 17-20.

- T2 : Un énoncé scientifique est justifié dans la mesure où il peut être dérivé d'énoncés protocolaires. Les énoncés protocolaires eux-mêmes sont des énoncés qui n'ont besoin d'aucune justification.
- T3 : le langage protocolaire est un langage privé propre à chaque sujet.

La thèse T2 défend l'idée selon laquelle les énoncés protocolaires sont immédiatement justifiés ainsi que la thèse du réductionnisme, c'est-à-dire que la justification d'un énoncé scientifique se fait en le réduisant à des énoncés protocolaires. Il s'agit donc d'une thèse affirmant essentiellement un fondationnalisme épistémologique.

Les thèses T1 et T3 portent quant à elles sur le langage et ont pour fonction de maintenir l'autonomie épistémique des énoncés d'observation en ayant recours à un langage « pur », indépendant de toute théorie. La pureté du langage protocolaire affirmée dans la thèse T1 est soutenue par la thèse T3 dans laquelle Carnap opte pour un langage privé, propre au sujet, allant dans le sens d'un repliement subjectif. Carnap s'oriente donc vers la première des trois positions concernant le donné et la nature du langage protocolaire pour doubler le fondationnalisme épistémologique défendu dans la thèse T2 d'un fondationnalisme sémantique.

En proposant de présenter les énoncés protocolaires comme fondement de la connaissance dans une perspective subjective, au point de désigner sa position comme un « solipsisme méthodique », Carnap se heurte à une objection de taille : comment assurer la dimension intersubjective de la connaissance scientifique ? En tentant d'assurer des bases certaines à la connaissance, n'enferme-t-il pas cette dernière dans sa dimension subjective au détriment de sa communicabilité et de son objectivité ? La réponse de Carnap repose sur l'idée selon laquelle il existe une « circonstance empirique heureuse » à savoir une structure similaire de l'expérience chez différents sujets qui rend possible la traduction des énoncés protocolaires dans un langage universel, physicaliste[1].

Les aspects linguistiques de l'empirisme fondationnaliste peuvent être résumés comme suit. Le langage est scindé en deux, une partie ayant un rapport privilégié aux impressions sensibles ou aux *sense data* (le langage

1 R. Carnap, « Die physikalische Sprache als Universalsprache der Wissenschaft », *Erkenntnis*, vol. 2, 1931, p. 432-465 (p. 454-455).

observationnel chez Carnap) et l'autre permettant de discourir sur les objets matériels et leurs propriétés (le langage théorique). Concernant le langage observationnel, l'empirisme fondationnaliste adopte selon Gupta une sémantique simple et familière mais la modifie et l'enrichit :

> C'est une idée naturelle que de pouvoir nommer les objets et propriétés qui se présentent à nous. Une poupée est présentée à un enfant ; elle la nomme « Martha » et poursuit en utilisant ce nom pour en parler. Une nouvelle couleur m'est présentée ; je la nomme « bleu métallique » et affirme certaines choses à son sujet. Tout cela est facile et sans problème. De manière similaire, dans l'empirisme classique, le sujet, auquel sont présentés certains objets et leurs propriétés, peut les nommer et poursuivre sa réflexion et son discours à leur propos. L'empirisme classique conserve la structure de cette idée de bon sens mais substitue des entités spéciales à la place des objets du schème habituel[1].

La théorie que Gupta évoque est une théorie causale de la référence[2] dans laquelle, selon Reimer[3], « l'établissement de la référence se fait par la perception, lorsqu'un locuteur dit en percevant un objet : "tu vas être appelé N" ». C'est donc par ostension que cette théorie fixe la référence des termes lorsque des objets sont présentés au sujet. Mais dans l'empirisme fondationnaliste (l'empirisme que Gupta qualifie de « classique »), les seuls objets qui soient présentés au sujet de manière directe sont les *sense data*. Le lien entre les idées et les *sense data* est en effet si étroit qu'il prévient toute discordance entre les deux[4].

---

1 A. Gupta, *Empiricism and Experience*, Oxford University Press, 2006, p. 112.

2 La distinction entre sens et référence fait l'objet de développements relativement classiques. Cette distinction apparaît nettement dans l'exemple suivante : 1) *Tous les animaux dotés d'un cœur sont des animaux dotés d'un cœur* ; 2) *Tous les animaux dotés d'un cœur sont des animaux dotés de reins*. Si 1) et 2) sont vrais, ces deux énoncés sont exactement les mêmes du point de vue de la référence. Il ne diffèrent en effet que par la substitution de « animal doté d'un cœur » par « animal doté de reins » qui ont la même référence. Or ces deux énoncés n'ont clairement pas le même sens. Le premier n'est pas informatif tandis que le second porte l'information selon laquelle une créature possédant un cœur possède aussi des reins. Je me concentrerai néanmoins sur les questions liées à la référence, qui dans de nombreux cas sont fécondes pour aborder celles qui portent sur la sémantique.

3 M. Reimer, « Reference », *The Stanford Encyclopedia of Philosophy*, éd. Edward N. Zalta, 2009.

4 C'est dans ce cas, lorsque les objets se présentent de la manière la plus directe au sujet, que Russell parle de connaissance par acquaintance (B. Russell, *The Problems of Philosophy*, Williams and Norgate, 1912, chapitre 5 ; B. Russell, « Know ledge by Acquaintance and Know ledge by Description », *Mysticism and Logic and Other Essays*, Longmans, 1918, p. 152-167).

L'autre partie du langage (le langage théorique chez Carnap) est établie grâce aux connexions qu'elle entretient avec le langage observationnel. Il s'agit des termes désignant des entités ou propriétés qui n'ont jamais été rencontrées, comme celui de « Bismarck » par exemple. L'idée de Carnap consiste à offrir une description de ces termes à partir d'autres termes plus élémentaires. Et si ces termes ne désignent pas encore des entités ou des propriétés qui peuvent être directement appréhendées, la seule manière de couper court à la régression qui menace est de postuler qu'ils peuvent être à leur tour exprimés à partir de termes élémentaires privilégiés. Ainsi, un terme comme celui de « Bismarck » demande, pour connaître son sens et justifier des énoncés le contenant, qu'une traduction en termes élémentaires pris dans le vocabulaire observationnel soit possible. La thèse soutenue par les empiristes fondationnalistes est que cette traduction est possible, alors même que le langage observationnel – qui, rappelons-le, porte sur les *sense data* – est appauvri et fort éloigné du langage physique.

Le mouvement amorcé par Carnap concernant le langage protocolaire et la dérive subjective qui l'accompagne trouve sa source dans le problème de l'import épistémique du langage. Dans l'empirisme fondationnaliste, la théorie causale de la référence permet de défendre la thèse selon laquelle les jugements perceptuels sont immédiatement justifiés, dès lors qu'ils sont exprimés dans le langage protocolaire. À l'inverse, si des croyances de fond (une description par exemple) étaient utilisées pour déterminer si le sens d'un terme correspond bien à l'objet perçu, le jugement perceptuel perdrait son caractère d'immédiateté et deviendrait inférentiel. En outre, tout jugement perceptuel serait dépendant d'un cadre conceptuel préalable dont on admet généralement qu'il évolue (parfois grandement) et ce notamment au gré de nouvelles observations. C'est donc pour enrayer l'interdépendance entre croyances de fond et croyances observationnelles que l'empirisme fondationnaliste introduit le langage protocolaire.

LA NOTION EMPIRISTE D'OBSERVATION

La conception de l'observation de l'empirisme fondationnaliste fournit un schéma explicatif complet du privilège qui est accordé aux rapports d'observation en liant ce privilège à un mode de justification spécial. Contrairement aux énoncés d'origine non observationnelle, les énoncés d'observation sont auto-justifiés parce qu'ils sont définis comme étant des unités autonomes. Il s'agit donc d'une conception dualiste de la connaissance scientifique, qui place une frontière très marquée entre les domaines observationnels et non observationnels. Ce cadre aboutit par conséquent à une binarisation des énoncés. D'un côté, nous avons les énoncés d'observation qui sont indubitables, comme le sont les énoncés formés à partir des énoncés d'observation par des opérations logiques qui préservent la vérité. De l'autre, nous avons les hypothèses théoriques, conjectures, généralisations, inférences qui ne sont pas indubitables et dont l'évolution est soumise aux premiers.

Ce type de privilège rejoint celui qui est en jeu chez Van Fraassen, pour qui le domaine des observables est le seul sur lequel la véracité des énoncés peut être éprouvée tandis que, selon lui, nous devrions éviter de croire à la vérité littérale des énoncés portant sur l'inobservable. Il s'agit d'une manière de structurer les débats sur l'observation que j'ai critiquée pour son biais anti-réaliste dans le chapitre précédent, et qui peut aussi être critiquée pour sa radicalité. Défendre l'autonomie des rapports d'observation demande des efforts tellement intenses pour évacuer toute influence extérieure à l'expérience que l'on en arrive à une conception hygiéniste, centrée sur le sujet et ses états mentaux et sur un langage extrêmement appauvri. C'est la raison pour laquelle, au cours de ces trente dernières années, les conceptions empiristes de l'observation se sont généralement affranchies de ces contraintes pour ne plus mentionner ni les *sense data*, ni le « langage de l'observation ». Mais ces conceptions préservent l'idée de base de la conception empiriste fondationnaliste de l'observation qui est la défense de l'autonomie des énoncés d'observation. Elles conservent par conséquent aussi l'influence fondationnaliste et, tendent à évincer les instruments des pratiques observationnelles.

Dans le chapitre suivant, je montre que les critiques qui ont été formulées contre la conception traditionnelle de l'observation conduisent à rejeter l'approche selon laquelle l'autonomie des rapports d'observation fonde leur privilège.

LES PROBLÈMES DE LA CONCEPTION TRADITIONNELLE DE L'OBSERVATION

La « charge théorique » et le « mythe du donné »

J'ai présenté la conception traditionnelle de l'observation comme visant avant toute chose à défendre et expliquer le privilège qui est accordé aux rapports d'observation par une ligne argumentative bien particulière. Il s'agissait de marquer une distinction entre énoncés observationnels et non observationnels par le fait que les premiers seraient auto-justifiés et indubitables, et les seconds linéairement justifiés, dérivés des premiers et faillibles. Par conséquent, la conception traditionnelle de l'observation concluait à un privilège absolu en faveur des énoncés d'observation qui selon elle était toujours mieux établis que les énoncés qui ne sont pas d'origine observationnelle.

La manière dont j'ai présenté les choses, en distinguant d'une part l'attribution d'un privilège aux énoncés d'observation et d'autre part le problème de la justification de ce privilège permet de comprendre la conception traditionnelle de l'observation comme étant à la fois empiriste et fondationnaliste (je désignerai par la suite l'empirisme fondationnaliste par l'abréviation EF et parlerai donc de la conception EF de l'observation). Empiriste, elle l'est parce que l'attribution d'un privilège aux énoncés d'observation permet de soutenir la thèse empiriste fondamentale selon laquelle la connaissance est guidée par l'observation. Ensuite, cet empirisme est soutenu par un fondationnalisme épistémologique, l'auto-justification des énoncés d'observation leur assurant le rôle de fondement absolu à la connaissance. Cette distinction est importante pour aborder les critiques adressées à la conception EF, et déterminer quelles sont celles qui portent sur la composante empiriste et celles qui ne s'adressent qu'à la composante fondationnaliste. Mon but dans ce chapitre sera de montrer que les critiques les plus sérieuses ne touchent que cette deuxième composante, laissant une chance de défendre le privilège des énoncés d'observation tel que je l'ai formulé dans le premier chapitre, c'est-à-dire leur accorder la priorité lorsqu'ils entrent en conflit avec d'autres énoncés.

Une critique de la conception EF de l'observation peut sauter aux yeux suite à l'exposé de certains de ses attributs. Rappelons en effet que pèse une sévère restriction concernant le vocabulaire pouvant être employé pour former un énoncé d'observation, et qu'en outre, l'empirisme fondationnaliste est forcé de faire porter les énoncés d'observation, non sur des entités matérielles et sur leurs propriétés, mais sur des entités subjectives, les *sense data*. C'est donc tout le volet relatif aux pratiques scientifiques qui paraît largement inadéquat. Pour les scientifiques, l'idée que la connaissance observationnelle se limiterait aux faits singuliers pouvant être exprimés dans un langage protocolaire, qui exclut non seulement les termes techniques propres à leur discipline, mais même la plupart des termes du langage courant, ne peut que paraître inacceptable. Parallèlement à cela, il paraît encore moins vraisemblable que pour adhérer au fondationnalisme épistémologique, des scientifiques rédigent des comptes rendus d'observation décrivant le contenu de leurs sensations avant d'éventuellement procéder à une reconstruction des énoncés portant sur les entités matérielles.

Cette faiblesse n'est cependant pas suffisante pour rejeter en bloc l'épistémologie fondationnaliste et la conception de l'observation qu'elle propose. Si cette épistémologie permet de rendre compte, au moins en théorie, de l'acquisition de la connaissance scientifique, il est permis d'espérer que l'inadéquation entre les pratiques observationnelles qu'elle suggère et celles qui sont effectivement mises en place par les scientifiques n'est pas si profonde qu'il y paraît. C'est ce qui est défendu par Fodor, pour qui deux conceptions de l'observation cohabitent. Celle des scientifiques va certainement à l'encontre de ce qui est proposé par le fondationnalisme épistémologique, dans la mesure où elle ne se conforme guère aux prescriptions qui sont nécessaires pour rendre l'observation autonome, et en particulier pour la rendre indépendante des théories auxquelles adhère l'observateur. Mais l'existence d'une telle conception *pratique* est parfaitement compatible avec la possibilité de défendre une observation *des philosophes*, autonome, dans laquelle ni la théorie, ni les croyances, ni le cadre conceptuel de l'observateur n'interviennent[1].

---

1 Voir J. Fodor, « Observation Reconsidered », *Philosophy of Science*, vol. 51, 1984, p. 23-43. C'était également le sens du passage de Carnap que j'ai cité au chapitre 1.

Une véritable critique de la conception EF de l'observation ne peut donc se contenter de souligner l'écart entre ses prescriptions à propos des pratiques et ce que sont les pratiques réellement mises en place par les scientifiques. Il s'agit plutôt, pour les détracteurs de la conception de l'observation qui a été présentée dans le chapitre précédent, de démontrer que celle-ci n'est pas tenable en raison de défaillances structurelles qu'ils vont se mettre en devoir de pointer du doigt.

Dans ce chapitre, je commence par aborder les arguments qui visent la composante fondationnaliste de la conception EF. Ceux-ci ont été émis à la fois par des philosophes et historiens des sciences, parmi lesquels Feyerabend, Hanson, Kuhn et Toulmin, Quine et Sellars. Ces arguments ont conduit à un rejet de l'empirisme fondationnaliste – que l'on a souvent identifié à un rejet de l'empirisme – et à la quasi mise au rebut du concept d'observation. Je montre pourtant dans un deuxième temps que la critique portant sur la composante proprement empiriste de l'EF est beaucoup moins tranchante que celle qui s'attaque au fondationnalisme. Je défends donc la thèse selon laquelle, après examen de ces diverses critiques, un empirisme peut encore être soutenu en défendant une forme d'autorité épistémique de l'observation.

Enfin, je conclus en montrant que l'EF ayant été rejeté, il est nécessaire de se tourner à la fois vers une épistémologie autre que le fondationnalisme et vers une défense du privilège accordé aux rapports d'observation autre que celle reposant sur un mode de justification qui leur serait propre.

LA CRITIQUE ANTI-FONDATIONNALISTE

Durant les années 1950, plusieurs auteurs influents se sont retournés contre les thèses développées par les philosophes de l'empirisme logique, et plus particulièrement contre l'épistémologie fondationnaliste sur laquelle ces thèses s'appuient. Deux formules ont particulièrement marqué les esprits, au point d'apparaître comme des slogans contre l'empirisme fondationnaliste : la « charge théorique de l'observation » et le « mythe du donné ». La première, introduite par Hanson en 1958 dans son ouvrage *Patterns of Discovery*[1], énonce l'impossibilité de détacher les énoncés d'observation de l'influence des théories, et plus généralement des croyances de fond de l'observateur. La seconde est due à Sellars qui dans son essai *Empiricism and the Philosophy of Mind*, s'attaque à la notion de *donné*.

Je considère d'abord le sens en lequel Hanson et d'autres philosophes dits « post-positivistes » parlent de charge théorique de l'observation en m'intéressant plus particulièrement à une conséquence de ces divers problèmes : l'absence d'autonomie épistémique des énoncés d'observation. Ces arguments ne font que réaffirmer avec force un problème qui avait déjà été identifié par les philosophes de l'empirisme fondationnaliste et qui les avait conduits à faire usage de la notion de *sense data*. Le coup de grâce est ensuite asséné par Sellars qui, dans sa critique de la notion de *donné*, établit la défaillance de la conception EF de l'observation et de l'épistémologie fondationnaliste en général.

L'IMPORT DE CROYANCES DE FOND

Dans le chapitre précédent, j'ai présenté deux possibilités pour définir l'objet des énoncés élémentaires (aussi appelés énoncés d'observation) de l'épistémologie empiriste fondationnaliste. La première possibilité était de traiter ces énoncés en tant qu'ils portent sur les entités matérielles et leurs propriétés dans un langage physicaliste. Il s'agit d'une conception de sens commun, qui est souvent celle des scientifiques. La seconde possibilité consistait à faire porter ces énoncés sur des entités subjectives, les *sense data* dans un langage privé, propre au sujet. À la fin des années 1950 et au début des années 1960, plusieurs philosophes ont réaffirmé l'impossibilité de maintenir l'épistémologie EF dans une perspective physicaliste. Ces énoncés seraient toujours affectés par une

1 L'expression originale en anglais est « theory-ladenness of observation ». La métaphore de la « charge théorique » avait été introduite quelques années auparavant par Ryle concernant les termes scientifiques : « les termes spécifiques d'une science sont plus ou moins lourdement chargés du fardeau de la théorie de cette science. Les termes techniques de la génétique sont chargés de théorie, c'est-à-dire pas seulement chargés du bagage théorique d'une sorte ou d'une autre mais du bagage de la théorie génétique. Leurs sens changent lorsque change la théorie. Connaître leurs sens requiert quelque compréhension de la théorie » (G. Ryle, *Dilemmas*, Cambridge University Press, 1954, p. 90). Voir aussi R. Nola, « Some problems concerning the theory-ladenness of observations », *Dialectica*, vol. 41, 1987, p. 273-292.

charge théorique dont la reconnaissance conduirait à renoncer aux thèses fondamentales de l'EF.

L'expression « charge théorique de l'observation » est une expression désignant en réalité plusieurs problèmes dont l'origine et les conséquences sont diverses. Je m'intéresse ici aux seuls problèmes allant à l'encontre de l'autonomie épistémique des énoncés d'observation et par suite, allant à l'encontre du fondationnalisme. Un passage remarquable chez Hanson est celui où il affirme :

> L'observation de *x* est formée par la connaissance préalable qui est possédée au sujet de *x*. Une autre influence sur les observations repose sur le langage et les notations utilisées pour exprimer ce que nous savons, et sans lesquels il y aurait peu de choses que nous reconnaîtrions comme de la connaissance[1].

Le problème que souligne Hanson tient de ce que l'observation se conclut par la formulation d'un énoncé. La mise en mots de l'expérience, en utilisant des concepts tels que *x* induit l'adhésion au sens préalable du concept *x*, et donc à la théorie du *x*. Il est encore une fois possible de reconnaître ici l'argument de Popper au sujet du « caractère régulier quasi-légal » d'un concept, ce que Bogen a nommé la « charge sémantique de l'observation[2] ».

Un autre exemple exposé par Hanson est celui de l'observation du Soleil par Tycho Brahé et Johannes Kepler :

> Considérons Johannes Kepler : imaginons-le sur une colline regardant l'aube. Avec lui se trouve Tycho Brahé. Pour Kepler, le Soleil était fixe : c'était la Terre qui bougeait. Mais Tycho Brahé s'accordait au moins sur ceci avec Ptolémée et Aristote : la Terre était fixe et tous les autres corps célestes tournaient autour d'elle. *Est-ce que Kepler et Tycho Brahé voient la même chose à l'est, à l'aube?* (*Ibid.*, p. 5).

Si Kepler et Tycho Brahé affirmaient chacun « je vois le Soleil », ils signifieraient quelque chose de différent. Le terme « Soleil » n'est pas un nom propre mais un concept qui renvoie à certaines propriétés de l'entité qu'il désigne. Pour Kepler, cette affirmation implique donc également qu'il voit un astre fixe tandis que Tycho Brahe voit un astre

1 N. R. Hanson, *Patterns of Discovery*, Cambridge University Press, 1958, p. 19.

2 Voir J. Bogen, « Theory and Observation in Science », *The Stanford Encyclopedia of Philosophy*, éd. Edward N. Zalta, 2009.

mobile. En conséquence, Hanson affirme que la question « quelle est la chose qu'ils voient tous les deux » admet pour seule réponse valable qu'il s'agit d'un « disque brillant jaune-blanc sur une surface bleue, au-dessus d'une surface verte ». Autrement dit, la seule manière de s'accorder sur leur observation pour deux sujets adoptant des théories ou des croyances de fond différentes est d'en revenir à un langage de *sense data* qui soit neutre vis-à-vis de ces croyances. Cette stratégie consiste à s'en tenir au plus grand facteur commun entre les expériences de ces sujets pour préserver l'objectivité de l'observation.

L'exemple de l'observation du Soleil met en jeu des différences véritablement théoriques entre Kepler et Tycho Brahe. Il faut cependant comprendre la charge théorique de l'observation chez la plupart des acteurs de la philosophie des sciences post-positiviste comme désignant un problème dont la source est plus générale et concerne l'influence de croyances de différents ordres, théorique ou non, dans l'observation, ainsi que l'adhésion à un langage qui en détermine les catégories pertinentes.

Formulé par Kuhn, le problème devient très général. Chez lui, l'engagement d'un observateur en faveur d'une théorie scientifique donnée influence considérablement ce que voit cet observateur, mais en plus, l'observation devient dépendante d'un ensemble beaucoup plus large et hétérogène de présupposés, ce qu'il appelle le *paradigme*. Il n'est pas nécessaire de fournir des détails à propos de la nature des paradigmes[1]. Dans la postface de la seconde édition de *La structure des révolutions scientifiques*, Kuhn donne une caractérisation des paradigmes qui permet de saisir l'influence de cette notion sur l'observation. Kuhn la présente ainsi comme la « constellation de croyances, valeurs, techniques, etc. partagées par les membres d'une communauté donnée[2] ».

1 La polysémie de la notion de paradigme a été soulignée rapidement après la parution de *La structure des révolutions scientifiques*. Margaret Masterman y dénombre 22 sens différents pour ce terme. Voir M. Masterman, « The nature of a paradigm », éd. I. Lakatos et A. Musgrave, *Criticism and the Growth of Knowledge*, Cambridge University Press, 1993, p. 45-58.

2 Il s'agit de l'un des deux sens que Kuhn attribue à la notion mais, me semble-t-il, le plus pertinent pour présenter le problème de la charge théorique (ou plus exactement la « charge de paradigme » selon Heidelberger, voir M. Heidelberger, « Theory-ladenness and Scientific Instruments in Experimentation », The Philosophy of Scientific Experimentation, University of Pittsburgh Press, 2003, p. 138-151) de l'observation chez Kuhn. Voir T. Kuhn, *The Structure of Scientific Revolutions*, University of Chicago Press, 1962 / 1970, p. 175.

Chez Kuhn, ce n'est pas seulement l'adhésion à une véritable *théorie* (ou à une sous-partie d'une théorie) qui produit chez différents observateurs la possibilité de voir des phénomènes différents, mais le fait que ces observateurs soient influencés par des croyances, valeurs et techniques diverses qui sont à l'origine de présupposés qui sont de différents ordres (scientifiques, méthodologiques, métaphysiques, etc.).

La charge théorique de l'observation est donc un problème qui ne se rapporte pas seulement à la dépendance entre observation et théorie. Cela est apparent chez Kuhn, qui préfère à la notion classique de théorie comme unité d'analyse de l'activité scientifique, celle plus hétérogène de paradigme. C'est aussi vrai pour Feyerabend, chez qui la notion de théorie est à comprendre dans un sens très large, comparable à celui que j'ai attribué à la notion de paradigme. Selon cet auteur, ce qui est perçu dépend de ce qui est cru[1]. Quant à Hanson, ce qu'il présente comme le problème de la charge théorique de l'observation englobe le fait que des connaissances préalables (dont il ne précise pas si elles sont d'ordre théorique) et un certain langage ont une influence sur l'observation. Il apparaît donc chez ces auteurs que les sources de dépendance de l'observation sont loin d'être limitées à la théorie ou à des sous-parties de théories. Le langage, ainsi que les croyances théoriques ou non que possède l'observateur, sont pour eux autant d'obstacles à la conception d'une observation neutre et épistémiquement autonome.

Ce problème ne fut pas ignoré par les philosophes de l'empirisme fondationnaliste, qui y ont apporté une réponse. Ils admettent en effet que des croyances de fond sont mises en jeu si les énoncés d'observation portent sur des entités matérielles. En revanche, si l'observateur fait porter un énoncé d'observation sur des entités subjectives telles que les *sense data*, l'empirisme fondationnaliste défend la thèse selon laquelle l'observateur n'a plus à faire appel à aucune croyance qu'il possèderait déjà pour formuler cet énoncé. Concernant le langage et l'import de croyances de fond par l'utilisation de concepts, l'empirisme fondationnaliste répond en invoquant une théorie de la référence dans laquelle les termes trouvent leur sens et leur référence par l'expérience et l'expérience seule.

---

1 P. Feyerabend, « Problems of Empiricism », éd. R. Colodny, Beyond the Edge of Certainty, Prentice-Hall, 1996, p. 17-36.

Cette réponse de l'EF a été attaquée à son tour par Hanson. C'est dans le chapitre 3, intitulé « *Causality* » que la position de Hanson se dessine véritablement. Pour Hanson, parler de charge théorique consiste principalement à parler de causes, d'effets et des relations entre les deux. Ainsi, l'empirisme fondationnaliste est en droit d'affirmer que faire porter les énoncés d'observation sur les *sense data* permet de s'affranchir de la charge théorique de l'observation, mais c'est parce que le langage associé aux *sense data* est dénué de toute connotation causale :

> Notez la dissemblance entre les noms et verbes « chargés de théorie », sans lesquels aucun compte rendu à caractère causal ne pourrait être donné, et ceux qui sont d'une variété phénoménale, tels que « disque *solaroïde* », « motif *horizoïde* », « de gauche à droite », « disparaissant », « amer ». Dans un pur langage de *sense datum*, les connexions causales ne pourraient pas être exprimées. Tous les mots appartiendraient à la même classe logique : aucun d'entre eux n'aurait de pouvoir explicatif suffisant pour servir à un compte rendu causal d'évènements voisins[1].

Pour Hanson, il apparaît donc que la réponse apportée par l'empirisme fondationnaliste au problème de la charge théorique de l'observation est recevable. Il admet que les termes à caractère phénoménal se distinguent de ceux qui portent une charge théorique et laisse entendre que dans un langage de *sense data*, le problème de la charge théorique disparaît. Mais en résolvant ce problème, l'empirisme fondationnaliste s'interdit de fournir des comptes rendus d'observation ayant valeur d'explication. Sa stratégie visant à se retrancher dans le subjectif conduit certes à la formulation d'énoncés qui sont immédiatement justifiés, non affectés ni par la théorie ni par aucune croyance préexistante chez le sujet, mais ces énoncés ont trop peu de valeur pour véritablement servir un discours scientifique. Il leur manque l'efficacité épistémique indispensable à la construction et à la justification de la connaissance empirique.

Les conclusions auxquelles Hanson parvient reprennent dans les grandes lignes les termes du débat portant sur les énoncés protocolaires qui avait eu lieu au début des années 1930 entre Carnap et Neurath. Ce dernier s'était déjà opposé à Carnap par des arguments dont on aurait pu dire, de manière anachronique, qu'ils relevaient de la « charge théorique de l'observation ». Neurath avait ainsi souligné qu'il n'existe pas de

1 N.R. Hanson, *Patterns of Discovery*, p. 59.

langage neutre, qui ne soit pas déjà contaminé par la théorie. L'emploi d'un terme, quel qu'il soit (à l'exclusion des connecteurs logiques, des indexicaux ou des démonstratifs), fait toujours référence à un usage déterminé par des expériences antérieures, dépassant ainsi le *donné* de l'expérience subjective sur laquelle porte l'énoncé protocolaire[1]. Quant à l'idée d'un langage privé, compréhensible par un seul sujet, Neurath la rejette comme étant absurde. Un langage est toujours inter-subjectif sans quoi il ne serait d'aucune utilité puisqu'il ne pourrait remplir sa fonction communicative. En outre, l'autonomie épistémique radicale qui doit caractériser les énoncés protocolaires dans une perspective EF conduirait à ne faire usage que d'un langage « instantané », c'est-à-dire dont les mots trouvent leur sens et leur référence au moment même de l'expérience pour être perdus immédiatement après. Cette condition paraît tout aussi inacceptable à Neurath qui ne voit d'autre issue que de traiter tous les énoncés sur un pied d'égalité, renonçant à l'idée d'une classe d'énoncés privilégiés.

Les critiques de Neurath avaient donc largement anticipé celles des philosophes post-positivistes pour arriver à la conclusion selon laquelle le fondationnalisme épistémologique était une impasse. Je reviendrai sur la proposition positive de Neurath de se tourner vers le *cohérentisme* dans le chapitre suivant.

SELLARS ET LA CRITIQUE DE LA NOTION DE « DONNÉ »

À peu près au même moment où le courant post-positiviste réaffirme l'invraisemblance de la conception EF de l'observation et de l'épistémologie fondationnaliste, Sellars a mené une attaque en règle contre ce que j'ai identifié comme un concept-clé de cette doctrine : le donné. J'ai introduit cette notion chez Goldman (voir le chapitre précédent) dans une perspective déjà assez clairement empiriste (c'est-à-dire identifiant le donné à un produit de l'expérience sensible, sensation ou *sense data*) avant de souligner qu'il avait pris diverses formes chez d'autres auteurs. Pour rendre justice à la généralité de l'attaque de Sellars contre le donné, DeVries et Triplett proposent la caractérisation suivante :

1 O. Neurath, « Protocol Statements », éd. R. Cohen et M. Neurath, *Philosophical Papers 1913-1946*, D. Reidel, 1983, p. 91-99.

> La caractérisation la plus générale du donné est qu'il s'agit d'un élément dans l'expérience qui possède un statut épistémique positif simplement en vertu de sa présence dans cette expérience. (Le terme « expérience » est ici construit de manière plutôt générale. Ce n'est pas forcément l'expérience *sensible* ; il peut s'agir de l'intuition d'une idée, de l'appréhension d'un universel, etc.) La spécification exacte du statut épistémique positif possédé par le donné est sujette à débat. Comme nous l'avons noté, un statut épistémique très élevé – certitude, infaillibilité ou incorrigibilité – a été attribué au donné comme un trait essentiel. Bien que Sellars soit un véritable faillibiliste, il n'affirme jamais que le faillibilisme est incompatible avec le donné.
> La relation entre le donné et la personne pour qui quelque chose est donné est aussi décrite de plusieurs manières. La personne, pourrait-on dire, connait le donné directement ou immédiatement. D'autres manières de concevoir cette relation (parfois admettant, parfois s'opposant à la connaissance ou à la certitude) sont que la personne *appréhende* le donné, le comprend, en est consciente ou la connait par *acquaintance*[1].
> Les éléments clés de la connaissance du donné sont les suivants : (1) cette connaissance est épistémiquement indépendante, c'est-à-dire que le statut épistémique positif ne dérive pas d'un autre état épistémique ; et (2) elle est épistémiquement efficace – c'est-à-dire que la connaissance du donné peut fournir un soutien épistémique positif à d'autres éléments au sein du système épistémique de la personne ou peut améliorer le statut épistémique de tels éléments[2].

Les éléments importants de cette caractérisation sont d'abord le recul qui est pris par rapport à la forme empiriste du fondationnalisme. Le donné, selon DeVries et Triplett, est certainement construit à partir de l'expérience, mais pas nécessairement de l'expérience sensible. De même, le « statut épistémique élevé » que ces auteurs attribuent au donné permet de rester neutre entre plusieurs options (certitude, infaillibilité, etc.) tandis que la relation que le sujet entretient avec le donné n'est pas davantage précisée (connaissance, appréhension, etc.) La principale caractérisation du donné se réduit donc au fait que son statut épistémique élevé est

1 Le terme de connaissance par *acquaintance*, parfois traduit par connaissance par accointance ou encore par connaissance directe a été introduit par Russell (voir notamment (Russell 1912, chapitre 5). Cette connaissance des choses (des particuliers) s'oppose à celle des vérités ou des faits qui sont structurés de manière propositionnelle. On parlera ainsi de la connaissance d'une ville (par acquaintance), sans manifester l'idée d'une connaissance propositionnelle, de même que l'on posera la question « Connaissez-vous Paul ? » en un sens qui ne renvoie pas à une quelconque proposition.

2 W. DeVries et T. Triplett, *Knowledge, Mind, and the Given-Reading Wilfrid Sellars's "Empiricism and the Philosophy of Mind"*, Hackett Publishing Company, 2000, p. XXV-XXVI.

obtenu indépendamment de tout autre état épistémique (connaissances, croyances de fond, etc.) et que ce statut peut être transmis à d'autres éléments du système épistémique d'une personne. Ce sont ces deux attributs, l'autonomie et l'efficacité épistémique qui sont essentiels au donné. En revanche, la nature du donné, ce qu'est spécifiquement ce statut épistémique positif, ce qu'est cette transmission à quelque chose d'autre, la question de savoir si le donné est structuré de manière propositionnelle ou non et ce qu'est cette connaissance ou cette appréhension du donné sont des questions secondaires, par rapport auxquelles les réponses constituent autant de formes de fondationnalisme.

C'est ce donné, dans sa forme la plus générale, qui est la cible de Sellars. Dans les paragraphes 32-34 de *Empiricism and the Philosophy of Mind*[1] (EPM), il offre l'argument suivant : le donné doit avant toute autre chose posséder un statut épistémique positif indépendant et ce statut épistémique positif doit pouvoir être transmis à d'autres éléments du système épistémique. Or ce donné peut être soit propositionnel (un postulat, un énoncé protocolaire, etc.) soit non propositionnel (un objet matériel, un *sense datum*, etc.). Si le donné n'est pas sous forme propositionnelle, il ne peut pas servir de prémisse dans un argument et ne peut donc pas transmettre son statut épistémique positif. Il faut donc qu'il ait une forme propositionnelle. Dans ce cas, le donné est épistémiquement efficace mais Sellars démontre qu'il ne peut pas être épistémiquement autonome. En effet, si le donné propositionnel est inférentiel, il y a une dépendance évidente entre ce donné et les prémisses par lesquelles il a été inféré. La seule possibilité restante est que le donné soit non inférentiel, tout en ayant un statut épistémique positif.

Cette dernière possibilité exprime une position purement *externaliste*, dans laquelle un sujet peut acquérir une connaissance s'il emploie pour ce faire un moyen *fiable*. Par exemple, un externaliste considérerait que Paul, qui lorsqu'il voit un objet vert déclare toujours « c'est vert » sans se tromper, est un indicateur fiable des objets verts. Par conséquent, Paul acquiert des connaissances (que tel objet est vert, que tel autre ne l'est pas) alors que lui-même ne fait usage d'aucun élément de son propre système épistémique, pas même de la croyance en sa propre fiabilité. Sellars rejette ce pur externalisme et affirme :

1 W. Sellars, « Empiricism and the Philosophy of Mind », *Minnesota Studies in the Philosophy of Science*, vol. I, éd. H. Feigl et M. Scriven, University of Minnesota Press, 1956, p. 253-329.

> Il pourrait sembler qu'il y a quelque chose d'évidemment absurde dans l'idée qu'avant qu'un énoncé particulier prononcé par, par exemple, Jones, soit l'expression d'une connaissance observationnelle, Jones devrait savoir que des épisodes verbaux de ce genre sont des indicateurs fiables de l'existence, liée de manière adéquate au locuteur, d'objets verts. Je ne crois pas que cela soit le cas. En effet, je crois que quelque chose de très approchant a lieu. [...] la connaissance observationnelle d'un fait particulier, par exemple que ceci est vert, présuppose la connaissance de faits généraux de la forme *X est un indicateur fiable de Y*[1].

Dans ce passage, il apparaît que même la connaissance observationnelle la plus rudimentaire ne peut afficher l'autonomie épistémique dont l'empirisme fondationnaliste a besoin. Ma propre perception d'un fait me renvoie à toutes mes expériences sensorielles passées dont le succès me fait croire aujourd'hui que je suis un indicateur fiable de ce genre de faits. Sans cette croyance, je ne suis pas en position d'affirmer savoir quoi que ce soit.

Pour Sellars, il est indispensable que l'intégralité du processus qui mène le sujet à prononcer une certaine phrase en réponse à une expérience soit fiable. Mais cette condition n'est pas suffisante. Elle reviendrait à adopter ce qu'il appelle une « conception thermométrique » de la connaissance. Il faut entendre par là que le sujet serait vu comme n'étant rien de plus qu'un instrument scientifique qui répondrait de manière automatique à des stimuli sensoriels, sans même que l'on ait à supposer que ce sujet possède des états mentaux. Or selon Williams, on ne peut pas considérer la fiabilité de manière absolue ; elle n'est déterminée que pour certaines conditions. Imaginons que Paul détecte les objets verts et prononce l'énoncé « ceci est vert » de manière fiable. Sa fiabilité dépend malgré tout du fait que l'objet qui lui est présenté soit bien visible. Dans une pièce entièrement noire, Paul perdrait sa fiabilité pour juger de la couleur verte ou non des objets. Mais même à supposer que Paul n'opère que dans des conditions favorables qui ne remettent pas en cause sa fiabilité, ses réponses ne constitueraient pas une connaissance observationnelle. Williams en donne la raison suivante :

> De simples réponses n'expriment aucun contenu propositionnel. Bien que des animaux puissent être entrainés à répondre de manière différenciée à

1 W. Sellars, EPM, § 36.

> des stimuli dans leur environnement, cela ne nous autorise pas à considérer qu'un pigeon qui picore un disque rouge pour obtenir de la nourriture est en train d'exprimer qu'il y a un disque rouge qui est présent. Les réponses ne deviennent des rapports qu'en vertu d'autres choses que nous faisons à partir d'elles : en particulier, les traiter comme des raisons pour d'autres jugements[1].

Williams affirme ici que sans l'inclusion d'une réponse dans un réseau de relations avec d'autres énoncés, cette réponse, même si elle semble avoir un contenu propositionnel, ne peut pas être distinguée d'une réponse qui en est dénuée. Un énoncé formulé en réponse à une stimulation peut ne pas avoir davantage de contenu que la réponse d'un pigeon qui picore lorsque des graines lui sont données.

Ces divers arguments aboutissent à la conclusion selon laquelle le donné, s'il est propositionnel, ne peut pas être épistémiquement autonome. L'argument de Sellars est donc complet. Le donné ne peut ni être non propositionnel puisqu'il lui manquerait alors l'efficacité épistémique, ni propositionnel car il lui manquerait alors l'autonomie épistémique. Le donné doit donc être rejeté et avec lui, le fondationnalisme sous toutes ses formes, y compris empiriste.

LA CRITIQUE DE L'EMPIRISME

Parmi les critiques que les philosophes du courant post-positivistes ont adressées aux conceptions de l'empirisme logique, certaines ne sont pas tournées vers sa composante fondationnaliste mais semblent plutôt remettre en cause l'*autorité épistémique* de l'expérience, c'est-à-dire sa capacité à servir de guide à la mise en place et à l'évolution des concepts et des théories. C'est donc l'épistémologie proprement empiriste qui est la cible de ces critiques. Le premier argument que je présente en ce sens est celui selon lequel toute observation est fortement déterminée par les intérêts théoriques de l'observateur. Deux observateurs ayant la même expérience (disons visuelle), par exemple face à un dispositif expérimental, s'intéresseront à des aspects différents de ce dispositif, guidés

1 M. Williams *Problems of Knowledge : a Critical Introduction to Epistemology*. Oxford University Press, 2001, p. 174.

par leurs préoccupations théoriques respectives. Le second argument remet en question la capacité de l'expérience sensible à nous orienter vers un jugement correct en pointant la possibilité d'éléments erronés dans le processus même de perception. Je montre cependant qu'aucun de ces deux arguments ne parvient à conclure à une remise en cause du rôle prépondérant de l'expérience dans l'acquisition de la connaissance empirique.

LE GUIDAGE THÉORIQUE DE L'OBSERVATION

Dans *La structure des révolutions scientifiques*, Kuhn compare les approches supposées d'Aristote et de Galilée face au même système physique : une pierre attachée au bout d'une ficelle, corde ou chaîne, c'est-à-dire un pendule. Pour Aristote et les tenants de la physique aristotélicienne en général, ce système est vu comme mettant en œuvre la chute *contrainte* d'une pierre. Selon Kuhn, pour eux, « un corps lourd est mu par sa propre nature d'une position élevée, à un état de repos à une altitude moindre », si bien que la pierre « tombe simplement avec difficulté. Contrainte par la chaîne, elle ne pouvait arriver au repos au point le plus bas qu'en passant par un mouvement tortueux en un temps considérable ». Face au même système, Galilée aurait vu un pendule, c'est-à-dire « un corps qui réussissait presque à répéter le même mouvement à l'infini[1] ».

Le fait que des savants de deux traditions différentes voient des choses différentes dans le même système n'est cependant pas ce que je veux relever pour décrire le type de charge théorique qui m'intéresse ici, le *guidage de l'observation* par la théorie, ou plus généralement par les croyances de fond. En effet, Kuhn poursuit en disant que du fait que ces scientifiques considèrent un même système dans des cadres différents, ils s'intéressent aussi à l'observation de choses différentes concernant ce système. Ainsi, « voyant une chute contrainte, le scientifique aristotélicien mesurerait (ou au moins discuterait – on mesurait peu au temps d'Aristote) le poids de la pierre, la hauteur à laquelle elle avait été portée, et le temps requis pour qu'elle atteigne le repos[2] ». À l'inverse, un scientifique galiléen s'intéresserait « seulement au poids, au rayon, au déplacement angulaire, et au temps par oscillation, qui

1 T. Kuhn, *The Structure of Scientific Revolutions*, p. 118-119.

2 *Ibid.*, p. 123.

sont précisément les données dont l'interprétation permit de produire les lois de Galilée pour le pendule[1] ».

Le cadre théorique propre à des traditions scientifiques distinctes a donc une influence, non seulement sur la manière dont la même entité ou le même processus peut être interprété, mais aussi sur les éléments pertinents sur lesquels il convient que l'observateur porte son attention. C'est ce deuxième aspect que je vais décrire, la *saillance* des différents éléments d'un système. Dans l'exemple du pendule, l'intérêt que Galilée porte à la période d'oscillation n'est pas expliqué par le fait que dans la tradition aristotélicienne ce concept ne pourrait être compris ou n'aurait aucun sens. Comme Galilée, Aristote voyait la pierre osciller et la mesure de ce temps d'oscillation aurait tout à fait été possible pour lui. Mais parce qu'il considère un cadre explicatif tout autre que celui de Galilée, Aristote s'intéresse naturellement à l'observation des quantités ou des processus qui jouent effectivement un rôle dans son schème explicatif, ce qui le conduit à en délaisser d'autres qui jouent le même rôle chez Galilée.

Le guidage de l'observation par la théorie conduit un sujet à porter son attention sur tel détail, alors qu'un autre observateur, ayant des croyances de fond différentes, aurait naturellement tendance, *devant la même scène*, à porter son attention sur d'autres éléments. Bogen considère que cette forme de charge théorique de l'observation (la « saillance ») indique un fait important au sujet de la pratique scientifique :

> L'adhésion à des théories conduit parfois les investigateurs à produire des données[2] peu éclairantes parce qu'ils s'intéressent aux mauvaises choses. Heureusement, cela n'arrive pas toujours et lorsque cela arrive, les investigateurs peuvent en arriver à apprécier l'importance de données dont la pertinence ne leur était pas apparue à l'origine. Ainsi, les paradigmes et l'adhésion à des théories influencent certes la saillance, mais leur influence n'est ni inévitable, ni irrémédiable[3].

1 *Ibid.*, p. 124.

2 Le terme de « données », à ne pas confondre avec celui de « donné », a été popularisé en philosophie des sciences par Bogen et Woodward dans une série d'articles commencée à la fin des années 1980. Selon ces auteurs, ce terme serait plus fécond et moins controversé que celui d'observation ; il s'accorderait aussi beaucoup mieux à la pratique scientifique. J'y reviendrai largement dans la seconde partie de cette étude.

3 J. Bogen, « Theory and Observation in Science », *The Stanford Encyclopedia of Philosophy*, éd. Edward N. Zalta, 2009, § 5.

Bogen relève ce problème de guidage théorique de l'observation en appréciant l'une de ses conséquences négatives. En effet, des scientifiques peuvent être amenés, en raison de leur adhésion à certaines théories peu fécondes, à s'intéresser également à des aspects d'un système qui ne présentent pas un grand intérêt. Mais la réponse de Bogen laisse à désirer en n'offrant aucun argument qui viserait à démontrer que ce problème n'est ni inévitable, ni irrémédiable. Et de fait, si ce problème était inévitable *et* irrémédiable, il aurait des conséquences désastreuses sur la capacité de l'expérience à servir de guide épistémique dans l'investigation des phénomènes empiriques. Un scientifique qui partirait sur une mauvaise piste en adhérant à une théorie peu féconde se retrouverait en quelque sorte enfermé dans son erreur originale. Et il apparaît d'autant plus difficile de sortir de cette erreur que celle-ci n'est pas causée par une observation défectueuse qui pourrait être améliorée. On peut sans peine imaginer que les observations d'un savant aristotélicien concernant le temps mis par le pendule à retourner au repos soient réalisées de manière tout aussi scrupuleuse que lorsque le savant galiléen observe les oscillations pour en mesurer la période. Kuhn le reconnaît d'ailleurs. Le génie que manifeste Galilée en se penchant sur des éléments particulièrement féconds du système physique ne se traduit pas par une observation mieux réalisée que dans le cadre aristotélicien. « Descriptivement, la perception aristotélicienne est tout aussi précise[1] ».

Comment peut-on répondre à l'argument du guidage théorique de l'observation ? En particulier, est-elle vraiment, comme l'affirme Bogen ni inévitable, ni irrémédiable ? Sans qu'ils aient abordé directement ce problème, on peut trouver dans les conceptions des philosophes de l'empirisme logique une réponse très générale à tout problème lié aux circonstances qui ont conduit un ou plusieurs scientifiques à s'intéresser à un certain domaine de phénomènes ou à développer un certain type d'explication. Pour eux, tout ce qui relève du « contexte de découverte » se trouve dans le domaine d'enquête de la psychologie et non de la philosophie des sciences ou de l'épistémologie[2]. Ces dernières disciplines

1 T. Kuhn, *The Structure of Scientific Revolutions*, p. 119.

2 Voir R. Carnap et al., « La conception scientifique du monde : Le Cercle de Vienne », éd. A. Soulez, *Manifeste du Cercle de Vienne et autres écrits*, PUF, 1985 et H. Reichenbach, *Experience and Prediction. An Analysis of the Foundations and the Structure of Knowledge*, University of Chicago Press, 1938.

ne portent que sur le « contexte de justification », c'est-à-dire sur la possibilité de justifier les énoncés, indépendamment de la manière dont ils ont été produits. Si le guidage théorique de l'observation est une attaque contre les positions affichées par l'empirisme fondationnaliste sur l'observation, les défenseurs de ce dernier ont donc une réponse toute prête. Qu'un scientifique s'intéresse à tel élément matériel ou conceptuel d'un système physique et son collègue à tel autre, ce n'est pas bien grave puisqu'ils n'entrent pas véritablement en conflit l'un avec l'autre. Chacun est justifié à réaliser les observations qu'il souhaite et à en tirer des conséquences qui n'ont pas davantage de raisons de se contredire mutuellement. Au mieux, une connaissance plus complète du système physique sera obtenue, et au pire, l'un des deux scientifiques se sera lancé dans un travail de peu d'intérêt, dont il n'aurait d'ailleurs pas été très facile de prédire qu'il le fût.

L'argument consistant à établir une distinction marquée entre le contexte de découverte et le contexte de justification n'est cependant pas très satisfaisant. À la question de savoir si le problème de guidage théorique est inévitable et irrémédiable, il ne fait que répondre que cela ne concerne ni l'épistémologie, ni la philosophie des sciences. Or cela n'est certainement pas le cas. Que se passerait-il si une mauvaise théorie, universellement adoptée, conduisait les scientifiques du monde entier à conduire des observations qui ne font que renforcer cette théorie ? Sans moyen de sortir d'un tel cercle vicieux, la connaissance empirique se trouverait très fortement menacée.

Une réponse peut, je crois, être apportée à ce problème. Le fait qu'une théorie portant sur un certain domaine de phénomènes guide nos observations dans ce même domaine de phénomènes est sans aucun doute inévitable. Cette théorie peut d'ailleurs guider nos observations aussi bien positivement que négativement, lorsque l'on cherche à la mettre en défaut. Une observation dans le domaine scientifique est toujours *motivée*, ce sur quoi je reviendrai dans la deuxième partie de cette étude. En revanche, l'argument selon lequel la théorie ferait partie intégrante de l'expérience et met celle-ci sur des rails qu'elle ne peut plus quitter n'est pas recevable pour la raison suivante. La dépendance qui est identifiée ici entre théorie et observation n'est que causale, et non épistémologique. La théorie guide certes l'expérience, mais d'une manière qui n'empêche pas l'expérience d'être, en un certain sens, indépendante de la théorie, dans la mesure où elle conserve sa capacité à la réfuter. À ce sujet, Gupta affirme :

> Une croyance théorique peut nous conduire à accomplir certaines expérimentations, et ces expérimentations peuvent produire certaines expériences spéciales en nous. Il se pourrait même que nous n'ayons pas ces expériences sans les expérimentations, tandis que nous n'accomplirions pas les expérimentations sans cette croyance théorique. La croyance est donc une partie essentielle de l'origine causale de nos expériences. Néanmoins, les expériences peuvent conserver leur autonomie épistémique. Elles peuvent détruire la croyance qui est leur origine causale. L'indépendance épistémique est donc compatible avec la dépendance causale[1].

La dépendance causale de l'observation par rapport à la théorie est ce qui, selon moi, rend le guidage théorique de l'observation par la théorie inévitable. Mais grâce à l'indépendance épistémique de l'expérience par rapport à la théorie, défendue ici par Gupta, le problème de guidage théorique de l'observation ne sera pas insoluble, et ne remettra donc pas en cause l'autorité épistémique de l'expérience.

LA CHARGE PERCEPTUELLE DE L'OBSERVATION

La deuxième variété de charge théorique pouvant présenter une menace pour l'empirisme peut être appelée « charge perceptuelle » de l'observation[2] et identifie les processus de la perception comme sources d'erreurs dans le jugement perceptif. Je traiterai ici deux cas que l'on peut relativement bien distinguer, le premier reposant sur des *attentes* de la part du sujet lorsque les conditions de perception ne sont pas idéales et le second sur certaines configurations de l'expérience (notamment visuelle) qui, par leur structure, induisent le jugement perceptuel en erreur même lorsque le sujet ne semble pas manifester d'attentes particulières à l'égard du phénomène en question, et même lorsque les conditions de perception sont aussi bonnes que possible.

Le premier cas a été notamment mis en évidence par une expérience menée par Bruner et Postman au cours de laquelle on demande à des sujets d'identifier des cartes à jouer qui leur sont présentées durant un temps

---

1 A. Gupta, *Empiricism and Experience*, Oxford University Press, 2006, p. 106.

2 Bogen, « Theory and Observation in Science », *The Stanford Encyclopedia of Philosophy*, éd. Edward N. Zalta, 2009.

bref variable (allant de 10 ms à 1000 ms). Parmi ces cartes normales, des cartes anormales ont été glissées telles qu'un six de pique rouge ou un quatre de cœur noir. Or tandis que l'identification des cartes normales se déroule à peu près sans erreur même pour des temps d'exposition extrêmement brefs, celle des cartes anormales conduit presque toujours à des jugements erronés qui sont expliqués ainsi par les auteurs :

> Notre conclusion principale consiste simplement en une réaffirmation de la thèse générale selon laquelle l'organisation perceptuelle est puissamment déterminée par les attentes qui ont été construites par le commerce passé avec l'environnement. Lorsque de telles attentes sont violées par l'environnement, le comportement du sujet peut être décrit comme de la résistance à la reconnaissance de l'inattendu ou de l'incongru. La résistance se manifeste par des réponses perceptuelles subtiles et complexes mais pouvant néanmoins être distinguées. Parmi les processus perceptuels qui mettent en œuvre cette résistance, on trouve (1) la prédominance d'un principe d'organisation qui empêche l'apparition de l'incongruité et (2) une forme d'« assimilation partielle de l'attente » que nous avons appelée « compromis ». Lorsque ces réponses faillissent et que la reconnaissance correcte n'a pas lieu, le meilleur terme pour décrire le résultat est celui de « perturbation perceptuelle ». La reconnaissance correcte intervient lorsque les attentes inappropriées sont éliminées après l'échec de leur confirmation[1].

Bruner et Postman affirment ici que les attentes des sujets concernant ce qu'ils vont voir sont formées par certaines habitudes dont on peut supposer qu'elles forgent des croyances, par exemple celle que dans un jeu de carte, le motif de cœur est toujours de couleur rouge. Lorsque le phénomène trahit cette attente, prenant par exemple la forme d'un quatre de cœur *noir*, les auteurs identifient deux types de réponses possibles, visant tous les deux à résister à l'inattendu. Le premier consiste à simplement empêcher l'apparition de l'incongruité, en rattachant par exemple l'expérience du quatre de cœur noir à une carte normale (un quatre de cœur rouge ou un quatre de pique noir par exemple). Le second, l'assimilation partielle de l'attente, consiste à prendre en compte la contrainte de l'expérience perceptive en même temps que celle de l'attente pour aboutir à une forme de compromis. Bruner et Postman donnent une longue liste de couleurs ayant été identifiées par les sujets auxquels étaient présentées des cartes de pique et de trèfle *rouges* et

1 J. Bruner et L. Postman, « On the Perception of Incongruity : A Paradigm », *Journal of Personality*, vol. 18, 1949, p. 206-223.

parmi lesquelles on trouve : marron, une combinaison de noir et de rouge, pourpre, rouille, etc. Ce sont ces deux types de réactions qu'ils nomment perturbations perceptuelles.

Un aspect frappant des réponses incorrectes qui sont données (presque tout le temps pour des cartes anormales) est qu'elles concernent des propriétés tout à fait élémentaires, parmi lesquelles la couleur. J'avais rappelé plus haut l'exemple de Kepler et Tycho Brahe qui voyaient dans le Soleil une entité à laquelle ils rattachaient des propriétés différentes. Mais on postulait malgré tout l'existence d'un facteur commun à l'expérience de ces sujets. Ces deux savants auraient par exemple pu s'entendre sur le fait que leurs expériences visuelles respectives étaient toutes deux celles d'un disque brillant jaune-blanc. Or dans l'expérience de Bruner et Postman, les sujets ne semblent pas pouvoir se tourner vers une quelconque propriété qui serait suffisamment élémentaire pour être à l'abri de leurs attentes.

L'expérience perceptive peut-elle malgré ces défaillances servir de guide fiable dans l'investigation empirique[1] ? Je pense qu'un protocole expérimental tel que celui de Bruner et Postman ne remet pas en cause la fiabilité de la perception, il ne fait qu'apporter des éclaircissements au sujet de la notion de fiabilité, dont il souligne qu'elle n'est jamais absolue. Je discuterai cette notion de fiabilité en détails plus loin dans cette étude, mais pour le moment, il faut remarquer qu'il est crucial pour que l'expérience de Bruner et Postman montre une influence des attentes, que les conditions de perception soient mauvaises. L'identification erronée des cartes par le sujet n'était possible que pour des temps d'exposition très courts (de l'ordre de quelques centièmes de seconde,

1 Kuhn a fait usage de cet exemple dans la *Structure des révolutions scientifiques*, ce qui a poussé plusieurs de ses critiques à lui attribuer la thèse selon laquelle la fiabilité et la stabilité de la perception était remises en question par de telles expériences – voir par exemple S. Schindler, « Bogen and Woodward's data-phenomena distinction, forms of theory-ladenness, and the reliability of data », *Synthese*, 2009, p. 1-17. Ce n'est pourtant pas tellement pour établir les limites de la perception que Kuhn mentionne les travaux de Bruner et Postman, mais plutôt pour soutenir une thèse beaucoup plus générale concernant la science et des périodes au cours desquelles surviennent : « la prise de conscience d'une anomalie, l'émergence graduelle et simultanée de sa reconnaissance observationnelle et conceptuelle, et le changement de paradigme, catégories et procédures qui en découle, souvent accompagné de résistance » (Kuhn, *The Structure of Scientific Revolutions*, p. 62). Kuhn souligne donc plutôt le rôle de métaphore que peut jouer l'expérience de Bruner et Postman pour décrire certaines caractéristiques de la marche générale de la science qui sont pour lui fondamentales.

un ou deux dixièmes pour les cartes anormales). On peut imaginer que lorsque les conditions de l'expérience perceptive ne sont pas bonnes, le sujet compense la défaillance de son expérience par les croyances ou les attentes qu'il entretient au sujet d'un certain type de phénomènes. L'erreur perceptuelle, qui est inévitable lorsque les conditions de la perception ne sont pas suffisamment bonnes, est alors guidée par les croyances de fond du sujet qui cherche à rapporter ce qu'il perçoit à ce qu'il connaît déjà.

Pour la question que je traite ici, qui concerne l'autorité épistémique de l'expérience sensible, les perturbations perceptuelles qu'identifient Bruner et Postman sont moins révélatrices du rôle que jouent les attentes et les croyances de fond du sujet dans la perception que du fait que pour être perturbée, la perception semble devoir se dérouler dans des conditions qui sont loin d'être idéales. La conclusion qu'il faudrait à mon avis tirer de l'expérience des cartes est que l'autorité épistémique de l'expérience sensible ne se manifeste pleinement que sous certaines conditions, qu'il est fondamental de savoir identifier pour pouvoir mener à bien une investigation empirique.

Lorsque les conditions ne permettent pas au sujet de porter son attention sur l'objet de sa perception, par manque de temps, parce que cet objet est trop petit pour qu'il puisse bien le distinguer à l'œil nu ou encore parce que la lumière est insuffisante, le sujet continue à percevoir et conserve sa capacité à formuler un jugement perceptuel. Un exemple de ce type est rapporté par Bogen qui décrit une expérience de Rutherford et Pettersson pour vérifier si certains éléments se désintègrent en émettant des particules chargées sous bombardement radioactif :

> Pour détecter des émissions, des observateurs regardaient un écran à scintillation à la recherche de faibles flashes produits par l'impact de particules. Les assistants de Pettersson reportaient avoir vu des flashes pour le silicone et certains autres éléments. Ceux de Rutherford ne les voyaient pas. Un collègue de Rutherford, James Chadwick, alla visiter le laboratoire de Pettersson pour évaluer ses données. Au lieu de regarder l'écran et de vérifier si les données de Pettersson correspondaient à ce qu'il voyait, Chadwick plaça l'un des assistants face à l'écran et s'occupa de manipuler l'équipement sans que les autres le sachent, de telle sorte qu'il alternait des conditions d'opérations normales et des conditions dans lesquelles s'il y avait des particules, elles ne pouvaient atteindre l'écran. Les données de Pettersson furent discréditées

> par le fait que ses assistants reportaient avoir vu à peu près autant de flashes dans les deux conditions[1].

Cet exemple, qui détaille une expérience de physique, est pour mon propos très semblable à celui des cartes à jouer. Les flashes que les assistants de Pettersson et Rutherford recherchent sont en effet si faibles que leur présence ou leur absence ne change pas le taux de comptage reporté par les observateurs. Cela ne veut pas dire que la perception de ces observateurs soit perturbée ou leur joue des tours, mais que le phénomène d'intérêt est trop fugace, trop fin pour être correctement détecté à l'œil nu. En revanche, dans cet exemple, il n'est pas fait explicitement mention d'attentes particulières de la part des assistants. Mais que ceux-ci aient ou non obtenu leurs résultats en étant influencés par des attentes, la mise en évidence du jugement erroné des assistants n'a été possible que parce que les conditions expérimentales n'étaient pas bonnes.

La démarche du collègue de Rutherford, James Chadwick démontre cependant qu'il est relativement aisé d'enquêter sur la question de savoir si les conditions de perception sont correctes ou pas. Tout d'abord, le désaccord profond entre les deux équipes de chercheurs laissait supposer que ces conditions n'étaient pas optimales. Il aura ensuite suffi d'un test expérimental relativement simple (la désactivation de la détection des particules) pour conclure à l'insuffisance de la perception humaine pour observer les événements attendus. Par conséquent, lorsque nous parlons « d'établir la fiabilité » de l'observation, il ne faut pas s'attendre à une fiabilité *absolue*, en toute circonstance. Aussi va-t-on déterminer certaines conditions, parfois très restrictives, pour permettre aux éléments qui entrent en jeu dans l'observation de fonctionner correctement.

Une autre source d'erreur concernant le jugement perceptuel est l'illusion, au cours de laquelle la perception est trompée, et ce indépendamment des croyances de fond chez l'observateur, et sans que l'on cherche à troubler la perception par des conditions non idéales. Ainsi, tandis que l'on pouvait trouver dans les croyances de fond de l'observateur, ainsi que dans le faible temps d'exposition au phénomène, une explication

---

1 R. H. Stuewer, « Artificial Disintegration and the Cambridge-Vienna Controversy », éd. P. Achinstein et O. Hannaway, *Observation, Experiment, and Hypothesis in Modern Physical Science*, MIT Press, 1985, p. 239-307 (p. 284-288).

sur l'apparent dysfonctionnement de la perception dans l'exemple des cartes à jouer anormales, de nombreuses illusions ne peuvent pas être expliquées par ce type d'arguments. Considérons la grille d'Hermann présentée sur la figure 2. Lorsque l'attention est fixée sur l'une des taches blanches, à l'intersection des lignes grises horizontales et verticales, des taches noires semblent apparaître à la place (ou à l'intérieur) des autres taches blanches.

Ces configurations sont certes le plus souvent artificielles et les curiosités qu'elles génèrent chez celui qui les voit sont en général illustrées par des dessins savamment construits, tel que celui de la figure 2. Elles démontrent cependant qu'*il existe* des possibilités d'engager le sujet vers des jugements erronés par la mise en présence de figures qui trompent la perception. Or si ces possibilités existent, ne devrions-nous pas nous méfier de la capacité de nos expériences perceptives à nous guider vers une connaissance toujours meilleure, plus précise ? Toute expérience ne porte-t-elle pas la possibilité d'une erreur de jugement ?

C'est chez un partisan d'une forme d'empirisme fort, Jerry Fodor, que l'on trouve un argument qui non seulement vise à répondre à cette question, mais s'appuie même sur les troubles perceptuels que génèrent les illusions pour soutenir sa thèse empiriste par une approche cognitive, en ayant recours aux illusions du type Müller-Lyer (figure 3) ou de la grille d'Hermann. Son propos dans l'article *Observation reconsidered* consiste à utiliser les illusions pour démontrer que la perception n'est pas perméable aux croyances de fond, contrairement à ce qu'affirment les défenseurs de la thèse de la charge théorique de la perception[1] (parmi lesquels, outre Feyerabend, Hanson, Kuhn et Toulmin se trouvent également Bruner et Churchland[2]). Puisque, nous dit Fodor, même en sachant qu'il a affaire à une illusion, un sujet est quand même sensible à l'illusion, il faut bien qu'il y ait certains processus intervenant dans la perception qui soient isolés de l'influence des croyances de fond de ce sujet, si bien que les processus de perception se déroulent de manière identique pour deux sujets ayant pourtant des croyances de fond radicalement différentes.

1 J. Fodor, « Observation Reconsidered », *Philosophy of Science*, vol. 51, 1984, p. 23-43.

2 J. Bruner, « On Perceptual Readiness », *Beyond the Information Given*. W. W. Norton & Co, 1973 ; P. Churchland, *Scientific Realism and The Plasticity of Mind*, Cambridge University Press, 1979.

Fodor poursuit avec d'autres exemples qui illustrent la relative insensibilité des croyances perceptives par rapport aux croyances de fond, même pour des expériences non visuelles. Contre Bruner et le mouvement de pensée dont il est la figure de proue (le *New Look*), Fodor décrit la situation suivante :

> Dans le cas extrême, un adepte du *New Look* peut mettre en jeu dans le processus consistant à décrire son expérience, *tout ce que l'organisme sait* (ou croit, ou espère, ou à quoi il s'attend, etc.). Par exemple, un adepte du *New Look* sait combien il est *très* peu probable que quiconque dise, au cours d'une conférence sur l'observation et l'inférence : « Porcinet donna à Winnie l'ourson un coup de coude rigidifiant, et Winnie, qui se sentait de plus en plus comme étant ailleurs, se leva doucement et commença à se chercher lui-même ». Donc, si quelqu'un se mettait à dire cela au beau milieu d'une conférence sur l'observation et l'inférence, un adepte du *New Look* éprouverait probablement beaucoup de difficultés à le saisir ; par définition, un adepte du *New Look* tend à n'entendre que ce qu'il s'attend à entendre[1].

Fodor déploie ici un argument visant à démontrer qu'il y a une contribution de l'expérience perceptive qui est radicalement isolée des croyances de fond et des attentes du sujet. Il s'agit donc d'une approche néo-fondationnaliste, qui réactualise la conception EF de l'observation en démontrant que l'observation met en jeu certains processus autonomes, isolés des croyances de fond du sujet, redonnant corps à l'explication du privilège accordé aux rapports d'observation par la mise en évidence de ces processus autonomes.

Le problème est que pour nier la charge théorique de l'expérience perceptive en faisant appel aux illusions telles que celle de la figure 2, Fodor ne parvient pas complètement à retourner l'argument de l'illusion en sa faveur, car il demeure que face à une illusion, la réponse du système visuel est extrêmement surprenante. Son argument aboutit même à une radicalisation de l'effet de l'illusion puisqu'une lecture en est la suivante : *certains phénomènes (les illusions) nous orientent à produire des jugements erronés. En outre, même en le sachant, il n'est rien que nous puissions faire pour rectifier l'impression sensible trompeuse que nous obtenons. Par conséquent, la perception est un guide épistémique bien peu fiable, qui peut à chaque instant nous suggérer que les choses qui nous apparaissent diffèrent de ce qu'elles sont en réalité.* En somme, en voulant défendre l'autorité de l'expérience sensible en arguant de son autonomie épistémique, il est amené à reconnaître

1 J. Fodor, « Observation Reconsidered », *Philosophy of Science*, vol. 51, 1984, p. 23-43 (p. 38).

que cette autorité est menacée par le fait que l'expérience sensible puisse être mauvaise guide. Fodor le reconnaît lui-même, en affirmant qu'en défendant la neutralité théorique de l'observation, il faut renoncer à toute caractéristique approchant même de loin l'infaillibilité[1].

Que peut-on apporter comme réponse à l'argument de l'illusion, selon lequel la perception est parfois mise en défaut et pousse le sujet à formuler un jugement erroné ? Une réponse partielle est donnée par Fodor :

> Jusqu'ici, j'ai insisté sur le fait que la sophistication psychologique ne changeait rien à l'apparence de l'illusion de Müller-Lyer. Savoir que c'est une illusion – même savoir comment l'illusion fonctionne – ne fait pas disparaître son effet. Mais si l'un des côtés de la perception concerne l'apparence des choses, l'autre côté concerne la manière dont les choses sont jugées ; et il faut insister sur le fait que l'apparence de l'illusion de Müller-Lyer n'affecte pas beaucoup, chez un public sophistiqué, les croyances perceptuelles que les observateurs forment. Je pense, par exemple, que vous n'êtes pas le moins du monde tenté de supposer que le segment [du bas, dans la figure 3] est plus long que [celui du haut] ; et la raison pour cela est que les mécanismes de fixation des croyances, par opposition aux modules perceptuels présumés, SONT en contact avec la théorie de fond. La fixation des croyances, contrairement à la fixation des apparences – ce que j'appelle l'observation – est un processus conservatif ; en première approximation, il utilise tout ce que vous savez[2].

Fodor pose ici une distinction importante entre l'apparence des choses, insensible aux croyances de fond, et la manière dont les choses sont jugées, concernant laquelle il admet que l'on fasse usage de toute connaissance. Cela a pour conséquence que les illusions sont en dernière instance correctement jugées : l'apparence trompeuse de la longueur des lignes dans l'illusion de Müller-Lyer et la présence de taches noires dans la grille d'Hermann ne trompent en réalité personne, ou en tout cas personne qui soit suffisamment sophistiqué pour reconnaître qu'il s'agit d'illusions. Mais cette réponse est incomplète. Il est certes rassurant de savoir que le jugement perceptuel peut être corrigé à la lumière des meilleures connaissances disponibles (le fait que l'on ait affaire à une illusion par exemple) mais comment sait-on que l'on a affaire à une illusion ? Et si nous le savons dans le cas de la grille d'Hermann ou de Müller-Lyer,

1 *Ibid.*, p. 41.
2 *Ibid.*, p. 40.

n'est-il pas possible que toutes sortes d'autres configurations visuelles puissent nous tromper sans que nous ne nous en rendions compte ?

Ma conclusion – encore très partielle – à ce sujet est la suivante. Plutôt que de considérer l'expérience sensible dans sa singularité, de la concevoir comme un cliché instantané, il est fondamental d'en saisir le rôle d'outil dans une démarche élargie, que l'on peut nommer « investigation empirique ». Considérer l'illusion de la grille d'Hermann, ce n'est pas seulement constater que des taches noires se superposent aux taches blanches puis, si l'on en dispose, faire usage de la croyance selon laquelle il s'agit d'une illusion pour juger que ces taches noires n'ont pas de réalité. L'expérience perceptive nous permet de nous lancer dans une véritable enquête portant sur cet objet. En déplaçant le regard, on constate que ces taches ne résistent pas à une attention plus soutenue, plus directement portée sur elles. Tout objet peut être inspecté en détails ; des expérimentations de toutes sortes sont possibles pour explorer ses propriétés, et de fait, peu de choses peuvent résister à une investigation empirique bien menée. Une investigation empirique ne nous apprend pas seulement à explorer les propriétés de l'objet de l'enquête, elle nous permet en même temps d'apprendre de quelle manière ces propriétés sont perçues, d'apprendre sur nous-mêmes. C'est ici que réside l'interdépendance fondamentale entre l'expérience perceptive et les croyances de fond.

Ce n'est pas l'expérience perceptive isolée qui est proprement informative mais la démarche visant à mener à bien une investigation au cours de laquelle nous cherchons à comprendre l'origine des conclusions partielles surprenantes auxquelles nous arrivons. Et c'est en multipliant les expériences perceptives, en changeant de point de vue sur l'objet (physiquement ou conceptuellement) que nous pouvons démêler les choses, en apprenant sur les phénomènes, sur la perception que nous en avons, sur l'influence des conditions extérieures, etc. Ce n'est qu'en considérant les choses ainsi que l'on peut comprendre l'origine de l'autorité épistémique de l'expérience, et c'est là mon point de départ pour reconstruire à la fois une épistémologie proprement empiriste, et un concept d'observation.

CONCLUSION
Quel concept d'observation pour quelle épistémologie ?

Dans ce chapitre, j'ai voulu établir une distinction dans les critiques adressées aux conceptions de l'empirisme fondationnaliste, entre celles portant sur la composante fondationnaliste de cette doctrine, et celles portant sur sa composante empiriste. Ma conclusion tirée de l'examen successif de ces deux types de critiques est que l'empirisme, conçu comme affirmant le rôle de l'expérience sensible comme guide de la connaissance, demeure largement intact et que c'est le fondationnalisme épistémologique qui doit être abandonné.

L'abandon du fondationnalisme conduit à reconsidérer les trois problèmes de l'observation que j'ai formulés à la fin du premier chapitre : le problème de la justification, le problème du privilège et le problème de l'extension. Le rejet du fondationnalisme impose de revoir la manière dont nos énoncés scientifiques sont justifiés. En outre, puisqu'avec le fondationnalisme c'est la notion d'auto-justification qui doit être abandonnée, cette dernière ne peut plus servir à soutenir le privilège accordé aux rapports d'observation. Ces rapports ne sont pas autonomes. Ils sont influencés par nos croyances, nos attentes, nos cadres conceptuels, etc. Si nous devons défendre le privilège des rapports d'observation, ce devra être par un argument autre qu'un mode de justification particulier. Enfin, rejeter la conception EF oblige aussi à rejeter les conclusions auxquelles elle parvenait sur l'extension du concept d'observation. N'appeler « observation » que les expériences épistémiques *les plus directes*, celles qui n'introduisent pas de biais dans la formulation d'un rapport, ne sert à rien car l'observation neutre, directe, est un but inatteignable.

À l'heure qu'il est, l'essentiel des contributions sur le sujet sont clivées entre une approche néo-fondationnaliste, qui persiste à lier l'autorité des rapports d'observation à leur autonomie, totale ou relative, et une approche post-positiviste qui, après le constat de l'échec du programme EF, ne défend plus explicitement le privilège des rapports d'observation. Chez les auteurs d'inspiration post-positiviste, l'observation ne se caractérise plus que par une condition pragmatique, selon laquelle un énoncé d'observation peut être formulé rapidement et relativement facilement[1]. Par exemple, pour Feyerabend un énoncé d'observation est un énoncé qui est vrai ou faux de manière contingente et tel que des locuteurs compétents dans le domaine approprié peuvent décider rapidement et de manière unanime s'ils doivent l'accepter ou le rejeter sur la base de ce qu'ils ont vu, entendu, etc.[2]

Le chapitre suivant tentera de repenser l'observation différemment de l'approche EF, mais de manière plus ambitieuse que ne l'a fait le courant post-postiviste, c'est-à-dire en fournissant un argument visant à asseoir son autorité épistémique.

1 O. Neurath, « The Lost Wanderers of Descartes and the Auxilliary Motive », éd. R. Cohen et M. Neurath, *Philosophical Papers 1913-1946*, D. Reidel, 1983, p. 1-12.

2 P. Feyerabend, « An Attempt at a Realistic Interpretation of Experience », *Realism, Rationalism, and Scientific Method (Philosophical Papers I)*, Cambridge University Press, 1996, p. 17-36.

L'EMPIRISME NON FONDATIONNALISTE

Après l'examen de la conception traditionnelle de l'observation et des critiques qui lui ont été adressées, ce chapitre entame le travail de reconstruction nécessaire à une conception de l'observation qui réponde aux problèmes de la justification, du privilège et de l'extension. Le rejet du cadre fondationnaliste et la critique du « donné » élaborée par Sellars rendent nécessaire le développement d'un autre cadre épistémologique et je proposerai d'examiner plus en détail le mode circulaire de la justification déjà présenté précédemment. La justification en mode circulaire a donné lieu à l'élaboration d'un cadre épistémologique portant le nom de « cohérentisme », au sein duquel la justification prend un caractère holiste. Un énoncé n'est justifié qu'en vertu de la cohérence du système de croyances auquel on l'inclut. C'est donc l'ensemble du système qui est jugé, sa cohérence globale, pour établir la justification de tout énoncé, ce qui aboutit à un mécanisme de justification aux antipodes de l'auto-justification associée à l'autonomie supposée de certaines croyances.

Puisqu'un critère global détermine la justification ou le degré de justification d'une croyance, il est difficile de marquer certains énoncés du système considéré d'un privilège à partir de la manière dont cet énoncé est justifié. C'est la raison pour laquelle le problème du privilège des rapports d'observation ne pourra plus être abordé dans le cadre cohérentiste comme il l'a été dans le cadre fondationnaliste, en liant ce privilège à un mode de justification spécifique. Le problème de la justification et celui du privilège se trouvent désormais largement déconnectés et seront donc traités séparément. Enfin, il faut noter que le privilège des rapports d'observation, leur autorité épistémique en cas de conflit avec des énoncés d'origine non observationnelle, s'affiche précisément lorsqu'il y a une contradiction logique entre un rapport d'observation et, par exemple, un énoncé théorique. C'est donc en présence d'une contradiction, d'un manque de cohérence, et donc lorsque la justification du système est la plus menacée que le privilège accordé aux rapports d'observation joue véritablement. C'est une raison supplémentaire pour découpler le traitement des problèmes de la justification et du privilège.

La défense de l'autorité épistémique des rapports d'observation représente sans aucun doute le problème le plus délicat parmi ceux qui sont abordés dans cet essai. J'ai en effet admis, après examen de la critique post-positiviste selon laquelle les rapports d'observation sont toujours « chargés de théorie » que la « perspective » du sujet, c'est-à-dire, en première approximation, ses croyances, ainsi que son cadre conceptuel, influencent irrémédiablement la manière dont ce sujet formule son rapport en réponse à l'expérience. Il y a donc une interdépendance entre la perspective du sujet, qui influence les rapports d'observation, et les rapports d'observation, qui modifient la perspective du sujet. Et pourtant, il s'agit de défendre l'autorité des rapports d'observation sur la perspective du sujet, d'associer ces rapports à quelque chose de plus solide et, malgré l'abandon du cadre fondationnaliste, de plus fondamental.

Pour proposer une solution à ce problème, mon approche consiste à considérer l'observation comme l'aboutissement d'une investigation empirique considérée de manière diachronique. Ce n'est qu'en considérant les aspects dynamiques d'une investigation, la manière dont on peut enquêter sur un certain aspect du monde avec des moyens changeants, que l'on parvient à comprendre comment se construit l'autorité épistémique de l'observation. Il s'agira en particulier de comprendre comment l'influence mutuelle de la perspective du sujet et des rapports d'observation, avec les changements qu'ils s'occasionnent l'un à l'autre, peut néanmoins aboutir à une stabilité à la fois des moyens (matériels, conceptuels et épistémiques) qui sont en jeu dans cette investigation et des jugements qui sont rendus en réponse à l'expérience.

LE COHÉRENTISME ET LE PROBLÈME DE L'ISOLEMENT

J'ai présenté le fondationnalisme épistémologique comme une réponse naturelle au problème de la régression de la justification épistémique. Cette réponse ayant été rejetée, je réexamine le trilemme d'Agrippa et considère la branche du trilemme qui est associée au mode circulaire de la justification. J'introduis ainsi le cohérentisme et expose de manière schématique la structure de la justification qui y est à l'œuvre.

Dans un premier temps, je présente de manière plus précise les ressorts de la justification circulaire. Celle-ci se distingue très notablement de la justification linéaire qui est à l'œuvre dans le fondationnalisme. L'un des aspects cruciaux du cohérentisme est que la justification d'une croyance se rattache toujours à celle d'un système dans lequel cette croyance est incluse, ce qui confère à la justification un caractère global. La justification du système tout entier reposant sur la notion de *cohérence*, j'expose ensuite de quelle manière cette notion doit être comprise. Il apparaîtra en particulier que la cohérence ne se réduit pas à la non-contradiction logique.

Les attributs du cohérentisme étant précisés dans les grandes lignes se pose alors la question de la compatibilité de cette épistémologie avec l'empirisme. Je présente donc enfin le « problème de l'isolement », qui apparaît comme étant la difficulté majeure que le cohérentisme doit affronter pour prendre une forme empiriste.

LE MODE CIRCULAIRE D'AGRIPPA

Je rappelle que le problème de la régression épistémique qui menace la connaissance s'exprime ainsi : pour justifier *p*, il faut invoquer un argument *p'* qui doit à son tour être justifié grâce à un argument *p"*, et ainsi de suite indéfiniment. Des trois modes formels d'Agrippa que j'ai considérés précédemment, la régression à l'infini, le dogmatisme et la circularité, le deuxième, qui apparaissait comme étant le mieux à même d'apporter une solution au problème de la régression, n'a pu conduire à l'établissement d'une épistémologie empiriste viable, comme je l'ai montré dans le chapitre précédent. Les deux modes restants doivent donc à présent être réexaminés.

Le premier mode consiste à poursuivre la régression indéfiniment, c'est-à-dire à justifier une croyance en donnant une chaîne infinie de raisons. Les défenseurs d'une telle conception de la justification, qui a été appelée « infinitisme » par Peter Klein, sont à ce jour peu nombreux et il n'en existe pas de version bien articulée qui la distingue du scepticisme[1].

Le troisième mode consiste à poursuivre la régression en circuit fermé, jusqu'à un retour au point de départ. La justification d'une croyance *p* ne s'arrête pas lorsque des croyances auto-justifiées servent d'arguments car l'existence de ces dernières n'est pas admise dans le mode circulaire. Pour autant, la justification ne se poursuit pas indéfiniment. Elle se fonde sur l'existence de relations de soutien mutuel au sein d'un ensemble fini de croyances contenant *p*, qui garantissent la justification de *p* comme de toutes les autres croyances qui appartiennent à cet ensemble. Dans ce mode de justification, contrairement au fondationnalisme, il n'existe donc pas de classe de croyances qui seraient privilégiées du fait d'un mode de justification particulier. Les croyances observationnelles par exemple doivent être justifiées de manière similaire aux croyances du système. Les philosophes qui ont critiqué la composante fondationnaliste de l'empirisme se sont donc naturellement tournés vers la justification circulaire. L'un des premiers à le faire, Neurath, tirait dès le début des années 1930 les conséquences de l'impossibilité de faire reposer la connaissance sur une classe d'énoncés auto-justifiés dans un passage célèbre :

---

1 Klein a tenté de répondre à ce qu'il considère comme la principale objection à l'infinitisme, qui est que des esprits finis ne peuvent posséder une chaîne infinie de raisons servant à la justification (voir P. Klein, « Human Know ledge and the Infinite Regress of Reasons », *Noûs*, vol. 33,1999, p. 297-325). Selon lui, l'argument selon lequel un être fini – occupant une région finie d'espace durant un intervalle de temps fini – ne pourrait occuper un nombre infini d'états (des états de croyance en l'occurrence) n'est pas recevable. Un cube de 10 cm d'arête qui n'existerait que pendant 10 minutes et dont le centre se déplacerait pendant ces 10 minutes du point {0,0,0} au point {1,1,1} occuperait bien un nombre infini de positions. Klein considère alors l'argument selon lequel l'état de croyance consciente prend un temps non nul ce qui rend impossible d'entretenir consciemment un nombre infini de croyances. À cela il répond qu'une seule croyance en implique beaucoup d'autres – peut-être en nombre infini – en donnant l'exemple suivant : si je crois être à moins de 100 miles de Boston, je crois aussi que je suis à moins de 200 miles de Boston, et à moins de 300 miles de Boston, etc. Mais ces arguments ne suffisent pas à complètement articuler la position infinitiste. Tout au plus donnent-ils un début de réponse aux critiques les plus immédiates susceptibles de lui être adressées.

> Il n'y a aucun moyen pour faire d'énoncés protocolaires définitivement assurés et propres le point de départ des sciences. Il n'existe pas de *tabula rasa*. Nous sommes comme des marins qui doivent reconstruire leur navire au grand large, sans jamais pouvoir le décomposer en cale sèche, afin de le reconstruire à partir des meilleurs composants[1].

Pour Neurath, les énoncés protocolaires sont, comme tous les autres énoncés, susceptibles d'être remis en question et ne peuvent donc servir de fondements stables à la connaissance. L'épistémologie prônée par Neurath prend pour point de départ la mise au rebut de l'image traditionnelle de « l'édifice » de la connaissance, dans laquelle existe une dissymétrie entre différents types d'énoncés, certains devant en soutenir d'autres. À cette image se substitue celle d'un ensemble d'énoncés qui, tous ensemble, forment le « navire » de la connaissance, un navire sans amarres et toujours en reconstruction. La métaphore du navire implique néanmoins que la connaissance s'articule de manière harmonieuse de façon à maintenir ce navire à flot. Neurath pose ainsi les bases de son épistémologie :

> Dans la science unifiée, nous essayons de créer un système cohérent d'énoncés protocolaires et d'énoncés non protocolaires (dont les lois). Lorsqu'un nouvel énoncé nous est présenté, nous le comparons au système qui est à notre disposition et vérifions si le nouvel énoncé est en contradiction avec le système ou non. Si le nouvel énoncé est en contradiction avec le système, nous l'éliminons comme étant inutilisable (« faux »), par exemple, l'énoncé : « En Afrique, les lions ne chantent qu'en accords majeurs » ; cependant, on peut aussi « accepter » l'énoncé et changer le système en conséquence, si bien qu'il demeure cohérent si cet énoncé est ajouté. L'énoncé peut alors être considéré comme étant « vrai[2] ».

Dans ce passage sont évoqués deux des principaux ingrédients de l'épistémologie qui, sous l'impulsion notamment de BonJour dans *The Structure of Empirical Knowledge* (BonJour 1985) et Lehrer dans *Knowledge* (Lehrer 1974) et dans *Theory of Knowledge* (Lehrer 1990), a été développée sous le nom de *cohérentisme*. Le premier concerne l'évolution du système de croyances. Neurath affirme que l'acceptation ou le rejet[3] d'un énoncé

1 O. Neurath, « Protocol Statements », éd. R. Cohen et M. Neurath, *Philosophical Papers 1913-1946*, D. Reidel, 1983, p. 91-99 (p. 92).

2 *Ibid.*, p. 94.

3 Neurath va jusqu'à définir la vérité et la fausseté d'un énoncé à partir de sa cohérence avec le système. Il s'agit d'une théorie distincte de la théorie cohérentiste de la justification et qui porte le nom de théorie cohérentiste de la vérité. Je ne discute pas cette théorie ici.

dépend du fait que cet énoncé entre ou non en contradiction avec un système d'énoncés déjà acceptés par le sujet. La non contradiction n'entraîne aucune contre-indication pour accepter ce nouvel énoncé, tandis que la contradiction peut conduire soit au rejet du nouvel énoncé, soit à une modification du système visant à rétablir la cohérence de l'ensemble. Neurath présente donc une ébauche de justification cohérentiste selon laquelle un sujet est justifié à accepter un nouvel énoncé si cet énoncé peut être inclus au sein d'un ensemble d'énoncés déjà acceptés, le tout formant un système cohérent. Je développerai la conception cohérentiste de la justification dans la section suivante.

Le second ingrédient essentiel au cohérentisme est la relation de cohérence entre les énoncés d'un système. Dans ce passage et dans la suite de sa discussion, Neurath fonde la cohérence sur la non-contradiction logique. Je montre néanmoins que le cohérentisme doit s'appuyer sur une notion de cohérence qui n'est pas limitée à la seule non-contradiction logique. Elle doit aussi inclure des liens positifs entre les divers énoncés du système.

LA JUSTIFICATION NON LINÉAIRE

Pour comprendre comment fonctionne la justification dans un mode circulaire, il convient en premier lieu d'établir une distinction fondamentale entre les notions de justification linéaire et non linéaire. La justification linéaire est à l'œuvre dans l'épistémologie fondationnaliste et consiste à justifier une croyance *A* en lui transmettant la justification d'une croyance ou d'un ensemble limité de croyances, idéalement par le biais d'une inférence déductive. La justification linéaire prend ainsi la forme d'un argument logique, dans lequel des prémisses sont considérées comme étant justifiées, tandis que la croyance *A* est justifiée en tant que conséquence logique de ces prémisses. Une fois justifiée, cette croyance pourra servir de prémisse à son tour dans la justification de nouvelles croyances, si bien que l'on arrivera à une diffusion progressive de la justification.

Le propre du cohérentisme étant de renoncer à la thèse selon laquelle certaines croyances sont justifiées de manière autonome, la justification linéaire y est vouée à l'échec. En effet, pour justifier linéairement des croyances, il faut que l'on utilise des prémisses qui sont déjà justifiées. Or puisque ces prémisses ne peuvent être auto-justifiées, il faut qu'elles aient été justifiées parce que l'on aurait conclu à leur justification en utilisant cette fois parmi les prémisses d'autres croyances du système. Ce système étant de taille finie, on finit immanquablement par utiliser parmi les prémisses certaines des croyances que l'on cherchait à justifier au départ. Pour ces croyances, on en arrive à la conclusion selon laquelle leur justification dépend de ce que ces mêmes croyances aient déjà été justifiées au préalable.

Conserver un mode de justification linéaire dans un système fini de croyances tout en renonçant à la notion de croyance auto-justifiée conduit à utiliser des arguments fallacieux de la forme : *A* est justifiée parce que *B* est justifiée et *B* est justifiée parce que *A* est justifiée. Ce type d'argument circulaire est évidemment inacceptable quelle que soit la taille du cercle, qu'il compte deux croyances ou beaucoup plus. Par conséquent, si le cohérentisme veut se présenter comme une théorie de la justification, il doit proposer autre chose que la seule idée de cercle dans laquelle le mécanisme de la justification resterait inchangé. D'une justification linéaire, il faut passer à une conception qui ne souffre pas de l'absence de croyances fondamentales auto-justifiées.

Le cohérentisme propose pour cela un mode de justification qui se fonde, non sur des prémisses qui transmettent leur justification à la croyance à justifier, mais sur le fait que cette croyance fait partie d'un ensemble de croyances tel que toutes ces croyances se soutiennent les unes les autres pour former un tout *cohérent*. Avant d'aborder la question de ce qu'il faut entendre par la « cohérence » d'un système de croyances, cette notion peut pour le moment être comprise dans un sens minimal comme l'absence de contradictions au sein de ce système.

On peut distinguer quatre étapes à la justification cohérentiste d'une croyance donnée *A*. La première consiste à établir la cohérence entre *A* et les autres croyances du système. Par exemple, si *A* peut être dérivée par une inférence déductive à partir de certaines croyances du système, il est très vraisemblable que la cohérence de l'ensemble ne va pas être affectée si on ajoute *A* au système. Les deuxième et troisième étapes portent véritablement sur le système entier, sans que l'on accorde une attention particulière à la croyance *A*. Il s'agit d'établir la cohérence du système entier, en lui incluant *A* et par suite, la justification du système, la transition entre ces deuxième et troisième étapes reposant sur la thèse centrale du cohérentisme, selon laquelle un système de croyances est justifié si et seulement s'il est cohérent. Enfin, la quatrième et dernière étape conclut à la justification de *A* en vertu de son appartenance à un système dont on a vérifié qu'il était cohérent, et donc justifié.

La différence fondamentale entre justification linéaire et circulaire peut être exprimée en mettant l'accent sur la *localité* ou la *globalité* de la justification. Dans le cas linéaire, il s'agit en effet d'une justification locale, au sens où la justification d'une croyance donnée repose toujours sur un nombre limité de croyances déjà justifiées qui suffisent pour lui transmettre cette propriété. En revanche, la justification circulaire ne tire pas grand-chose de ce type de relations locales. Seul compte le fait que toutes les croyances que possède un sujet se soutiennent réciproquement, et cela confère à chacune des croyances faisant partie de ce système la propriété d'être justifiée.

Cette distinction entre justification locale et globale n'apparaît pas toujours très clairement en pratique. La demande de justification porte en effet le plus souvent sur une croyance isolée ou sur un ensemble restreint de croyances que l'on cherche à rattacher au reste du système dont on tient la justification pour acquise. BonJour affirme ainsi qu'« il se pourrait bien que les problèmes globaux [concernant la justification] ne soient jamais soulevés en dehors d'un contexte explicitement épistémologique[1] ». La structure de la justification cohérentiste telle qu'elle apparaît dans une situation concrète peut donc ressembler à s'y méprendre à une justification linéaire, parce que la demande de justification est limitée à un ensemble réduit de croyances, et présente donc un caractère local, et non global. Cet apparent retour de la justification linéaire dans le cohérentisme repose sur une simplification consistant à ne retenir de la structure à quatre étapes que j'ai présentée plus haut que la première et la quatrième. En procédant ainsi, on peut en effet comprendre qu'une croyance soit justifiée en vertu du seul fait qu'elle est inférée à partir d'un système dont on tient la justification pour acquise. Mais si la justification de ce système n'est pas effectuée de manière explicite en pratique, les deuxième et troisième étapes sont néanmoins cruciales dans la théorie cohérentiste car ce sont elles qui marquent la profonde différence qui existe entre justification linéaire et non linéaire. Sans elles, la justification du système est dogmatique et ne peut mener qu'à un retour au fondationnalisme.

---

1 L. BonJour, *The Structure of Empirical Knowledge*, Harvard University Press, 1985, p. 91.

La transition entre les étapes (2) et (3) reposant sur l'idée fondamentale du cohérentisme, il convient à présent d'apporter des précisions sur la notion de cohérence pour permettre de mieux comprendre ce qui confère à un système cohérent une véritable assise épistémique.

LA *COHÉRENCE* D'UN ENSEMBLE DE CROYANCES

La notion de cohérence est intuitivement liée à la manière dont un ensemble de croyances « tient ensemble » pour former un système organisé et bien structuré plutôt qu'une collection de sous-systèmes hétéroclites, voire contradictoires. Il faut cependant préciser la nature des relations entre les diverses croyances du système qui lui confèrent une réelle cohérence. BonJour expose les quatre caractéristiques suivantes, qui permettent de clarifier cette notion[1] :

1. la cohérence ne se réduit pas à la simple non contradiction logique ;
2. la cohérence repose sur la possibilité d'établir des relations d'inférences mutuelles entre les diverses croyances du système ;
3. les relations qui présentent un caractère explicatif sont très importantes dans la cohérence ;
4. la cohérence peut être accrue par un changement conceptuel.

Concernant la première caractéristique, il faut certes souligner l'importance de ne pas avoir de contradiction logique dans le système de croyances mais cette condition n'est pas suffisante pour que ce système soit cohérent. Pour s'en convaincre, il suffit de comparer les deux systèmes *A* et *B*, où *A* contient les propositions « cette chaise est marron », « les électrons sont chargés négativement » et « aujourd'hui est un jeudi » et *B* contient les propositions « tous les corbeaux sont noirs », « cet oiseau est un corbeau » et « cet oiseau est noir ». Dans le système *A*, la non contradiction logique provient de ce que les différentes propositions sont complètement indépendantes, et donc déconnectées, les unes des autres. Pour *B* en revanche, les différentes composantes du système ont un lien beaucoup plus étroit les unes avec les autres, ce qui permet de les saisir non comme une collection d'objets hétéroclites se retrouvant sans raison

1 *Ibid.* p. 95-101.

apparente dans le même ensemble comme pour *A*, mais comme faisant partie d'un ensemble dans lequel les différentes propositions peuvent se renforcer mutuellement.

Ainsi, *B* est plus cohérent que *A* parce que dans le système *B*, seul un nombre réduit de termes (les corbeaux, les oiseaux) apparaît dans toutes les propositions, rendant possible la contradiction entre ces propositions. Par exemple, il suffirait de remplacer la dernière proposition par « cet oiseau est gris » pour obtenir un système ayant perdu à peu près toute cohérence. Dans l'ensemble *A*, remplacer une proposition par sa négation ne troublerait en rien la « cohérence » de *A* puisque celle-ci ne repose que sur l'impossibilité de faire entrer les différentes propositions qui le composent en conflit les unes avec les autres. Ainsi, même si l'ensemble *B* est beaucoup trop petit pour qu'on lui attribue un degré de cohérence vraiment significatif, il est indiscutable qu'il est plus cohérent que *A*. La cohérence doit impliquer une connexion positive entre les croyances du système et ne peut reposer sur la seule absence de conflit.

La deuxième caractéristique permet d'établir la nature des liens positifs qui doivent exister entre les différentes croyances d'un système cohérent. BonJour suggère qu'il s'agit d'inférences pouvant servir à la construction d'arguments entre des hypothèses considérées comme prémisses et celles qui sont à justifier, ce qui implique qu'elles doivent, au moins dans une certaine mesure, préserver la valeur de vérité. Ainsi, la cohérence du système est augmentée par la présence de connexions inférentielles entre les différentes croyances, en proportion à la fois de leur nombre, et de leur force. Par exemple, si je crois que je vais gagner au prochain tirage du loto en raison d'un calcul de probabilité qui relie cette croyance à l'ensemble de mon système de croyance par une inférence probabiliste extrêmement faible, inclure cette croyance dans mon système aura pour effet de lui faire perdre de la cohérence. En revanche, si cette même croyance est reliée à mes autres croyances parce que j'ai prédit la combinaison gagnante à l'aide d'une simulation numérique qui a déjà fait ses preuves à de nombreuses reprises, le lien que je tisse ainsi est beaucoup plus fort que précédemment.

La troisième caractéristique de la cohérence est qu'elle est favorisée par la présence de liens explicatifs entre les diverses croyances du système. Depuis l'introduction du modèle traditionnel, déductif-nomologique, par Hempel et Oppenheim[1], la notion d'explication a suscité des débats importants parmi les philosophes. La plupart d'entre eux s'accordent néanmoins à considérer que l'*unification* y joue un rôle important. Hempel, par exemple, remarque que « le but que l'explication, notamment l'explication théorique, cherche à atteindre [...] est un type de révélation objective, obtenu par une unification systématique, en montrant les phénomènes comme des manifestations de structures sous-jacentes communes et de processus qui se conforment à des principes simples, spécifiques et vérifiables » (Hempel 1966, p. 83). Friedman puis Kitcher ont cherché à développer une notion d'explication fondée sur celle d'unification[2]. Selon Friedman, l'unification d'un système naît de la présence d'arguments dans ce système pour lesquels le nombre de prémisses est minimal et le nombre de conclusions maximal. Par exemple, la présence d'une loi dans un système permet de dériver des énoncés portant sur des faits singuliers comme conclusions d'arguments ayant cette loi et un ou plusieurs énoncés singuliers comme prémisses, conduisant à une unification du système, et contribuant aussi à sa cohérence.

Enfin, la quatrième caractéristique souligne que la cohérence étant fortement liée à l'explication et à l'unification d'un système, il se peut qu'elle puisse être augmentée par un changement conceptuel lorsque celui-ci apporte des explications à des faits bien établis qui n'avaient pas d'explication dans l'ancien système de concepts. Cet aspect sera élaboré dans le chapitre suivant et je mettrai en évidence l'importance de la mise en place d'un cadre conceptuel et théorique stable et cohérent lorsque je reviendrai sur les questions liées à l'observation.

Le concept de cohérence ainsi développé, il m'est à présent possible d'indiquer dans quelle mesure la théorie cohérentiste peut prendre une forme empiriste.

---

1 C. Hempel et P. Oppenheim, « Studies in the Logic of Explanation », *Philosophy of Science*, vol. 15, 1948, p. 135-175. et C. Hempel, « Explanation in Science and History », éd. R. G. Colodny, *Frontiers of Science and Philosophy*, University of Pittsburgh Press, 1962, p. 9-19.

2 M. Friedman, « Explanation and Scientific Understanding », *Journal of Philosophy*, vol. 71, 1974, p. 5-19 ; P. Kitcher, « Explanatory Unification and the Causal Structure of the World », *Scientific Explanation*, University of Minnesota Press, 1989, p. 410-505.

AVANTAGES ET INCONVÉNIENTS DU COHÉRENTISME POUR LE DÉVELOPPEMENT D'UNE ÉPISTÉMOLOGIE EMPIRISTE

J'ai motivé l'examen du cohérentisme par la nécessité de fonder une épistémologie empiriste sur un autre cadre que le fondationnalisme. Avant d'aborder la question de savoir si le cohérentisme constitue un socle viable pour l'empirisme, il me faut établir une distinction entre deux manières de concevoir l'empirisme. Un empirisme *minimal* ou empirisme *faible* ne fait qu'affirmer le rôle indispensable de l'expérience sensible à la constitution de la connaissance empirique. Il s'agit d'une thèse qui est largement acceptée par les divers courants épistémologiques parce qu'elle demeure modeste quant à l'affirmation du rôle privilégié de l'expérience. J'ai cependant affirmé dans le premier chapitre que le concept d'observation reposait sur une thèse plus forte, selon laquelle les rapports d'observation jouissent d'une autorité particulière devant conduire à leur acceptation en cas de conflit avec des énoncés d'origine non observationnelle. L'observation est donc en lien avec une forme plus forte d'empirisme dans laquelle est affirmé le rôle non seulement indispensable mais aussi privilégié de l'expérience.

Les avantages du cohérentisme vis-à-vis de l'empirisme (quelle que soit sa forme, faible ou forte) reposent sur le caractère holiste de la justification cohérentiste qui permet de s'affranchir du recours à des croyances auto-justifiées. Dans l'empirisme fondationnaliste, les croyances observationnelles devaient être épistémiquement autonomes et devaient pour cela être obtenues de manière directe (elles étaient « données »). Dans le cohérentisme, aucune croyance n'étant auto-justifiée, les énoncés d'observation n'ont plus à être donnés, indépendamment des croyances de fond du sujet. Cela a tout d'abord pour effet de couper court au retranchement subjectif propre à la conception empiriste fondationnaliste de l'observation et dont la fonction était de préserver l'autonomie des énoncés d'observation. Ensuite, le fait que les croyances de fond du sujet puissent intervenir dans la formulation et dans la justification des énoncés d'observation permet au sujet d'utiliser les meilleures croyances dont il dispose pour formuler ces énoncés. Considérons les exemples suivants.

Exemple 1. J'ai de bonnes raisons de croire que ma pupille est jaunie par une maladie, et que les choses qui me semblent vertes sont en réalité bleues. Je marche dans la rue et vois un mur qui m'apparaît comme étant vert. Quel va être mon jugement concernant la couleur du mur ? Dans une perspective empiriste fondationnaliste, soucieux de préserver l'autonomie épistémique des énoncés d'observation, je ne pourrai faire usage de ma croyance concernant l'état de ma pupille et formulerai prudemment un énoncé portant sur des *sense data* sans m'engager sur la couleur véritable du *mur*. Dans une perspective cohérentiste, je serai en devoir de faire usage de mes connaissances si je veux préserver la cohérence de mon système de croyances. J'affirmerai donc que le mur est bleu et serai justifié à le faire.

Ce que l'on pourrait entrevoir comme un concept d'observation cohérentiste présente donc deux avantages considérables. D'une part, les jugements d'observation portent non plus sur des entités subjectives mais sur des entités matérielles, ce qui représente une avancée décisive pour que ces jugements soient intersubjectifs. D'autre part, l'utilisation des connaissances déjà acquises permet de tenir compte de tous les facteurs d'erreurs déjà connus qui peuvent intervenir au cours d'une expérience.

Exemple 2. J'utilise un microscope pour étudier la division cellulaire. Pour exprimer le contenu de mon observation, je devrai, dans une perspective empiriste fondationnaliste, limiter mon vocabulaire de façon à ne parler que de taches ou de motifs colorés, que j'éviterai scrupuleusement d'associer à des entités microscopiques qui sont par définition inobservables. Dans une perspective cohérentiste, je pourrai faire usage de mes croyances concernant un certain domaine de phénomènes (celui de la biologie cellulaire) et concernant l'apparence qu'ont les entités dont parle la biologie cellulaire lorsque l'on utilise un microscope. Je pourrai utiliser les termes propres à ce domaine, tels celui de « cellule » pour m'exprimer dans le langage naturel des investigateurs de ce champ. Enfin, je pourrai utiliser ce que je sais de la « théorie de l'instrument[1] », notamment la croyance selon laquelle « ce microscope grossit plusieurs centaines de fois » et sans doute beaucoup d'autres.

Le cohérentisme apporte ainsi une réponse naturelle à la question de savoir si les instruments peuvent être utilisés dans l'observation, question qui a préoccupé les philosophes des sciences depuis un demi-siècle. L'observation assistée d'un instrument et l'observation reposant sur la

1 Voir par exemple I. Hacking, « On the Stability of the Laboratory Sciences », *The Journal of Philosophy*, vol. 85, 1988, p. 507-514 ; J. Hobbs, « A Limited Defense of the Pessimistic Induction », *British Journal of Philosophy of Science*, 1994, p. 171-191 et A. Chalmers, « The Theory-Dependence of the Use of Instruments in Science », *Philosophy of Science*, vol. 70, 2003, p. 493-509.

perception non assistée ont la même structure. En particulier, dans les deux cas, le sujet est mis en devoir d'utiliser ses meilleures connaissances concernant son instrument, le phénomène auquel il s'intéresse ou encore l'état de sa propre perception.

Le cohérentisme est par ces aspects un cadre favorable à l'empirisme. Les jugements d'observation y sont particulièrement crédibles parce que les meilleures connaissances disponibles sont employées pour leur formulation et leur justification. Mais pour parvenir à véritablement faire du cohérentisme une épistémologie empiriste, plusieurs problèmes se posent.

Considérons en premier lieu la manière dont le cohérentisme peut accommoder l'empirisme minimal que j'ai défini plus haut comme affirmant le rôle indispensable de l'expérience sensible à la constitution de la connaissance empirique. Un problème naît ici du fait que la considération de la source des croyances du système est non pertinente du point de vue cohérentiste, dans lequel seule compte la cohérence interne du système. Imposer qu'un système de croyances soit contraint par l'expérience semble ainsi conduire à un retour au fondationnalisme en accordant un statut privilégié à une source de croyances que l'on juge indispensable. Ce problème a été identifié dans la littérature cohérentiste sous le nom de « problème de l'isolement[1] ». Dans sa forme la plus radicale, ce problème se traduit par le fait qu'un système qui n'est absolument pas contraint empiriquement ne peut pas être rejeté au bénéfice d'un système qui l'est, du moment que ces deux systèmes sont également cohérents.

Plusieurs arguments ont été avancés pour répondre au problème de l'isolement. Le plus convaincant à mon sens est que le cohérentisme, en tant que théorie de la justification, sert à évaluer des systèmes de croyances qui sont ceux de sujets. Or ces systèmes sont pour tout un chacun contraints par l'expérience. Il nous est impossible de couper le flux d'expériences qui, de fait, donne lieu à beaucoup de nos croyances. Ainsi, même si le cohérentisme n'est pas en position d'imposer le recours à l'expérience sensible, l'expérience sensible s'impose à nous et impose le fait que nombre de nos croyances sont issues de l'expérience. Le cohérentisme n'a alors aucun mal à traiter ces croyances. Il ne peut simplement les traiter qu'au même titre que les autres, sans égard pour

1 Voir par exemple L. BonJour, *The Structure of Empirical Knowledge*, Harvard University Press, 1985, p. 108 ; K. Lehrer, *Theory of Knowledge*, Westview Press, 1990, p. 143-144.

leur origine. Le problème de l'isolement, qui traduit l'inquiétude selon laquelle une fiction cohérente aurait du point de vue du cohérentisme autant de valeur qu'un système de croyances empiriquement contraint, ne se pose tout simplement pas en pratique.

Par rapport à la version forte de l'empirisme, le problème d'incompatibilité avec le cohérentisme semble plus sérieux puisque la notion de privilège n'apparaît pas dans le vocabulaire du cohérentisme. Il faut cependant préciser que ce qui est exclu par le cohérentisme est un privilège qui serait en lien avec la justification. La justification étant globale pour un système de croyances, elle ne peut pas marquer de différences entre les croyances du système. La suite de ce chapitre constitue une tentative de défense de cet empirisme fort en distinguant nettement le problème de la justification, auquel répond le cohérentisme, de celui du privilège.

L'AUTORITÉ DES RAPPORTS D'OBSERVATION DANS UN CADRE COHÉRENTISTE

Le cadre cohérentiste nous permet d'assurer la justification des énoncés scientifiques tout en reconnaissant à la fois la présence de dépendances nombreuses entre énoncés et l'impossibilité d'obtenir des énoncés auto-justifiés. Que la cohérence apporte la justification d'un ensemble d'énoncés est important pour que l'on puisse encore prétendre à la véritable connaissance scientifique puisque toute connaissance doit être justifiée. Au sein des énoncés scientifiques, les énoncés d'observation qui sont eux-mêmes construits en interdépendance avec le reste des énoncés sont donc justifiés dans la mesure où ils participent de la cohérence de l'ensemble. Que se passe-t-il en revanche lorsque des énoncés d'observation entrent en conflit avec un système de croyances jusque-là cohérent ? Si du point de vue justificationnel on perçoit immédiatement une perte de cohérence, et donc une moindre justification pour le nouveau système, j'ai déjà considéré les deux options qui s'offrent à nous pour rétablir la cohérence : garder l'énoncé d'observation et rejeter ou transformer les énoncés avec lesquels il entrait en conflit ; ou bien rejeter l'énoncé d'observation et conserver le système tel quel. Comment choisir entre ces deux options ? S'agit-il d'un choix conventionnel comme l'affirmait Neurath ?

La thèse fondamentale que je défends dans cet essai soutient que l'observation se caractérise par la priorité qui est accordée aux énoncés d'observation en cas de contradiction avec d'autres énoncés, si bien que la cohérence, et donc aussi la justification du système, doivent toujours être regagnées en choisissant de conserver l'énoncé d'observation. Si cette thèse fondamentale est fondée, les mécanismes d'évolution de la connaissance empirique et de sa justification seront clairement établis.

Pour défendre la thèse de l'autorité épistémique des énoncés d'observation, trois étapes sont nécessaires. La première consiste à tirer les conséquences de l'interdépendance qui existe entre les énoncés d'observation et la perspective du sujet. Cette interdépendance impose en effet de concevoir l'observation dans un cadre diachronique pour déterminer les effets qu'engendrent de nouvelles expériences sur la perspective, ainsi que les effets d'une perspective qui évolue sur la manière de produire des jugements en réponse à l'expérience. Il s'agit donc d'entrevoir un cadre évolutif, itératif, qui se traduit dans un premier temps par la possible instabilité des énoncés d'origine expérientielle au cours d'une investigation empirique.

La deuxième étape consiste à déterminer de quelle manière les éléments qui sont en jeu dans une investigation empirique peuvent être stabilisés en sorte que l'on obtienne à la fois des jugements stables chez un sujet donné, et un accord au sein de la communauté des investigateurs. Enfin, la dernière étape vise à établir le lien entre la stabilité d'une investigation empirique et l'autorité des jugements rendus en réponse à l'expérience une fois cette stabilité obtenue. Je défendrai la thèse selon laquelle l'observation est associée à la stabilité d'une investigation, et la stabilité impose au sujet une obligation rationnelle à accorder la priorité aux énoncés d'observation en cas de conflit avec des énoncés d'origine non observationnelle.

LES FACTEURS ÉVOLUTIFS D'UNE INVESTIGATION EMPIRIQUE

L'examen de la conception empiriste fondationnaliste de l'observation m'a conduit à rejeter la notion d'énoncé auto-justifié, mais aussi l'argument selon lequel l'autorité des énoncés d'observation s'expliquait par l'autonomie, totale ou relative, de ces énoncés par rapport à la perspective du sujet. Pour formuler un énoncé en réponse à l'expérience, le sujet fait usage de concepts, dont l'usage est régi par certaines lois, ainsi que de croyances. Tandis que ce cadre doxastique influence le jugement expérientiel, la perspective du sujet évolue elle aussi au gré des nouvelles expériences. L'interdépendance entre perspective et expérience a ainsi des conséquences individuelles et collectives. Individuellement, elle cause une évolution de la perspective du sujet qui peut amener celui-ci à rendre des jugements différents et éventuellement contradictoires en réponse à la même expérience à des instants différents. Collectivement, elle marque le fait que des sujets n'ayant pas la même perspective, parce qu'ils adoptent un cadre conceptuel différent ou parce que certaines de leurs croyances ne sont pas les mêmes, aboutissent également à de possibles jugements contradictoires en réponse à l'expérience. De manière générale, l'interdépendance entre perspective et expérience engendre une instabilité des jugements rendus en réponse à l'expérience. Gupta parle ainsi que caractère hypothétique de ces jugements, dans la mesure où ils s'accompagnent toujours d'un *si* : si le sujet entretient telles croyances, il rendra tel jugement en réponse à telle expérience.

Cette situation épistémique instable est incompatible avec le but visé d'asseoir les rapports d'observation comme des guides de la connaissance empirique. Pour établir le rôle dominant de l'observation il convient donc d'établir une distinction entre la situation épistémique générale que je viens de décrire, au cours de laquelle les jugements rendus en réponse à l'expérience ne jouissent pas d'une grande autorité, et l'observation qui est caractérisée par l'autorité épistémique des rapports d'observation. Distinction n'implique cependant pas contradiction, à condition que l'on considère les évolutions qui rendent possibles le passage d'une situation à l'autre. C'est la raison pour laquelle j'introduis la notion d'investigation empirique, qui est l'entreprise visant à acquérir une connaissance factuelle et qui prend place dans le temps. Cette entreprise, souvent collective dans le domaine scientifique, est caractérisée en premier lieu par un but épistémique associé à une question bien formée : y a t-il des canaux sur Mars ? Ce patient a-t-il une tumeur cérébrale ? Y a-t-il du pétrole en profondeur, à cet endroit ? Le but épistémique et la question qui lui est associée sont susceptibles d'être précisés au cours du temps, à mesure que l'investigation progresse : y a-t-il de l'eau ou des traces d'eau sur Mars ? De quel type est la tumeur détectée chez ce patient et quelle est sa taille ? etc. À une investigation correspondent certains moyens matériels qui sont mis en œuvre pour apporter une réponse à ces questions, c'est-à-dire certains dispositifs, utilisés d'une certaine manière, dans certaines conditions bien déterminées qui doivent rendre l'expérience aussi claire que possible. Ces moyens matériels étant fixés, comment arrivons-nous à des réponses aux questions qui sous-tendent l'investigation qui puissent faire autorité ?

Des éléments de réponse peuvent être trouvés chez les auteurs cohérentistes, qui sont les plus attentifs aux conséquences de l'interdépendance entre perspective et expérience. On trouve par exemple chez Haack, une analogie féconde entre la manière dont le sujet progresse épistémiquement à partir d'une situation très décousue pour atteindre un stade beaucoup plus stable, et la résolution d'une grille de mots-croisés, qui consiste à s'assurer graduellement de l'adéquation des mots aux définitions et des mots entre eux[1]. On pourrait d'ailleurs pousser l'analogie en remarquant que les cruciverbistes commencent souvent par écrire au crayon léger leurs hypothèses dans la grille, avant de les repasser à l'encre lorsqu'ils ne peuvent plus envisager que leurs hypothèses ne soient pas correctes. C'est ainsi que du statut hypothétique, leurs essais s'affirment jusqu'à atteindre un statut catégorique.

Un raisonnement similaire est soutenu par Gupta, dont l'analogie invoque la logique des définitions interdépendantes au lieu des mots-croisés. Il constate en effet que dans une situation apparemment circulaire, au cours de laquelle deux prédicats F et G sont définis en faisant appel l'un à l'autre (la définition du prédicat F fait intervenir le prédicat G et inversement), l'application successive de F et G peut conduire à une information catégorique concernant l'extension de ces prédicats[2]. Il en déduit que l'interdépendance entre la perspective du sujet et les rapports qu'il peut formuler en réponse à l'expérience ne conduit pas nécessairement à une stagnation épistémique, et que certaines suites d'expériences peuvent conduire le sujet à une perspective stable, affirmée, qui entraîne des jugements expérientiels catégoriques.

Ces analogies sont certes suggestives, mais elles sont encore très abstraites et ne nous renseignent guère, en tant qu'investigateurs, sur la

1 S. Haack, *Evidence and Inquiry : Towards Reconstruction in Epistemology*, Blackwell, 1993.
2 A. Gupta, *Empiricism and Experience*, Oxford University Press, 2006.

manière de procéder concrètement de façon à rendre solides à la fois nos perspectives et nos jugements. En particulier, bien que Gupta affirme que certaines suites d'expériences ont la propriété d'entraîner la stabilisation de la perspective d'un ou plusieurs sujets, il nous manque une heuristique qui nous guiderait dans l'obtention de ces suites d'expériences. Les aspects les plus concrets de ce problème seront abordés dans la deuxième partie de cet essai, consacrée aux pratiques, mais auparavant, je propose d'établir plus précisément en quelles directions le sujet doit fournir des efforts pour affirmer sa perspective et les jugements expérientiels que cette perspective génère.

LA STABILISATION D'UNE INVESTIGATION EMPIRIQUE

Les aspects évolutifs d'une investigation empirique sont de différente nature. J'ai déjà mentionné la perspective du sujet, et plus précisément son cadre conceptuel et ses croyances. Il n'est cependant pas nécessaire que l'ensemble de la perspective ait pu être stabilisée pour que l'on obtienne des rapports d'expérience stables pour une question donnée. Tout en insistant sur le caractère holiste de la connaissance dans le cadre cohérentiste, il faut aussi reconnaître que certains sous-ensembles de nos croyances n'ont aucune influence pour émettre des jugements sur un domaine lointain. Il serait absurde par exemple d'affirmer que pour juger de manière catégorique de la présence de canaux sur Mars, il faudrait que ma perspective ait aussi convergé en ce qui concerne les mœurs et le mode de reproduction du requin baleine. Par conséquent, il est important de déterminer quelle est la part *active* de la perspective pour une investigation donnée.

J'ai également mentionné les moyens matériels qui sont utilisés au cours d'une investigation, et qui sont en constante évolution du fait des progrès techniques. D'une part, le développement de navettes ou de machines de forage toujours plus puissantes nous permet d'atteindre des endroits qui étaient auparavant inaccessibles, étendant par là le domaine de nos expériences. D'autre part, bien que je n'aie pas encore discuté du statut des instruments dans l'observation, il est incontestable que tous les instruments qui ont été conçus jusqu'ici, les microscopes, télescopes, détecteurs de neutrinos, scanners, appareils d'imagerie par résonance magnétique, etc. jouent un rôle considérable dans l'investigation empirique contemporaine, et sont constamment en cours d'évolution. De nouveaux instruments fondés sur des principes physiques jusqu'ici inexploités apparaissent régulièrement tandis que les performances des instruments déjà existants sont améliorées.

Au vu de tous ces aspects évolutifs de l'investigation empirique, comment pouvons-nous obtenir des énoncés expérientiels stables, qui puissent constituer un socle solide à la connaissance ? Pour répondre à cette question, la première chose à souligner est la *responsabilité* du sujet, qui doit faire progresser l'investigation. Il s'agit d'une considération cruciale, qui entre en opposition avec la thèse couramment rencontrée, selon laquelle certaines expériences seraient fiables et d'autres trompeuses, indépendamment du sujet. La responsabilité du sujet dans l'évaluation de son expérience est illustrée par Gupta dans le passage suivant :

> Lorsque j'ai ce que l'on appelle une expérience « trompeuse », l'expérience n'a rien fait pour me tromper. La faute, s'il y en a une, m'incombe, à moi et à mes croyances – des croyances dont je suis responsable. Lorsqu'au cours d'un jour brumeux je prends un pilier pour un homme, ce n'est pas mon expérience visuelle qui me dit qu'il y a un homme devant moi ; l'expérience n'est pas équipée pour faire une telle chose. Je forme la croyance qu'il y a un homme. Je lis l'expérience comme indiquant la présence d'un homme. Je pourrais avoir la même expérience visuelle sans avoir la disposition à conclure de manière erronée qu'il s'agit d'un homme. Ce n'est pas comme si je devais résister à la force de conviction d'une expérience qui me dit qu'il y a un homme devant moi. Une expérience trompeuse n'est pas comme un menteur. Elle n'est même pas comme un menteur de bonne foi. Les menteurs, de bonne foi ou non, disent des choses et ce sont leurs informations erronées qui jettent le doute sur leur caractère. Les expériences trompeuses ne jettent pas de doute sur le caractère de l'expérience. Au cours d'une expérience trompeuse, je suis trompé, mais ce n'est pas l'expérience qui me trompe. L'expérience demeure innocente[1].

Bien que ni ce passage, ni le reste de son livre ne discutent de l'observation et parlent plutôt de l'expérience, ce que dit Gupta de l'expérience est utile pour déterminer comment l'on obtient des conditions observationnelles. Pour que l'observation jouisse d'une véritable autorité, on ne peut se contenter d'établir une distinction entre des formes bonnes ou mauvaises d'expérience. Il est entendu qu'une expérience

1 *Ibid.* p. 29.

est plus ou moins adaptée pour apporter une réponse à une question. Dans l'exemple ci-dessus, si je me demande s'il y a un homme devant moi, il ne fait aucun doute qu'un ciel clair me permettrait de mieux voir les choses. Je crois cependant que Gupta a raison d'affirmer que « l'expérience est innocente » et que les erreurs portées par les jugements rendus en réponse à l'expérience sont celles du sujet. Il y a une véritable responsabilité du sujet qui concerne trois aspects de l'investigation.

Tout d'abord, il incombe au sujet de créer les conditions d'une expérience aussi limpide et pertinente que possible pour son investigation. Dans l'exemple donné par Gupta, il faudrait que le sujet s'abstienne de formuler des conclusions hâtives sur l'identification de l'objet qu'il a sous les yeux comme pilier, homme ou autre chose. Ce sujet devrait plutôt tenter de s'approcher de l'objet ou, si c'est impossible, attendre que les conditions météorologiques soient plus favorables. De même, dans une pièce trop sombre pour pouvoir déterminer si l'objet qui est posé sur une table est une tasse, un bol, un vase ou autre chose, le sujet peut aller allumer la lumière ou gratter une allumette pour y voir mieux. Dans un contexte scientifique, il peut arriver que la résolution spatiale d'un instrument soit insuffisante pour apporter les détails qui seraient nécessaires pour trancher une question donnée. Par exemple, il a été montré que les canaux que Schiarapelli et d'autres astronomes de la fin du XIXe siècle affirmait voir sur Mars étaient des artefacts dus à la mauvaise résolution de leurs télescopes. Pour déterminer si des canaux étaient effectivement présents, il aurait fallu avant toute chose que ces astronomes se munissent de meilleurs instruments. Ce sont là les aspects matériels de l'investigation, concernant lesquels le sujet doit adopter une attitude critique et peut parfois entreprendre certaines actions.

La deuxième responsabilité de l'investigateur concerne le fait qu'il n'y a pas de mode de représentation privilégié dans l'expérience. Même la vision à l'œil nu nous impose de constamment prendre en compte des variations de lumière, la présence d'ombres ou de brouillard, ou bien une myopie ou une autre dégénérescence de la vision, corrigée ou non. Il faut donc que le sujet développe un modèle de la représentation qui est en jeu dans la situation actuelle, un modèle de la façon dont cette expérience nous présente le monde. Il s'agit d'un aspect fondamental de notre compréhension de l'expérience, qui implique que ce qui importe pour que nous formulions des rapports corrects en réponse à l'expérience n'est pas tellement que le type de représentation qui est en jeu soit d'une forme particulière. Par exemple, ce n'est pas la présence d'un type de projection particulier, comme sur une photographie ou le fait qu'une image soit formée par diffraction et recombinaison d'ondes électromagnétiques qui préservent la forme et l'orientation comme chez Vollmer (voir p. 33) qui importe. Il est crucial en revanche que le sujet sache comment lire l'expérience, qu'il forme un modèle adéquat de la représentation qui est en jeu. Il peut arriver qu'au cours d'une investigation, il soit fait usage d'un instrument qui représente un aspect du monde d'une manière qui n'est pas la plus simple et directe, par exemple avec un thermomètre qui sous-estime systématiquement la température de 1°C. La connaissance de cette particularité entraîne souvent l'investigateur à qualifier son matériel de défectueux et à préférer un instrument qui affiche la température exacte. Pourtant, d'un point de vue épistémique, un instrument qui sous-estime systématiquement la température de 1°C est strictement identique à un instrument qui donne la température exacte, du moment que son utilisateur utilise un modèle adéquat de son mode de représentation.

Nombreux sont les philosophes à avoir insisté sur la nécessité pour l'expérimentateur de connaître la « théorie de l'instrument » qu'ils utilisent. Il s'agit en effet d'une nécessité dans le cas d'un instrument, mais j'ajoute que l'on pourrait dire la même chose concernant n'importe quelle expérience, car toute expérience admet plusieurs interprétations qui dépendent d'un modèle de la manière dont le monde est représenté, même lorsqu'il n'est pas fait usage d'un instrument. Reprenons l'exemple donné p. 102 et supposons qu'il y a un mur vert devant moi. S'agit-il d'un mur qui est vert ou d'un mur jaune qui est éclairé avec une lumière bleue ? Ou bien, est-ce que ma pupille jaunie me fait voir vert un mur qui en réalité est bleu ? L'ambigüité porte moins ici sur *ce que* je vois, que sur *comment* je le vois et c'est sur cette deuxième question que je dois former une opinion pour pouvoir ensuite formuler un jugement sur la première question. Du point de vue épistémique, il apparaît donc que l'expérience perceptive et l'expérience assistée d'un instrument sont traitées de la même manière, puisque dans les deux cas il s'agit de déterminer la manière dont les choses nous sont présentées.

Enfin, il incombe au sujet de formuler un rapport correct en réponse à l'expérience, en identifiant un fait qu'il juge intéressant et en utilisant les bons concepts pour l'exprimer. Pour cela, le domaine sur lequel porte l'investigation est important car il faut posséder des connaissances en biologie pour reconnaître des événements de nature biologique, et il en est évidemment de même de la médecine, de la physique, de l'astrophysique et de tous les autres sous-domaines scientifiques. C'est également le cas dans les études d'ethnographie, au cours desquelles des investigateurs ne se penchent souvent que sur des objets de type « observable » (au sens de Van Fraassen, c'est-à-dire visible à l'œil nu), mais dont l'identification comme artefacts intéressants et servant une fonction précise demande souvent une formation poussée.

Au cours d'une investigation empirique, le sujet doit donc fournir des efforts concernant à la fois les aspects matériel, représentationnel et d'identification. Chaque nouvelle action entreprise est susceptible d'apporter des changements, rendant cette investigation progressive à la fois du point de vue matériel et épistémique. Cependant, tant que des changements se produisent, que le dispositif expérimental utilisé est amélioré, que les croyances qui sont en jeu dans la formulation d'un jugement expérientiel évoluent, cela va à l'encontre de la possibilité d'assigner une autorité élevée à ce jugement. Cela m'amène à exposer une condition nécessaire à l'établissement des conditions observationnelles : que les facteurs que j'ai identifiés comme participant d'une investigation empirique soient stabilisés.

La condition de stabilité que je pose est réalisée lorsque les aspects matériels et épistémiques qui sont en jeu dans l'investigation empirique cessent d'évoluer, en dépit des efforts faits pour que des investigateurs ou groupes d'investigateurs différents utilisent le même protocole en différents lieux et à des moments différents, en utilisant un matériel similaire, mais non absolument identique. Un type de dispositif expérimental et une manière de s'en servir s'imposent et se trouvent mis en œuvre à différents endroits, sans que cela aboutisse à des contradictions entre sujets, ni concernant les croyances qui portent sur ce dispositif, ni concernant les croyances qui portent sur le phénomène d'intérêt. Enfin, les utilisateurs de ce dispositif et de ce protocole aboutissent aux mêmes conclusions sur le phénomène d'intérêt. À l'inverse, tant que des investigateurs différents aboutissent à des conclusions différentes, c'est une signe que l'investigation n'est pas stabilisée et que nous en sommes encore à la phase non observationnelle de l'investigation que je propose d'appeler la « phase expérimentale ». Un cas évident de non-stabilité d'une investigation est lorsqu'une nouvelle technologie émerge et que quelques groupes d'investigateurs développent des prototypes d'instruments fondés sur cette technologie. Ces prototypes sont encore mal connus et difficiles d'emploi, comme cela a été le cas au cours du développement des premiers microscopes qui demandaient des expérimentateurs au talent extraordinaire pour pouvoir voir quelque chose. Un dispositif utilisé au cours d'une investigation n'a pas à être particulièrement facile d'emploi pour qu'on puisse considérer qu'il est stabilisé mais son fonctionnement doit être suffisamment bien compris et prévisible pour que l'on puisse transmettre les règles correctes de sa manipulation à n'importe quel investigateur sans que celui-ci jouisse d'une talent expérimental extraordinaire.

La manière dont un investigateur ou une communauté d'investigateurs parviennent à stabiliser un type d'investigation sera abordée en pratique dans le prochain chapitre. Je démontrerai que cette condition nécessaire à l'établissement des conditions observationnelles est accessible en m'appuyant sur la littérature consacrée à l'expérimentation. Auparavant, je montre que la stabilité est une condition suffisante pour affirmer que les jugements rendus en réponse à l'expérience dans un cadre stabilisé jouissent de l'autorité que j'ai associée aux rapports d'observation.

STABILITÉ ET AUTORITÉ ÉPISTÉMIQUE

Comment la stabilité d'une investigation, dont on peut pressentir qu'elle ne garantit pas la vérité des énoncés qui sont formulés en réponse aux expériences de cette investigation, peut-elle néanmoins soutenir l'autorité de ces énoncés ? En quoi cette stabilité liée à la phase observationnelle d'une investigation donne-t-elle une obligation rationnelle au sujet d'accorder la priorité aux rapports d'observation lorsque ceux-ci entrent en conflit avec d'autres propositions ? Pour répondre à cette question, considérons un exemple qui révèle les mécanismes de la construction de l'autorité épistémique.

Supposons que Jean me dise qu'il sera en voyage toute la semaine et que deux jours après, je l'aperçoive dans la rue. Une expérience fugace comme peut l'être celle qui génère l'impression d'avoir reconnu quelqu'un dans la rue n'est pas suffisante pour que je rejette ma forte croyance que Jean est parti en voyage et ne peut donc pas être ici. Il pourrait très bien s'agir d'une personne qui lui ressemble mais c'est suffisant pour attiser ma curiosité et pour me lancer dans une investigation ayant un but bien déterminé : savoir si c'est Jean que j'ai aperçu ou non. J'entreprends donc certaines actions consistant d'abord à revenir sur mes pas et voir cet homme marcher de dos. Je reconnais cette démarche mais ce n'est pas encore suffisant pour que je sois sûr qu'il s'agit de Jean alors je continue en accélérant pour le dépasser. Je vois son visage, le reconnais mais pour m'assurer que je ne commets pas d'erreur, j'entre en contact avec lui. Cette fois, plus de doute possible. J'observe que c'est bien Jean qui est là marchant dans la rue où il ne pouvait pourtant pas se trouver. Au cours de cette investigation très simple et rapide, je me suis permis de successivement éliminer toute possibilité que cette personne soit quelqu'un d'autre que Jean. Je me suis rapidement convaincu en atteignant un jugement univoque et stable qui me contraint à abandonner ma croyance que Jean était parti.

Cet exemple est à la fois non scientifique et considère une situation privée. J'ai mené mon investigation seul, en essayant de stabiliser mon jugement et de savoir si je devais abandonner ma croyance originale. Cependant, l'observation dans ce contexte trivial a la même structure que dans un contexte scientifique et collectif, dans la mesure où l'élément fondamental de l'établissement des conditions observationnelles est la possibilité de compter sur nos actions pour multiplier les expériences dans des conditions variées et former une opinion sur différents aspects de l'investigation. L'expérimentation scientifique conduit à des problèmes beaucoup plus sérieux pour démêler les facteurs nombreux et hétérogènes qui sont en jeu dans la formulation d'un rapport d'observation. Les scientifiques doivent être très attentifs au fonctionnement de leurs instruments et à la manière dont ils réagissent sous diverses conditions ; ils doivent également faire attention à la manière dont ils interagissent avec le phénomène d'intérêt pour ne pas l'altérer lorsqu'ils cherchent à l'observer, etc. Il s'agit néanmoins toujours de faire progresser l'investigation jusqu'à sa stabilisation et la stabilisation des jugements auquel parvient l'investigateur.

Les efforts que l'on doit réaliser pour parvenir à stabiliser une investigation dépendent bien entendu de la complexité du dispositif expérimental utilisé. Ils dépendent en outre autant du type d'énoncé qui est testé et des conséquences du rejet de cet énoncé. Lorsque le projet OPERA a abouti à la mesure d'une vitesse des neutrinos supérieure à celle de la lumière, l'impact de ce rapport d'expérience fut tel qu'il ne pouvait être accepté sans apporter le plus extrême soin à la vérification de chaque détail du dispositif expérimental. Cela a conduit à la découverte d'un défaut de branchement du GPS et au rejet du résultat de ces mesures. Notons qu'à aucun moment ces résultats n'ont pu être reproduits en dehors des installations du CERN, si bien que l'investigation qui a conclu à une vitesse des neutrinos plus élevée que la vitesse de la lumière n'a jamais été stabilisée. Mais puisque ce n'était pas moins que la violation de la relativité restreinte qui était en jeu, et donc la nécessité de revoir une théorie très bien confirmée, les efforts pour stabiliser l'investigation auraient dû être beaucoup plus poussés que si les conséquences de ces mesures avaient été moins dramatiques. Dans le cas présent, on n'a pas observé une vitesse des neutrinos supérieure à celle de la lumière mais toute mesure et tout résultat expérimental ne donne pas lieu à des vérifications aussi poussées. La stabilisation est une notion très contextuelle et la question de savoir si un certain phénomène a été observé demande à être examinée au cas par cas. Un résultat expérimental reproductible, qui résiste à la variabilité des expérimentateurs, du matériel utilisé, des conditions expérimentales, etc. est un résultat qui gagne en autorité. La conviction que toutes les vérifications ont été entreprises sans le mettre en défaut impose la contrainte rationnelle de l'acceptation de ce résultat.

CONCLUSION : L'« EMPIRISME ITÉRATIF »

La conception de l'observation qui émerge au terme de cette première partie donne d'ores et déjà des indications claires concernant les pratiques observationnelles. Les moyens employés pour une observation ne sont pas limités aux sens non assistés et incluent les instruments optiques, les instruments d'imagerie, de mesure ou encore les détecteurs. Tout moyen employé pour sonder le monde et dont l'utilisation peut aboutir à la formulation d'un énoncé sur le monde tient lieu potentiellement d'instrument d'observation, mais la question de savoir si effectivement un instrument permet d'observer un certain phénomène se règle au cas par cas, en étudiant la stabilité de l'investigation qui est en cours. Je peux donc offrir la définition suivante de l'observation, scientifique ou non, telle qu'elle a été discutée jusqu'ici :

Un investigateur ou un groupe d'investigateurs V observe X en utilisant les moyens Y si V entame une investigation concernant X, en choisissant les moyens Y, et Y est stable. De plus, les concepts et propositions qui sont utilisées pour formuler un rapport d'observation sur X ont été stabilisés et ne sont pas controversés. En conséquence, il faut accorder la priorité aux rapports d'observation stables en cas de conflit avec d'autres propositions.

Il s'agit d'une conception de l'observation dont les principaux éléments sont déterminés. Après m'être détaché du cadre proposé par Van Fraassen, lié au réalisme scientifique, j'ai défendu l'autorité épistémique de l'observation en considérant l'évolution d'une investigation empirique et en caractérisant la phase observationnelle d'une investigation comme étant stabilisée à la fois matériellement et épistémiquement. La stabilisation doit être comprise comme la résistance à la variabilité, en dépit de tentatives répétées de réaliser le même type d'expérience à différentes instants, en différents endroits, par différentes personnes ou groupes de personnes. Les énoncés d'observation sont acceptés de manière inconditionnelle non pas parce qu'ils sont vrais, indubitables ou infaillibles mais parce qu'au moment où ils sont prononcés, tout a été fait pour les mettre en défaut.

Le fait que la phase observationnelle marque la fin d'une investigation n'implique pas que les énoncés d'observation acceptés ne seront jamais plus contestés. La dynamique de la science dans son ensemble est telle que les énoncés scientifiques, les croyances ou les concepts continuent d'évoluer, conduisant à la possibilité de développements futurs qui viendront contredire l'énoncé d'observation précédemment accepté. Il demeure qu'à un moment fixé, il est rationnel d'accepter les rapports d'observation et de leur accorder la priorité parce qu'ils sont les meilleurs guides de la connaissance que nous ayons à notre disposition. Il se pourrait qu'une proposition *p* soit rejetée parce qu'elle entre en conflit avec une nouvelle observation avant d'être ensuite réintégrée dans la perspective du sujet, ou dans celle de la communauté scientifique, suite à de nouveaux développements. Mais cela n'implique pas que les investigateurs ont eu tort de rejeter temporairement *p*, tout comme cela n'implique pas que *p* ne sera pas à nouveau rejetée dans le futur. L'attitude épistémique concernant *p* est guidée par l'état actuel d'une ou plusieurs investigations et l'observation est la phase la plus autoritaire d'une investigation, qui détermine le rejet de *p*.

L'empirisme que je défends accorde un rôle crucial à l'évolution du cadre conceptuel et des croyances du sujet sous l'action de l'expérience. L'expérience unique, qui ne serait pas comprise dans un processus évolutif n'y a pas grand sens. L'entreprise visant à acquérir une connaissance empirique relative à un certain phénomène prend la forme d'une investigation dont le caractère dynamique est essentiel. Ces considérations justifient le terme d'« empirisme itératif » pour désigner l'empirisme cohérentiste que j'ai développé dans ce chapitre, par l'accent qui est mis sur la dynamique d'une investigation empirique et le rôle correctif que joue l'expérience vis-à-vis de la perspective. En outre, du point de vue scientifique, l'investigation empirique est une entreprise corrective à plusieurs titres. Ce ne sont pas seulement les concepts et les croyances qui doivent être progressivement corrigées mais aussi les pratiques, telle que l'utilisation optimale d'un instrument, que l'on apprend progressivement. Lorsqu'un instrument est utilisé pour l'exploration de phénomènes, cet instrument lui-même est sujet à de constantes améliorations. Il n'est donc pas étonnant que les philosophes des sciences expérimentales aient identifié, depuis une trentaine d'années, la présence de ces processus correctifs dans l'investigation scientifique. Récemment, le terme « d'itérativité » (*iterativity*) s'est imposé chez ces mêmes philosophes des sciences expérimentales après que Hasok Chang en a fait un usage important dans son livre *Inventing Temperature* pour décrire l'établissement conjoint du concept de température et des instruments permettant de la mesurer[1].

L'empirisme itératif peut pour ces raisons être pensé comme le cadre épistémologique le mieux adapté aux sciences expérimentales. Je poursuis son développement dans la seconde partie en l'enrichissant d'une étude sur les pratiques scientifiques.

1 H. Chang, *Inventing Temperature*, Oxford University Press, 2004.

DEUXIÈME PARTIE

LES PRATIQUES CONTEMPORAINES DE L'OBSERVATION

PRÉSENTATION DE LA SECONDE PARTIE

Dans la première partie, j'ai proposé une conception de l'observation centrée sur des considérations épistémologiques. Il s'agissait, en renonçant à l'approche fondationnaliste et à la notion d'énoncés auto-justifiés, de défendre à la fois la possibilité de justifier les énoncés d'observation et de dissocier le privilège qui leur est accordé d'un mode de justification qui leur serait propre. L'observation se trouve liée à nos pratiques, nos savoirs, nos concepts et nos progrès techniques, et sert d'arbitre de la connaissance dans chaque domaine dans lequel nous parvenons à stabiliser des procédures d'investigation empirique.

La seconde partie a pour objectif de donner corps à cette conception progressive de l'observation. J'y traite tout d'abord du problème de la stabilisation des investigations empiriques en pratique, en tenant compte des moyens contemporains qui sont mis en œuvre dans les sciences. Lorsque nous utilisons des instruments complexes qui produisent des données dont on suppose qu'elles représentent le phénomène d'intérêt, comment parvient-on à s'assurer que le phénomène est bien tel que nous le jugeons à partir des données ? Je consacre un chapitre à cette question en m'appuyant sur la philosophie de l'expérimentation, qui s'est développée depuis les années 1980 et qui apporte de nombreux éléments de réponse à ce problème dont la complexité croît à mesure que les dispositifs conçus pour l'expérimentation gagnent en complexité.

La philosophie des sciences d'inspiration pratique s'est certes penchée sur le rôle des instruments dans l'observation, mais elle l'a fait de manière incomplète. D'une part, elle a privilégié les instruments optiques et, dans une moindre mesure, ceux qui produisent des images, suggérant que les instruments qui servent à des fins d'observation sont ceux qui prolongent l'expérience visuelle. Les instruments de mesure, les détecteurs, ceux qui produisent des données sous la forme de courbes, de graphes, etc. sont généralement exclus des pratiques observationnelles, ce qui va à l'encontre de la conception de l'observation que j'ai présentée, dans laquelle tout moyen d'entrer en contact avec le phénomène d'intérêt peut servir à des fins d'observation. D'autre part, l'observation a souvent été caractérisée comme permettant l'accès à certaines entités. Autrement dit, l'entité a été l'unité d'analyse quasi-incontournable du phénomène observable, alors que la pratique démontre que l'entité se trouve bien souvent reléguée au second plan dans le discours observationnel des praticiens. Un chapitre est donc dédié aux instruments et à ce à quoi ils permettent d'accéder.

Je reviens ensuite sur le rôle que la connaissance empirique joue en amont de l'observation. J'ai construit une épistémologie dans laquelle ce rôle n'est pas nié puisque le cadre interprétatif des données contient des théories, des connaissances particulières et un cadre conceptuel qui interviennent dans l'interprétation des données scientifiques, et donc dans la formulation des énoncés d'observation. Mais la question que je traite concerne cette fois le rôle de ces connaissances, non plus seulement dans l'interprétation des données, mais dans leur production. Les données produites par les instruments étant désormais numériques et pouvant de ce fait être transformées à l'aide d'ordinateurs, est-ce que des transformations mathématiques et informatiques fondées sur nos meilleures connaissances permettent à l'investigateur d'observer à partir de données transformées ? C'est une question qui, à ma connaissance, n'a pas été posée par les philosophes, et une question pourtant pressante, puisqu'une étude de la pratique scientifique révèle un usage massif du traitement des données.

Enfin, l'étude se clôt sur un chapitre visant à illustrer l'ensemble des thèses que j'ai défendues au sujet de l'observation et qui présente une étude de cas détaillée portant sur l'adaptation d'une technique d'imagerie médicale utilisée chez l'homme, au rat et à la souris. Il s'agit de la tomographie d'émission monophotonique ou TEMP. L'intérêt de cet exemple est d'abord qu'il montre la complexité de l'investigation empirique telle qu'elle se pratique aujourd'hui, reposant à la fois sur l'usage d'un instrument de détection, sur un traitement des données qui demande d'effectuer des calculs infaisables sans ordinateur et sur une préparation minutieuse et très contrôlée de l'objet de l'investigation (un organe en fonction en général). D'autre part, cet exemple permet de mettre en évidence la dynamique de l'investigation empirique, c'est-à-dire l'alternance de phases expérimentales et de phases observationnelles dans le développement d'une technique d'observation. La TEMP est une technique qui a suffisamment évolué au cours du XXe siècle pour être aujourd'hui stabilisée et fournir des observations chez l'homme. Mais du fait des spécificités du rat et de la souris par rapport à l'homme, notamment de leur petite taille, cette technique ne peut pas être appliquée directement chez ces animaux et demande donc un travail expérimental d'adaptation et de vérification de chaque étape de la production et de l'interprétation des données. Je décris le cheminement permettant de conclure à la stabilisation d'une investigation empirique portant sur des phénomènes non encore observés et, partant, à leur observation.

L'OBSERVATION RÉFORMÉE

J'ai insisté jusqu'ici sur le traitement uniforme qu'il me semble devoir faire entre l'observation triviale de l'individu qui guide ses connaissances par l'observation du monde qui l'entoure et l'observation scientifique, qui met en jeu des croyances collectives et dont la mise en œuvre repose aussi de plus en plus souvent sur les efforts conjoints de chercheurs ayant des spécialités, des connaissances et des capacités différentes et complémentaires. Tout en maintenant cette ligne et en continuant d'affirmer qu'il existe une continuité entre les deux contextes, ce chapitre est destiné à préciser les mécanismes qui sont à l'œuvre dans la stabilisation d'une investigation à caractère scientifique.

Le contexte scientifique se distingue par l'emploi de plus en plus fréquent d'instruments permettant d'enregistrer une trace des phénomènes étudiés, et parfois même d'enregistrer une trace de phénomènes inaccessibles aux sens non assistés. Il me faut donc introduire la notion d'expérience médiate qui, en première analyse, peut être définie comme une expérience sensible qui repose sur la perception, non pas des phénomènes visés, mais d'entités qui les représentent : les « données ». La notion de données s'est imposée à la fois chez les philosophes qui s'intéressent aux pratiques de la science et chez les scientifiques eux-mêmes. Je m'appuierai pour cela sur les travaux de Bogen et Woodward[1] pour donner une caractérisation de ce que sont les données et compléter la conception de l'observation à laquelle je suis arrivé à l'issue de la première partie par un modèle de l'expérience reposant sur l'*interprétation de données*, à la lumière d'un cadre interprétatif.

La caractérisation de ce cadre interprétatif, ce que j'ai appelé « la partie active de la perspective » du sujet ou du groupe d'investigateurs, avait été commencée dans le chapitre précédent. J'avais dégagé ce qui

1 J. Bogen et J. Woodward, « Saving the Phenomena », *The Philosophical Review*, vol. 97, 1988, p. 303-352 ; J. Bogen et J. Woodward, « Observations, Theories and the Evolution of the Human Spirit », *Philosophy of Science*, vol. 59, 1992, p. 590-611.

m'apparaissait comme étant les deux aspects cruciaux de la perspective pour juger d'une expérience, c'est-à-dire les croyances portant sur le mode de représentation qui est en jeu dans l'expérience, et celles portant sur le domaine de phénomènes sur lequel porte l'investigation. Je poursuis cette analyse par une lecture critique de la littérature portant sur le contenu du cadre interprétatif d'une expérience, c'est-à-dire sur l'ensemble de concepts, conceptions, théories ou encore savoir-faire qui est nécessaire et suffisant pour formuler un énoncé en réponse à cette expérience. Je discute d'abord du rôle des théories, celle de l'instrument qui est utilisé dans l'investigation, qui nous informe du mode de représentation du phénomène, et celle du phénomène, qui nous permet d'identifier celui-ci. J'aborde ensuite le rôle des connaissances particulières, qui permettent d'adapter le cadre interprétatif non plus à un modèle général d'expérience scientifique médiate (par exemple « l'utilisation du microscope optique ») mais à une expérience particulière, réalisée avec un dispositif matériel spécifique et dans des conditions bien déterminées.

Pour finir, j'expose les conditions de stabilisation de l'investigation empirique (de son cadre interprétatif et des moyens par lesquels cette investigation est menée) en m'appuyant sur les travaux de Bogen et Woodward ainsi que sur ceux de Franklin[1] qui portent sur les conditions d'établissement d'une expérimentation valide.

L'INTERPRÉTATION DES DONNÉES

Le modèle de l'expérience que j'ai adopté est interprétatif. Il affirme que l'expérience seule, prise en complète autonomie, ne conduit par à la formulation d'énoncés. Ceux-ci ne peuvent être formulés que lorsque l'expérience est couplée avec une perspective qui permet de lire cette

1 A. Franklin, *The neglect of experiment*, Cambridge University Press, 1986 ; A. Franklin et C. Howson, « It probably is a valid experimental result : a Bayesian approach to the epistemology of experiment », *Studies in History and Philosophy of Science*, vol. 19, 1988, p. 419-427 ; A. Franklin, et al. « Can a Theory-Laden Observation Test the Theory ? », *The British Journal for the Philosophy of Science*, vol. 40, 1989, p. 229-231, A. Franklin, « How to avoid the experimenter's regress », *Studies in History and Philosophy of Science*, vol. 25, 1994, p. 463-491.

expérience d'une certaine manière et de porter un jugement à partir des concepts dont le sujet dispose. Dans cette section, mon but est d'adapter ce modèle d'expérience, qui ne porte pour le moment que sur les expériences au cours desquelles l'objet de l'expérience est directement perçu, aux expériences médiates, c'est-à-dire mettant en jeu un intermédiaire entre le sujet et l'objet de l'expérience. Une telle adaptation est nécessaire pour orienter mon propos vers le domaine scientifique. Deux raisons essentielles peuvent être avancées à cet égard.

La première est qu'il est désormais rare qu'une expérience scientifique ne donne pas lieu, lorsque c'est possible, à un enregistrement d'images, de sons, de mesures, etc. Les scientifiques qui procèdent à ces enregistrements pensent bien sûr à la possibilité de les consulter à loisir et d'avoir la possibilité de revenir éventuellement sur certains jugements qu'ils avaient émis avant qu'ils puissent être bien familiarisés avec ce type d'expériences. Ils pensent aussi aux communications beaucoup plus convaincantes qu'ils pourront faire s'ils étayent leurs affirmations avec ce genre de preuves. Enfin, le fait que les instruments d'imagerie ou de mesure soient désormais extrêmement répandus conduit les scientifiques qui les utilisent à procéder très naturellement à l'enregistrement de ce que ces instruments produisent : les données.

La deuxième raison que l'on peut invoquer pour définir un modèle d'expérience médiate est avancée par Bogen et Woodward, ainsi que par Duhem, auteurs selon lesquels toute expérience scientifique est médiate. Pour eux en effet, le *phénomène* (sur lequel porte le véritable discours scientifique, en particulier théorique) n'est en général pas directement accessible. Il est *inféré* à partir de données.

Mon but dans la section est de donner une définition opérante des données, ce qui me permettra de définir par la suite l'expérience scientifique comme la production et l'interprétation des données. J'expose ensuite brièvement de quelle manière peut être envisagée la *fiabilité* des données. Je reviendrai plus loin dans ce chapitre sur la notion de fiabilité.

LES DONNÉES

La notion de données a récemment été placée au premier plan dans l'activité scientifique. Dans la plupart des disciplines, l'image du chercheur s'attelant à observer le monde à l'œil nu a été remplacée par celle d'un laboratoire équipé de divers appareils de détection qui permettent la collecte de données sous forme de mesures ou encore d'images. L'activité du chercheur consiste alors à *sélectionner* les données pertinentes (ou écarter les données suspectes), lorsqu'il lui semble que les conditions d'acquisition des données n'étaient pas toujours optimales. Il peut aussi être amené à *corriger* ces données à l'aide de divers traitements mathématiques ou à utiliser des outils statistiques pour effacer leur caractère idiosyncrasique. Un autre aspect tout aussi important est la nécessité pour les chercheurs de savoir manipuler des outils de représentation visuelle efficaces des données. Lorsque l'information pertinente doit être cherchée dans des gigaoctets, voire désormais des téraoctets[1] de données, afficher ces données sous la forme la plus adaptée à la recherche de cette information est primordial. Enfin, et c'est la tâche principale qui lui incombe, le chercheur se lance dans l'*interprétation* des données pour tirer des jugements de l'expérience qu'il a menée.

Le terme de « données » s'est également imposé dans l'analyse que font les philosophes des pratiques contemporaines de l'investigation empirique depuis l'article fondateur de Bogen et Woodward[2]. Dans cet article, la dichotomie classique entre observation et théorie a été profondément remise en cause. Dans l'épistémologie classiquement associée à l'empirisme – le fondationnalisme – l'observation représente une source de connaissances élémentaires. Les connaissances théoriques sont quant à elles soumises au verdict de l'observation. Il y a donc deux niveaux distincts de discours scientifique, un niveau élémentaire caractérisé par une sûreté épistémique élevée et un niveau théorique, plus spéculatif, dont les énoncés sont acceptés ou rejetés en fonction des connaissances observationnelles. Ce modèle à deux niveaux ne convainc pas Bogen

---

1 Un octet est composé de huit bits, soit huit chiffres binaires (0 ou 1). Un octet peut donc représenter 2^8=256 valeurs distinctes, ce qui veut dire qu'un octet est souvent suffisant pour représenter une mesure quelconque. Si une mesure prend des valeurs qui s'étalent sur un intervalle plus grand que [0,255] ou si une précision importante est demandée (par exemple, dix chiffres après la virgule) les nombres utilisés occuperont plusieurs octets. Un gigaoctet représente 10^9 octets et un téraoctet représente 10^{12} octets. Ce sont là des tailles de données qui sont devenues courantes : une image bidimensionnelle de 1000*1000 pixels en 256 niveaux de gris prend 1 mégaoctet (10^6 octets). Des dimensions similaires en volume (c'est-à-dire dans le cas de données tridimensionnelles au lieu d'être bidimensionnelles) prendraient exactement 1 Go.

2 Il s'agit de l'article J. Bogen et J. Woodward, « Saving the Phenomena », *The Philosophical Review*, vol. 97, 1988, p. 303-352.

et Woodward qui introduisent un « troisième niveau » : le phénomène scientifique[1]. Selon eux, le phénomène est ce sur quoi porte l'activité scientifique et ce que doivent expliquer et prédire nos théories mais il est typiquement inobservable. Il peut cependant être inféré à partir de *données* qui sont elles observables.

Parmi les exemples fournis par Bogen et Woodward pour illustrer cette distinction entre données et phénomènes, le plus simple est celui du point de fusion du plomb. Le phénomène d'intérêt est ici la température à laquelle le plomb entre en fusion et il s'agit de déterminer cette température. Pour ce faire, des mesures de température sont effectuées à l'aide d'un thermomètre, constituant les données de cette investigation. Ces données sont observables, mais elles ne permettent pas, selon Bogen et Woodward, des observations du phénomène. La lecture de ces données démontre en effet une variabilité qui n'est pas censée affecter le phénomène, le point de fusion qui, selon nos meilleures théories, est précisément caractérisé par sa constance ; il doit être indépendant du lieu et du moment auquel la fusion a lieu, ainsi que de l'instrument que l'on utilise pour mesurer la température. Or les mesures de température (les données) reflètent toutes sortes d'idiosyncrasies et n'ont pas du tout la même stabilité que le phénomène :

> Le résultat de toute application d'un thermomètre à un échantillon de plomb dépend non seulement du point de fusion du plomb, mais aussi de sa pureté, du fonctionnement du thermomètre, de la manière dont il a été appliqué et lu, des interactions entre la température initiale du thermomètre et celle de l'échantillon, et de toutes sortes d'autres conditions d'arrière-plan[2].

Ainsi, même si nous avons de bonnes raisons de croire qu'il y a un véritable point de fusion du plomb correspondant à 327,43°C (le *phénomène*), il est vraisemblable qu'aucune des valeurs lues sur un thermomètre (les *données* dont nous disposons, et que nous observons) ne coïncide exactement avec cette valeur. Elle doit donc être inférée à partir des mesures qui ont été effectuées, et cela sans que l'on connaisse forcément les raisons pour lesquelles des variations sont observées suivant les différents points de mesure. Typiquement, l'investigateur commencera

1 S. Schindler, « Bogen and Woodward's data-phenomena distinction, forms of theory-ladenness, and the reliability of data », *Synthese*, 2009, p. 1-17.

2 *Ibid.* p. 309.

par éliminer certaines mesures qu'il trouve aberrantes. Il pourra aussi tenir compte d'une erreur systématique du thermomètre et, par exemple, ajouter une fraction de degré aux résultats lus. Enfin, s'il juge que ses mesures sont suffisamment homogènes pour estimer qu'il y a bien un phénomène stable sous-jacent, il effectuera une moyenne de ces mesures pour obtenir une valeur unique qui est vraisemblablement la bonne, ou en tout cas la plus probable.

L'analyse de Bogen et Woodward se rapproche de celle de Duhem, qui a lui aussi souligné l'écart entre données et phénomènes, même s'il utilise des termes différents :

> Entrez dans ce laboratoire ; approchez-vous de cette table qu'encombrent une foule d'appareils, une pile électrique, des fils de cuivre entourés de soie, des godets plein de mercure, des bobines, un barreau de fer qui porte un miroir ; un observateur enfonce dans de petits trous la tige métallique d'une fiche dont la tête est en ébonite ; le fer oscille et, par le miroir qui lui est lié, renvoie sur une règle en celluloïde une bande lumineuse dont l'observateur suit les mouvements ; voilà bien sans doute une expérience ; au moyen du va-et-vient de cette tache lumineuse, ce physicien observe minutieusement les oscillations du morceau de fer. Demandez-lui maintenant ce qu'il fait ; va-t-il vous répondre : « J'étudie les oscillations du barreau de fer qui porte ce miroir » ? Non, il vous répondra qu'il mesure la résistance électrique d'une bobine[1].

Comme chez Bogen et Woodward, une distinction importante est faite ici entre deux niveaux de discours. La première réponse possible du physicien à la question « que faites-vous ? » est formulée en termes de données de la perception. Les oscillations du barreau de fer qui porte le miroir sont ce qui est immédiatement perceptible et une telle formulation ne procède d'aucun engagement théorique particulier. Mais puisqu'un physicien est animé de motivations théoriques, il adoptera selon Duhem un discours qui reflète ces motivations et formulera donc sa réponse en termes théoriques, qui est ici la résistance électrique d'une bobine.

Le lien entre ces deux niveaux de discours est précisé plus loin par Duhem :

> Une expérience de physique est l'observation précise d'un groupe de phénomènes accompagnée de l'INTERPRÉTATION de ces phénomènes ; cette interprétation substitue aux données concrètes réellement recueillies par

1 P. Duhem, *La théorie physique, son ob jet, sa structure*, Marcel Rivière et Cie, 1914. Deuxième édition revue et augmentée, p. 218-219.

l'observation des représentations abstraites et symboliques qui leur correspondent en vertu des théories admises par l'observateur[1] (les capitales sont d'origine).

La confusion est très possible ici entre les terminologies respectives de Duhem et de Bogen et Woodward. Duhem décrit une expérience de physique comme se déroulant en deux temps. D'abord, il s'agit d'observer certains *phénomènes* (ce que Bogen et Woodward appelleraient des données !), comme dans cet exemple, suivre les oscillations du barreau de fer. Dans un second temps, ces *phénomènes* sont *interprétés* à la lumière des connaissances scientifiques propres au domaine considéré pour atteindre un niveau théorique et abstrait (celui des phénomènes chez Bogen et Woodward). Et donc, tandis que la première phase de l'expérience ne demande guère de compétence autre que d'être attentif et d'avoir les sens déliés, la seconde demande de savoir la physique.

Je conserverai par la suite la terminologie de Bogen et Woodward qui associe le mot « données » au niveau de discours le plus fondamental et le mot « phénomène » au niveau théorique. On ne trouve cependant chez eux, comme d'ailleurs dans le reste de la littérature philosophique qui fait usage de la notion de données, que peu d'éléments permettant d'éclairer cette notion. Dans les travaux de Bogen et Woodward, les données sont surtout définies par opposition aux phénomènes, les premières présentant un aspect concret et directement accessible à l'investigateur tandis que les seconds sont abstraits, idéalisés et théoriques. La seule tentative de définition qu'ils proposent est la suivante : les données sont « des enregistrements ou des rapports – accessibles à la perception humaine[2] ». Ils poursuivent, précisant que dans certains cas, elles sont produites par des sujets humains qui dessinent, écrivent ou font des relevés mais que le cas le plus courant est celui où les données sont produites par des appareils d'enregistrement ou de mesure. Cette définition est cependant très peu développée et doit être discutée sous plusieurs aspects.

Le premier concerne l'absence totale de prise en compte, dans la courte définition de Bogen et Woodward, de l'aspect représentationnel

1 *Ibid.*, p. 221-222.
2 J. Bogen, J. Bogen, « Observations, Theories and the Evolution of the Human Spirit », p. 593.

des données. Ces dernières sont produites en vue de procéder à une investigation concernant un certain phénomène *X*. Or pour que l'on puisse véritablement parler de l'investigation ou de l'expérience médiate de *X* à partir de données, il faut que ces dernières portent de l'information au sujet de *X* et, bien entendu, qu'elles renvoient à *X*. En termes sémiotiques, on dirait que les données sont des *signes* concernant lesquels il s'agit d'établir le lien entre forme (l'aspect de ce signe) et contenu (ce à quoi renvoie ce signe, c'est-à-dire *X*). En outre, les données sont des signes d'un genre particulier. Pour que ces signes puissent jouer un rôle dans une démarche *empirique*, il faut qu'ils soient obtenus à partir de *X* par un processus causal, qu'ils soient le résultat d'une interaction physique avec *X* pour que leur présence renvoie à *X* comme à une cause. On parle dans ce cas de signes *indiciels* comme le rouge à lèvre sur le bord d'un verre indique qu'une femme y a bu ou que la fumée qui s'élève du sol indique un feu[1].

Il faut également revenir sur la notion d'enregistrement, particulièrement pour les données qui sont destinées à jouer un rôle dans une investigation scientifique. Il est en effet important que ces données puissent être aisément communiquées et reproduites pour soutenir les énoncés qu'elles ont pu servir à formuler. Par exemple, l'observation d'une nouvelle espèce animale qui serait rapportée par un observateur isolé ne serait pas réellement validée par la communauté si cet observateur ne pouvait apporter des preuves de son observation sous la forme de données. Lui-même pourrait d'ailleurs douter de ses propres conclusions après quelques jours, se demandant s'il n'aurait pas été trompé par une observation trop fugace. C'est la raison pour laquelle il est en effet judicieux de présenter les données scientifiques comme des enregistrements, auxquels il est possible d'avoir accès même après la disparition du phénomène, et qui peuvent être aisément reproduits et communiqués.

Bogen et Woodward semblent ne pas établir de distinction marquée entre des données qui seraient produites par des sujets humains ou par des instruments. Il est en effet légitime de considérer que des dessins, par exemple, puissent être considérés comme des données, et même

1 Les autres types de signes sont l'*icône*, qui fonctionne par sa ressemblance avec ce dont il est le signe et le *symbole*, pour lequel on n'identifie pas de lien logique évident entre le contenu et la forme et qui fonctionne donc de manière plus ou moins conventionnelle.

comme des données représentant des particuliers (c'est-à-dire représentant un exemplaire particulier d'entité par exemple, et non un type). Ainsi, Lopes a défendu la thèse selon laquelle les dessins réalisés dans le domaine de l'archéologie ont précisément cette fonction et remplacent même avantageusement les photographies qui pourraient être prises de certains artefacts (par exemple des outils particuliers en pierre[1]). Il s'agit cependant d'un cas relativement rare et Bogen et Woodward ont raison de souligner la prédominance des enregistrements réalisés à l'aide d'instruments chez les scientifiques. En utilisant ces instruments, les scientifiques s'assurent qu'ils ne créent pas de biais en confiant la production des données à un agent humain ; ils obtiennent une empreinte mécanique dont l'objectivité se trouve renforcée.

Des exemples d'investigations empiriques reposant sur la production et l'interprétation de données enregistrées peuvent être trouvés dans la plupart des domaines scientifiques. J'ai déjà mentionné l'exemple d'une investigation portant sur le point de fusion du plomb. Dans cette investigation, les données sont constituées par les mesures réalisées avec le thermomètre, qui peuvent être facilement enregistrées en créant par exemple un fichier contenant la liste de ces mesures. Un exemple fameux où l'utilisation d'instruments a été déterminante concerne la question de savoir si le cheval décolle ou non ses quatre sabots du sol lorsqu'il est au galop. Au début des années 1870, cette question intéressait le Gouverneur de Californie Leland Stanford qui engagea un photographe déjà réputé, Edward Muybridge, pour y répondre. Mais à cette époque, les appareils photographiques demandaient encore des temps d'exposition relativement longs, mesurés en secondes. Il n'était donc pas possible d'obtenir des clichés de mouvements qui étaient trop rapides pour pouvoir être discernés par l'œil humain.

Après plusieurs années passées à améliorer son appareil, Muybridge parvient en 1877 à obtenir un temps d'ouverture de l'ordre du 1/1000e de seconde[2]. L'année suivante, Muybridge dispose le long d'une piste des appareils à prise de vue rapide et crée un système de déclenchement par le cheval qui dans sa course actionne des fils tendus. Les clichés obtenus, imprimés sur des plaques de verre permettent non seulement de

1 D. Lopes, « Drawing in a Social Science : Lithic Illustration. *Perspective on Science*, vol. 17, 2009, p. 5-25 (p. 11).

2 M. Facos, *An Introduction to Nineteenth-Century Art*, Routledge, 2011, p. 203.

confirmer que le cheval a bien les quatre sabots décollés du sol lorsqu'il est au galop, mais aussi de rectifier la croyance couramment répandue à l'époque selon laquelle un cheval au galop aurait les pattes avant tendues vers l'avant et les pattes arrières tendues vers l'arrière lorsqu'il est en suspension dans l'air. Ces investigations empiriques obtiennent désormais une réponse qui est rendue incontestable par les données qui l'accompagnent, sous forme de clichés imprimés sur plaques de verre.

On le voit, les données, ces enregistrements de phénomènes, admettent différents formats : liste de mesures, images imprimées, mais aussi cassettes audio, etc. À l'heure actuelle, le format le plus courant est dit *numérique*, prenant la forme d'une liste de nombres. Une photographie digitale par exemple est le résultat de la détection de la lumière réfléchie par un capteur. Ce capteur transforme l'information lumineuse en signaux électriques qui sont à leur tour traduits en valeurs représentant la luminosité de trois couleurs. Ce sont là les données qui sont enregistrées dans la mémoire de l'appareil sous forme numérique. C'est aussi dans ce format que sont réalisées toutes les opérations de transfert d'un appareil à l'autre, et d'éventuelles modifications de l'image. Mais il s'agit d'un format très peu pratique pour un agent humain qui voudrait par exemple identifier le phénomène auxquelles se rapportent les données. Ces dernières peuvent alors être représentées sous forme d'images affichées sur un écran. L'affichage des données passe par l'attribution d'une couleur correspondant à l'information de luminosité en chaque point, et une recomposition de l'image en tenant compte des relations spatiales entre ces différents points (les *pixels*[1]). Le format numérique est devenu de loin le plus courant, parce qu'il est aisément reproductible, et permet, comme on le verra dans le chapitre suivant des manipulations fécondes. Cependant, le format sous forme de listes de nombres est presque toujours accompagné d'autres formats de représentation, parmi lesquelles les images statiques ou dynamiques, bidimensionnelles ou tridimensionnelles, les sons, etc.

Les données numériques collectées à l'aide d'instruments reposent le plus souvent sur la *mesure* d'une certaine propriété physique : luminosité, température, taux d'absorption linéique des rayons X, etc. Des mesures uniques, isolées, peuvent en elles-mêmes constituer des

1 Il s'agit des *picture elements*, c'est-à-dire les éléments qui composent l'image sous forme de minuscules rectangles colorés.

données observationnelles comme dans le cas de la fusion du plomb, où à chaque expérience, une seule mesure est produite. On rencontre aussi fréquemment des données numériques réalisées en grand nombre à l'aide d'un détecteur, et qui présentent une certaine organisation spatiale ou temporelle. Le cas de la photographie numérique que je décrivais plus haut en est un exemple : les données sont constituées de listes de mesures de luminosité dont l'organisation spatiale permet de les représenter sous forme d'image. On parle souvent dans ce cas d'une *carte* de la propriété physique détectée.

La figure 4 est une carte du rayonnement infra-rouge réalisée grâce au télescope VISTA pointant dans la direction de la constellation Orion. Les données numériques sont des listes de mesures du rayonnement infra-rouge qui sont ensuite affichées sous forme d'image en respectant certaines relations spatiales entre ces mesures, et en attribuant une couleur artificielle aux différentes valeurs mesurées.

Les facteurs qui entrent en jeu dans la production de données sont extrêmement nombreux et hétérogènes. Une investigation scientifique est menée dans l'idée de répondre à une question précise, portant sur un certain domaine de phénomènes. Les données qui seront collectées devront permettre d'apporter une réponse à cette question. Le choix d'une technique (microscopie, photographie, scanner, etc.), d'une sous-technique (microscope optique à diffraction, à réfraction, microscope électronique, etc.), puis d'un instrument précis ayant des performances et un mode de fonctionnement qui lui sont propres déterminent dans un premier temps les moyens technologiques par lesquels une investigation empirique est menée. D'autres facteurs interviennent, comme par exemple la mise en place d'un *protocole* précis, visant à établir les conditions optimales d'utilisation d'un instrument, relativement au type d'investigation que l'on cherche à mener. Le temps de pose, les conditions extérieures de température et d'humidité, la préparation de l'objet d'étude ont une action cruciale sur ce que j'appellerai pour le moment de manière informelle la *fiabilité* des données.

Un biologiste par exemple veillera à préparer ses échantillons en respectant un certain nombre d'étapes permettant d'optimiser l'image rendue par l'instrument. Il utilisera un appareil lui permettant de prélever une tranche extrêmement fine de tissu, congelé pour en assurer la rigidité. Cet échantillon aura aussi pu être coloré pour améliorer le contraste entre les différentes structures d'intérêt. Ayant préparé la lame plane destinée à recevoir l'échantillon, il cherchera à en approcher l'objectif au plus près sans détruire cette fragile préparation avec son instrument. Enfin, sa maîtrise de l'instrument le conduira à réaliser les meilleurs réglages pour obtenir une parfaite mise au point et un éclairage adéquat. C'est ainsi que, grâce à la mise en place d'un protocole bien maîtrisé, des données fécondes peuvent être obtenues.

Lorsque les données ont été produites de manière minutieuse en cherchant à optimiser les différents éléments qui entrent en jeu dans leur production et que l'on obtient des images détaillées, des mesures précises ou des sons clairs, il est courant d'affirmer que ces données sont *fiables*. Dans la section suivante, j'expose en quel sens cette caractérisation doit être comprise.

LA FIABILITÉ DES DONNÉES

J'ai déjà présenté, dans le chapitre précédent, une mise en garde contre l'emploi du terme « trompeur » pour qualifier certains types d'expériences pouvant aboutir à un jugement erroné. Citant Gupta, j'ai fait porter la responsabilité de l'erreur sur le sujet qui ne lit pas correctement l'expérience, ou qui croit que son expérience peut lui permettre de trancher une question alors que ce n'est pas le cas. Cette mise en garde revient à rendre l'expérience passive. Puisque la contribution d'une expérience n'est pas propositionnelle (l'expérience seule ne nous délivre pas de propositions), l'expérience ne peut ni être trompeuse, ni erronée. Un thermomètre qui affiche un nombre n'*affirme* rien, pas même que ce nombre représente une température. C'est à l'investigateur de produire des jugements à partir de ces données et de sa perspective.

Poursuivant sur cette ligne, Gupta affirme que l'expérience fonctionne comme un argument logique valide : si les prémisses sont vraies, la conclusion est vraie aussi. De même, on pourra dire que *si* la perspective de l'investigateur n'est pas erronée, les jugements qu'il rend en interprétant les données sont corrects. Par exemple, sa croyance que l'instrument est de type thermomètre le conduira à interpréter les données comme des mesures de température. Il poursuivra en utilisant d'autres croyances obtenues après calibrage de l'instrument : par exemple que son thermomètre sous-estime la température de 1°C et que sa précision est de l'ordre de 0,1°C, etc. Mais une donnée devant être corrigée – pour rectifier une erreur systématique par exemple – n'est pas pour autant une donnée erronée, trompeuse, ou qui n'est pas fiable. De même que le menteur dont on a déterminé qu'il inversait systématiquement les réponses « oui » et « non » se trouve être un informateur tout à fait fiable, l'instrument qui produit des mesures de température sous-estimée de 1°C conduit celui qui le sait à produire des jugements corrects. Et plus généralement, une précision faible, la présence de distorsions, de bruits ou autres facteurs négatifs ne sont pas forcément à l'origine d'erreurs de jugement.

Ces arguments me conduisent à affirmer qu'en effet, qualifier une expérience ou les données recueillies au cours d'une expérience de fiables ou non fiables est problématique. De manière abusive, on pourrait dire que des données qui ne portent pas d'information concernant la question qui gouverne l'investigation empirique ne sont pas fiables. On préfèrera cependant parler de données inadaptées dans ce cas. À l'inverse, on pourra dire, suivant Bogen et Woodward, que des données sont fiables dans la mesure où elles participent à un processus qui, de leur production à leur interprétation, aboutit à un jugement correct. Mais dans ce cas, il convient de souligner que la fiabilité de ces données doit s'accompagner des qualités de jugement de l'investigateur puisque l'interprétation des données est aussi cruciale que leur production pour arriver à un jugement fiable. Je me tourne maintenant vers le problème de l'interprétation des données, et plus particulièrement vers la question de ce qui constitue le cadre interprétatif.

LE CADRE INTERPRÉTATIF DES DONNÉES

Si l'observation demande toujours au sujet de posséder certains types de croyances pour formuler des rapports, il reste à résoudre le problème visant à déterminer quelles sont au juste les croyances qu'il est nécessaire de posséder. J'évalue d'abord le rôle des théories dans l'investigation empirique. Prenant une théorie comme un ensemble de connaissances organisées et bien articulées portant sur un domaine de phénomène particulier, je mets en évidence la discordance des positions émises par les philosophes des sciences concernant la question de savoir s'il est nécessaire pour un investigateur de connaître certaines théories et d'en faire usage pour interpréter des données. Cette question se scinde en deux sous-questions portant d'une part sur la théorie du phénomène sur lequel porte l'investigation, et d'autre part sur la théorie de l'instrument lorsqu'un instrument est utilisé pour collecter des données empiriques. Ces discordances sont expliquées selon moi par le fait qu'au cours des deux phases de l'investigation empirique que j'ai identifiées, l'une expérimentale et l'autre observationnelle, les connaissances théoriques ne sont pas requises de la même manière.

J'évalue ensuite le rôle des connaissances particulières dans l'interprétation des données. Ces connaissances portent sur l'instrument (ou, plus généralement, sur les moyens mis en œuvre pour produire des données) où cet instrument n'est plus considéré comme un type mais comme un instrument particulier, ayant ses propres caractéristiques. Elles ne portent en revanche pas sur le phénomène puisque l'investigation empirique est précisément destinée à les apporter.

LA COMPOSANTE THÉORIQUE DU CADRE INTERPRÉTATIF

Dans un contexte scientifique, une *théorie* désigne la connaissance portant sur un ensemble de phénomènes qu'elle permet de décrire et d'expliquer. Cette connaissance repose sur un faible nombre d'hypothèses générales qui distinguent la théorie d'une synthèse des observations qui ont servi à la concevoir. Par exemple, la théorie de la gravitation universelle doit rendre compte de nombreuses observations concernant les mouvements d'objets célestes (étoiles, planètes, satellites, etc.) et terrestres (chute libre d'une pierre, mouvement du pendule, bille roulant sur un plan incliné, etc.). Mais elle n'est une théorie qu'en tant qu'elle fournit un cadre explicatif à ces observations, ce qu'elle fait en postulant que la cause de ces mouvements est une *force* dont l'intensité et la direction sont calculables.

Les thèses de l'empirisme classique que j'ai présentées dans la première partie donnent de l'observation une conception épistémiquement autonome. L'observation dans l'empirisme classique, fondationnaliste, délivre des connaissances factuelles qui sont les connaissances les plus sûres et les plus fondamentales en raison de leur indépendance par rapport aux diverses croyances de fond du sujet. L'observation est donc conçue comme précédant la théorie, celle-ci ne jouant donc aucun rôle dans la formulation des énoncés d'observation. Cette conception de l'observation est fautive, comme l'ont montré les critiques que j'ai présentées à son encontre, et l'expression de « charge théorique de l'observation » suggère que la théorie joue effectivement un rôle en amont de l'observation.

Pour préciser ce rôle, il convient en premier lieu de procéder à une distinction entre deux domaines distincts sur lesquels peut porter une théorie au cours de l'investigation empirique. Le premier est le domaine du phénomène que l'on cherche à observer. Il s'agira par exemple d'évaluer dans quelle mesure l'investigateur doit connaître et mobiliser la théorie cellulaire au cours d'une investigation empirique portant sur les cellules. Le second concerne l'instrument, ou plus généralement les moyens par lesquels des données sont produites concernant les phénomènes. Par exemple, l'investigation sur les cellules étant menée en faisant usage du microscope, il s'agit alors de déterminer si l'investigateur doit posséder des connaissances théoriques qui éclaireraient le fonctionnement de son instrument. Doit-il par exemple connaître l'optique et si oui, dans quelle mesure et pourquoi faire ?

Concernant les théories qui portent sur le phénomène, Duhem a défendu la thèse selon laquelle l'expérience n'a de sens en physique que lorsque les données concrètes qui sont recueillies sont interprétées à la lumière des outils de représentation que fournit une théorie. Pour Duhem, les données concrètes admettent aussi une description non théorique. L'expérimentateur peut bien formuler des énoncés tels que « l'aiguille pointe sur la marque portant le numéro 5 » ou « la tache lumineuse se déplace sur la règle en faisant des va-et-vient », mais l'expérience de physique ne se clôt pas ainsi. L'énoncé formulé par l'expérimentateur est théorique et par ce caractère, établit une différence marquée entre l'expérience de physique et l'expérience vulgaire :

> Prenons un autre exemple. Regnault étudie la compressibilité des gaz ; il prend une certaine quantité de gaz, il l'enferme dans un tube de verre, il maintient la température constante, il mesure la pression que supporte le gaz et le volume qu'il occupe.
> Voilà, dira-t-on, l'observation minutieuse et précise de certains phénomènes, de certains faits. Assurément, entre les mains et sous les yeux de Regnault, entre les mains et sous les yeux de ses aides, des faits concrets se sont produits ; est-ce le récit de ces faits que Regnault a consignés pour contribuer à l'avancement

> de la Physique ? Non. Dans un viseur Regnault a vu l'image d'une certaine surface de mercure affleurer à un certain trait ; est-ce là ce qu'il a inscrit dans la relation de ses expériences ? Non ; il a inscrit que le gaz occupait un volume ayant telle valeur. Un aide a élevé et abaissé la lunette d'un cathétomètre jusqu'à ce que l'image d'un autre niveau de mercure vint affleurer au fil d'un réticule ; il a alors observé la disposition de certains traits sur la règle et sur le vernier du cathétomètre ; est-ce là ce que nous trouvons dans le mémoire de Regnault ? Non ; nous y lisons que la pression supportée par le gaz avait telle valeur. Un autre aide a vu, dans le thermomètre, le liquide osciller entre deux certains traits ; est-ce là ce qui a été consigné ? Non ; on a marqué que la température du gaz avait varié entre tel et tel degré[1].

Duhem suggère dans ce passage que des énoncés sanctionnant une expérience de physique dans un langage de faits bruts seraient stériles. Volume, température et pression ne sont pas des termes désignant des objets concrets mais des symboles abstraits que seule la théorie permet de relier aux faits observés. Leur emploi est cependant nécessaire pour inscrire l'expérience dans une démarche proprement scientifique et éviter la production d'énoncés qui présentent l'intérêt d'être presque sûrement vrais, mais l'inconvénient fort grave de n'être d'aucune valeur. Cet argument est analogue à celui de Hanson présenté p. 70. Pour Hanson, le langage des *sense data*, non théorique, permettait certes d'établir un rapport d'expérience, mais un rapport de trop peu de valeur pour servir un discours scientifique.

Les exemples proposés par Duhem sont tirés de la physique. Dans un autre domaine de phénomènes, la biologie, Hacking a défendu la thèse contraire à celle de Duhem, selon laquelle la théorie du phénomène joue un rôle à peu près nul dans l'observation au microscope des phénomènes biologiques :

> C'est de [la] compétence pratique que naît la conviction. Elle exige sans doute que l'on sache un peu de biologie, mais on peut très bien trouver des techniciens de premier ordre qui ne connaissent rien à la biologie[2].

Selon Hacking, un technicien du microscope, c'est-à-dire un scientifique peu formé à la théorie mais sachant manipuler les instruments et les échantillons, peut se révéler excellent interprète des données qu'il

1 P. Duhem, *La théorie physique, son ob jet, sa structure*, p. 219-220.

2 I. Hacking, « Est-ce qu'on voit à travers un microscope ? », éd. Sandra Laugier et Pierre Wagner, *Philosophie des sciences vol. II : naturalismes et réalismes*, Vrin, 1981, p. 248.

produit. Ce n'est pas de son savoir théorique mais de sa compétence pratique qu'il trouve les ressources pour produire des jugements qui se révèlent être tout à fait corrects.

Duhem et Hacking ne se contredisent peut-être pas. Après tout, les deux domaines considérés, la physique et la biologie, sont très différents par nature. En outre, plusieurs passages chez Duhem démontrent qu'il accorde une grande importance à la distinction fondamentale qui existe selon lui entre la physique et les sciences du vivant. Ainsi, alors qu'il a souligné le caractère interprétatif de toute expérience de physique, Duhem dit au contraire, au sujet d'une expérience de physiologie :

> Le résultat de l'expérience vulgaire est la constatation d'une relation entre divers faits concrets ; tel fait ayant été artificiellement produit, tel autre fait en est résulté. Par exemple, on a décapité une grenouille ; on a piqué la jambe gauche de cet animal avec une aiguille ; la jambe droite s'est agitée et s'est efforcée d'écarter l'aiguille ; voilà le résultat d'une expérience de Physiologie ; c'est un récit de faits concrets, obvies ; pour comprendre ce récit, il n'est pas nécessaire de savoir un mot de Physiologie[1].

Il est frappant de constater à quel point les expressions employées par Hacking et Duhem se ressemblent pour minimiser le rôle de la théorie du phénomène dans l'expérience de biologie et de physiologie. Pour Duhem, l'expérience de physiologie se ramène à l'expérience vulgaire, c'est-à-dire à la constatation des faits bruts, concrets, et non interprétés. On trouve cependant dans sa *Théorie physique* un autre passage qui ne peut conduire qu'à tempérer l'affirmation selon laquelle il n'est pas nécessaire de savoir un mot de physiologie pour comprendre le récit d'une expérience :

> Voici, par exemple, un physiologiste ; il admet que les racines antérieures de la moelle épinière renferment les cordons nerveux moteurs et les racines postérieures, les cordons sensitifs ; la théorie qu'il accepte le conduit à imaginer une expérience ; s'il coupe telle racine antérieure, il doit supprimer la motilité de telle partie du corps sans en abolir la sensibilité ; lorsqu'après avoir sectionné cette racine il observe les conséquences de son opération, lorsqu'il en rend compte, il doit faire abstraction de toutes ses idées touchant la physiologie de la moelle ; sa relation doit être une description brute des faits ; il ne lui est pas permis de passer sous silence un mouvement, un tressaillement contraire à ses prévisions ; il ne lui est pas permis de l'attribuer à quelque cause secondaire, à

1 P. Duhem, *La théorie physique, son ob jet, sa structure*, p. 222.

> moins qu'une expérience spéciale n'ait mis cette cause en évidence ; il doit, s'il ne veut être accusé de mauvaise foi scientifique, établir une séparation absolue, une cloison étanche, entre les conséquences de ses déductions théoriques et la constatation des faits que lui révèlent ses expériences[1].

Dans ce passage, Duhem invite le physiologiste à mettre ses conclusions à l'abri des attentes que pourrait générer son adhésion à certaines théories. Si par exemple ces théories prédisent l'impossibilité d'un mouvement de tressaillement, un tel mouvement ne devra pas être ignoré s'il se produit. Mais peut-on dire pour autant que le physiologiste laisse au seuil de son laboratoire tout son savoir théorique dans le domaine de la physiologie ? Au vu de la description des « faits bruts » que donne Duhem, il est permis d'en douter. Même si le physiologiste se doit de rester neutre quant à ses attentes, il ne peut formuler son expérience que dans les termes que lui fournit la théorie physiologique : racines de la moelle épinière, cordons nerveux moteurs, cordons sensitifs, etc. Par exemple, la *motilité* ou la *sensibilité* ne sont-ils pas des termes qui ont, pour le physiologiste, un caractère théorique aussi marqué que ceux de *température* ou de *pression* pour le physicien ? On pourra répondre que la motilité et la sensibilité sont aussi des termes du langage courant dont le sens se comprend aisément, même par le non-scientifique. Mais il en est de même des termes de température et de pression qui sont véritablement des termes de la vie quotidienne.

Que conclure alors au sujet du rôle que joue la théorie du phénomène dans l'expérience scientifique ? La théorie joue selon Duhem un rôle irréductible dans l'interprétation des données en physique. Sans interprétation théorique, l'exposé du fait brut ne présente pas d'intérêt particulier et manque, dans les termes épistémologiques que j'ai présentés dans la première partie de cette étude, d'*efficacité épistémique*. Les exemples tirés des sciences du vivant ne sont pas aussi clairs. Duhem et Hacking défendent la thèse selon laquelle la théorie du phénomène n'a aucun rôle à jouer dans l'expérience puisque selon leurs propres mots, les expérimentateurs peuvent ne rien connaître de cette théorie. Mais cette affirmation est douteuse. En biologie et en physiologie, comme en physique, seule une partie des attentes théoriques peut et doit être évacuée de l'esprit de l'expérimentateur.

1 *Ibid.* p. 222.

Mais pour que celui-ci puisse formuler des rapports d'expérience dans les termes qui sont en vigueur dans sa discipline, il faut qu'il ait une connaissance au moins partielle du sens de ces termes, celui-ci étant fourni par la théorie.

Une autre similitude apparaissant chez Duhem et Hacking est leur recours à des exemples qui mettent tantôt en scène l'expérimentateur éclairé, spécialiste de la théorie de son domaine d'investigation et tantôt le technicien qui ne connaît pas, ou pas de manière très précise, la théorie du phénomène. Comment peut-on interpréter le recours à ces deux types de personnages aux capacités si différentes ? L'explication selon laquelle certains domaines, notamment dans les sciences du vivant, ne demanderaient pas de ressources théoriques très avancées pour produire des jugements d'expérience corrects tandis que les expériences de physique demanderaient d'être conduites par des expérimentateurs très au fait de la théorie n'est à mon avis pas convaincante. Ces jugements sont en effet toujours formulés en des termes qui sont définis par la théorie et je ne crois pas qu'il faille voir de différence radicale entre les termes de la physique, tels que « température » et ceux de la biologie par exemple, tel « mitochondrie ».

L'explication que je développerai de la possibilité – que je ne conteste pas – de recourir à un technicien qui ne connaisse pas très bien la théorie du phénomène pour réaliser des expériences scientifiques, et donc interpréter des données, ne reposera donc pas sur les différences entre disciplines mais sur le fait qu'une investigation scientifique admet essentiellement deux phases. La phase expérimentale, au cours de laquelle l'expérience est encore incertaine sous divers aspects (par exemple, il est possible que l'existence du phénomène en cours d'investigation ne soit même pas encore bien établie) est toujours menée par un ou plusieurs investigateurs qui doivent être au fait des meilleures théories de leur domaine pour contrôler au mieux les éléments qui entrent en jeu dans l'investigation. Ce n'est qu'une fois que l'investigation est bien comprise, contrôlée, maîtrisée sous tous ses aspects – stabilisée en somme – que des règles d'interprétation relativement simples peuvent être transmises à des investigateurs qui peuvent désormais mener des expériences de *routine*.

La composante théorique du cadre interprétatif des données produites au cours d'une expérience admet, je l'ai dit, deux sous-composantes portant sur le phénomène et sur l'instrument, ou plus généralement sur les moyens par lesquels des données ont été collectées[1]. Je m'intéresse à présent à cette deuxième sous-composante et à la question la plus généralement débattue, qui est de savoir si l'utilisation d'un instrument d'observation et la bonne interprétation des données qu'il produit n'est possible qu'à la condition que l'investigateur connaisse la « théorie de l'instrument ». Pour répondre à cette question, je me penche à nouveau sur les arguments de Duhem et de Hacking qui entrent cette fois en nette opposition.

Pour le premier, l'emploi d'un instrument permettant de recueillir des données impose à l'investigateur de substituer à cet instrument concret « une représentation abstraite et schématique qui donne prise au raisonnement mathématique[2] ». Duhem reconnaît que l'affirmation selon laquelle un modèle théorique de l'instrument devrait être employé par l'investigateur pour interpréter ses expériences peut sembler abusive. Même si un instrument tel qu'une loupe est accessible aux raisonnements de la dioptrique, il n'est pas douteux que l'on puisse se servir de cet instrument sans avoir jamais étudié la dioptrique, la « théorie de la loupe ». Mais, souligne Duhem, cet exemple n'est pas représentatif des pratiques des scientifiques qui s'appuient sur des instruments autrement complexes :

> L'exemple choisi est emprunté à l'un des instruments les plus simples et les plus grossiers de la Physique ; néanmoins, est-il bien vrai qu'on puisse user de cet instrument sans faire aucun appel aux théories de la Dioptrique ? Les objets vus à la loupe paraissent cernés des couleurs de l'arc-en-ciel ; n'est-ce pas la théorie de la dispersion qui nous apprend à regarder ces couleurs comme créées par l'instrument, à en faire abstraction lorsque nous décrivons l'objet observé ? Et combien cette remarque devient plus grave s'il s'agit non plus d'une simple loupe, mais d'un microscope puissant ! À quelles singulières erreurs on s'exposerait parfois si l'on attribuait naïvement aux objets observés la forme et la couleur que l'instrument nous révèle ; si une discussion, tirée des théories optiques, ne nous permettait de faire la part des apparences et la part des réalités[3] !

Ainsi, même la loupe peut conduire son utilisateur à produire des jugements erronés s'il ne prenait garde à faire abstraction de motifs créés par l'instrument. On pourrait cependant répondre à Duhem que faire abstraction de ces motifs ne demande pas de recourir aux théories de

1 A. Franklin et al. « Can a Theory-Laden Observation Test the Theory ? », p. 230.
2 P. Duhem, *La théorie physique, son objet, sa structure*, p. 231.
3 *Ibid.*, p. 232.

la dioptrique, ce que Duhem ne contesterait sans doute pas. Mais pour lui, à mesure que la complexité de l'instrument augmente, il devient indispensable de connaître – et de bien connaître, le mieux possible – la théorie de l'instrument. Dans le cas du microscope à fort grossissement, ne pas connaître les théories optiques ne pourrait conduire qu'à de grossières erreurs d'interprétation concernant les objets sur lesquels porte l'investigation.

Sur le même exemple, celui du microscope, Hacking défend la thèse opposée :

> On pourrait avoir l'impression que tout énoncé concernant ce que l'on voit au microscope contient une charge théorique : il est chargé de théorie optique ou de théories concernant d'autres rayonnements. Je ne suis pas de cet avis. On a besoin de théorie pour faire un microscope, on n'en a pas besoin pour l'utiliser. La théorie peut aider à comprendre la présence de franges asymétriques autour des objets observés au microscope à contraste d'interférence, mais on peut apprendre de façon tout à fait empirique à ne pas en tenir compte. Il n'y a guère de biologiste dont les connaissances en optique seraient jugées satisfaisantes par un physicien. C'est en pratiquant – je veux dire de manière générale en faisant, et non en regardant – que l'on apprend à faire la différence entre ce qui est visiblement un artefact dû à la préparation ou à l'instrument, et la structure réelle qui est vue au microscope[1].

Pour Hacking, la loupe et le microscope ne demandent pas à leur utilisateur de procéder différemment. Dans les deux cas, il s'agit d'*utiliser* l'instrument, d'examiner toutes sortes d'échantillons dans des conditions variables, et d'apprendre empiriquement à interpréter ce qui est vu à travers l'instrument en ne tenant pas compte des artefacts. Qu'il s'agisse de franges asymétriques autour des objets vus au microscope ou de halos des couleurs de l'arc-en-ciel cernant les objets vus à la loupe, les deux phénomènes *peuvent* être compris théoriquement par l'investigateur qui apprendra ainsi à ne pas en tenir compte. Mais cet investigateur peut tout aussi bien ne rien connaître de l'origine de ces artefacts et néanmoins les considérer comme tels parce qu'il aura une bonne compréhension empirique de son instrument.

Je ne pense pas que les positions de Duhem et de Hacking soient inconciliables. De même que pour la théorie du phénomène, elles marquent à mon sens davantage le fait que des phases différentes de

1 I. Hacking, « Est-ce qu'on voit à travers un microscope ? », p. 248.

l'investigation empirique imposent des exigences différentes concernant le savoir théorique possédé par l'investigateur. Et si Hacking a raison de souligner que d'excellents microscopistes peuvent ne connaître la théorie optique que de manière très superficielle, cela n'est le cas à mon avis que lorsque l'instrument a atteint une maturité technique qui a déjà conduit à l'élimination de nombreuses sources d'artefacts (je reviendrai sur ce point un peu plus loin). De son côté, Duhem a également raison de défendre l'importance de connaître la théorie de l'instrument pour apprendre à décrypter ce que montre cet instrument. Mais à mesure que l'instrument est mieux compris sur le plan théorique par la communauté scientifique, et qu'une maîtrise technique le rend également plus facilement opérable, un nombre relativement limité de règles d'interprétation peuvent être transmises à des investigateurs qui n'ont plus besoin de connaître la théorie de l'instrument.

En conclusion, deux remarques s'imposent sur la place que joue la théorie dans le cadre interprétatif des données produites au cours d'une investigation empirique. La première est que seuls deux domaines de théories interviennent, la théorie du phénomène et celle des moyens techniques qu'emploie l'investigateur. Les autres théories, portant sur d'autres domaines de phénomènes peuvent être dites orthogonales à la présente investigation. Elles n'y jouent pas directement un rôle et il n'importe en général pas qu'elles soient connues de l'investigateur. La seconde remarque est que la théorie du phénomène et celle de l'instrument n'interviennent dans l'interprétation des données empiriques qu'à certaines phases de l'investigation. Lorsque cette dernière est bien maîtrisée ou stable, il est possible (mais pas souhaitable à mon avis) de s'affranchir de la théorie pour interpréter les données à l'aide de règles relativement simples et peu nombreuses.

LES CONNAISSANCES PARTICULIÈRES

La théorie du phénomène détermine les entités et propriétés au sujet desquelles l'investigateur cherche à s'informer. C'est en des termes désignant ces entités et propriétés, fixés par la théorie, qu'il formulera un jugement en réponse à l'expérience. Les connaissances de fond du sujet ayant trait au phénomène sont d'ordre général, elles concernent des *types* d'objets auxquels l'expérience va permettre d'attribuer des qualités singulières. Dans l'exemple fourni par Duhem (p. 139) Regnault interprète certains faits concrets en des termes fournis par la théorie physique, le *volume* d'un gaz par exemple. Mais c'est l'expérience qui lui permet d'attribuer une valeur singulière à ce volume. De même, une expérience scientifique visant à déterminer l'état du cœur chez un patient en utilisant une technique d'imagerie médicale conduit à certaines attentes d'ordre général chez le médecin qui connaît l'anatomie et la physiologie et identifiera le cœur et les sous-parties de celui-ci pour formuler son jugements en utilisant les termes de « fraction d'éjection ventriculaire » ou de « perfusion myocardique dans la région du septum ». C'est ensuite l'expérience qu'il conduit qui lui permettra d'attribuer des qualités singulières à l'organe de *ce* patient.

Il n'en va pas de même pour ce qui est de la théorie de l'instrument. Un modèle théorique de l'instrument ne suffit pas à interpréter correctement et précisément les données que celui-ci produit. Après avoir affirmé la nécessité de substituer à l'instrument concret une « représentation abstraite et schématique qui donne prise au raisonnement mathématique », Duhem poursuit en précisant qu'une telle représentation demande à être spécialisée en substituant à certaines constantes qui y figurent des valeurs caractéristiques de *cet* instrument[1].

Ainsi, l'instrument possède des caractéristiques *intrinsèques* dont la connaissance par l'investigateur est souhaitable pour correctement interpréter des données. Un instrument de mesure ou un détecteur d'un certain type peuvent avoir des performances très variables selon la qualité de leur conception et de leur fabrication. Parmi les critères les plus importants pour caractériser la performance d'un instrument, se trouvent la résolution (ou la précision) et la sensibilité du détecteur. Une mauvaise précision implique qu'il y a une incertitude importante dans la mesure et que celle-ci ne devra donc pas être interprétée littéralement, mais en procédant à plusieurs mesures et un calcul de moyenne, doublé d'une éventuelle correction mathématique.

L'exemple que j'ai déjà donné plus haut portait sur un thermomètre qui affichait une température systématiquement sous-estimée de 1°C. Comme beaucoup d'autres instruments, le thermomètre ne demande pas obligatoirement à l'utilisateur de connaître la théorie

---

1 P. Duhem, *La théorie physique, son objet, sa structure*, p. 234.

physique pour lire la mesure indiquée et l'interpréter comme une température[1]. Il est cependant crucial, pour correctement interpréter les données fournies par cet instrument, que l'investigateur connaisse sa particularité, en procédant à un certain nombre d'expériences dites de calibrage auxquelles je consacrerai la fin de ce chapitre.

La sensibilité détermine, pour un instrument qui détecte un rayonnement (un compteur), la proportion de signal qu'il détecte. Ce paramètre de l'instrument est beaucoup plus complexe qu'il n'y paraît à première vue puisqu'il ne s'agit pas d'une constante mais d'une fonction, et ce selon plusieurs dimensions. Prenons l'exemple d'un compteur Geiger qui sert à déterminer le taux de radioactivité sur une zone supposée contaminée. Ce compteur permet de détecter les rayonnements ionisants (rayons X, particules alpha, bêta et gamma). La sensibilité de ce compteur dépend d'abord du type de rayonnement détecté. Si l'énergie du rayonnement est élevée, pour des rayons gamma par exemple, la sensibilité du détecteur est plus faible car la détection repose sur l'ionisation d'un gaz dont la densité est relativement faible. Un rayonnement très énergétique peut alors plus facilement traverser ce gaz sans interagir et donc sans être détecté. D'autre part, ce type de détecteur peut facilement saturer, c'est-à-dire qu'au delà d'un certain seuil d'activité (de l'ordre de quelques centaines de coups par seconde), des particules traversent le détecteur sans être détectées. De tels effets présentent un caractère général, propre à être pris en compte par la théorie de l'instrument, mais chaque modèle d'instrument est caractérisé par des valeurs spécifiques de ces différents paramètres, dont la prise en compte est évidemment très importante lors de l'interprétation des données (c'est-à-dire de la mesure fournie par l'instrument). Une lecture de la mesure qui ignorerait ces paramètres conduirait l'investigateur à formuler un jugement erroné sur l'activité présente sur la zone contaminée.

Il ne s'agit là que de quelques exemples de paramètres caractéristiques d'un instrument. Ceux-ci permettent d'adapter un modèle théorique d'instrument à un instrument particulier pour en obtenir une représentation adéquate. C'est cette adéquation entre le modèle de l'instrument et l'instrument concret qui conduit l'investigateur à une interprétation

1 Le développement de cet instrument et celui du concept de température ont en revanche demandé les efforts d'expérimentateurs doublés d'excellents théoriciens, voir à ce sujet H. Chang, *Inventing Temperature*.

correcte des données. À mesure que la compréhension de l'instrument se développe, le modèle théorique s'enrichit et permet de prendre en compte de nouveaux aspects de la représentation des phénomènes. Ainsi pour Duhem :

> Au fur et à mesure que la Physique progresse, on voit se resserrer l'indétermination du groupe de jugements abstraits que le physicien fait correspondre à un même fait concret ; l'approximation des résultats expérimentaux va croissant, non seulement parce que les constructeurs fournissent des instruments de plus en plus précis, mais aussi parce que les théories physiques donnent, pour établir la correspondance des faits avec les idées schématiques qui servent à les représenter, des règles de plus en plus satisfaisantes. Cette précision croissante s'achète, il est vrai, par une complication croissante, par l'obligation d'observer, en même temps que le fait principal, une série de faits accessoires, par la nécessité de soumettre les constatations brutes de l'expérience à des combinaisons, à des transformations de plus en plus nombreuses et délicates : ces transformations qu'on fait subir aux données immédiates de l'expérience, ce sont les corrections[1].

Il faut distinguer dans ce passage deux types de progrès. Duhem mentionne d'une part les progrès techniques réalisés par les constructeurs qui fournissent des instruments plus précis mais qui ne nous concerne pas ici puisque ces progrès ont trait à la production et non à l'interprétation des données. D'autre part, le progrès de l'interprétation des données (pour un instrument déterminé) est rendu possible par ce que Duhem appelle des *corrections*. C'est en rendant le modèle théorique de l'instrument plus complexe, en tenant compte de plus d'effets, que le phénomène peut être isolé des aberrations et des artefacts qui affectent les données. Ayant substitué à un modèle théorique trop simple un autre plus complexe et plus proche de la réalité, ce modèle doit encore être adapté à l'instrument concret qu'il sert à représenter et de nouvelles constantes doivent alors être déterminées.

L'interprétation des données repose donc en général sur trois types de connaissances : la théorie de l'instrument, les connaissances particulières portant sur l'instrument et la théorie du phénomène. C'est la possession de ces différents éléments qui permet à l'investigateur de constituer un *schème* ou *cadre* interprétatif des données scientifiques, qui évolue au gré des expériences réalisées.

1 P. Duhem, *La théorie physique, son objet, sa structure*, p. 235-236.

L'identification de ces trois composantes me conduit à revenir au problème que j'ai formulé et rapidement abordé dans la première partie : étant donné que l'investigateur fonde son jugement interprétatif à partir d'éléments à la fois nombreux et disparates, comment peut-il faire pour démêler ce qui relève du phénomène et ce qui relève du dispositif qu'il emploie pour recueillir les données ? Puisque chaque expérience réalisée peut conduire l'investigateur à revoir chacune des composantes de son cadre interprétatif, comment parvient-on à stabiliser une investigation ?

LA DYNAMIQUE DE L'INVESTIGATION EMPIRIQUE

Bien que nettement réduit par rapport à la perspective toute entière, le cadre interprétatif que j'ai décrit n'en demeure pas moins riche et complexe. Il l'est en tout cas suffisamment pour que perdure ce que Gupta appelle la *factorisation multiple* de l'expérience, qui se traduit par de multiples interprétations possibles des données, selon le cadre interprétatif mis en œuvre. Prenons un exemple simple et imaginons que l'on s'intéresse à une entité *X* au sujet de laquelle la théorie du phénomène affirme qu'elle est sphérique. Une telle affirmation peut être soutenue à la fois par des données empiriques pas encore très précises fournies par un instrument d'imagerie en cours de développement, ainsi que par des considérations telles que : « *X* se trouve toujours dans un milieu homogène et les forces qui s'y appliquent sont parfaitement isotropes ». Imaginons à présent que l'instrument d'imagerie ait été perfectionné pour produire des données beaucoup plus précises concernant *X*. La théorie de l'instrument affirme que les images produites préservent la forme, et donc que l'image bidimensionnelle de *X* ne peut être que parfaitement circulaire. Or l'investigateur découvre sur l'image une forme ovale très allongée. Quel jugement va-t-il produire ?

Son jugement dépendra du cadre interprétatif qu'il va adopter. Si la théorie du phénomène lui paraît avoir plus de crédibilité que la théorie de l'instrument nouvellement développée, l'investigateur rejettera l'hypothèse de conservation de la forme par l'instrument et pourra formuler l'hypothèse qu'une aberration encore incomprise conduit à une déformation de *X* sur l'image. Il jugera en conséquence que *X* est sphérique. Si en revanche il estime que la prédiction théorique au sujet de la forme sphérique *X* est très conjecturale alors que l'instrument est très bien compris, il jugera que *X* doit avoir une forme ovoïde. Selon le cadre interprétatif, de mêmes données peuvent conduire des investigateurs à formuler différents jugements.

Le problème de sous-détermination de l'expérience, interprétable de multiples façons en fonction du cadre interprétatif de l'investigateur, a trouvé sa traduction chez les philosophes qui se sont intéressés à l'expérimentation, notamment chez Franklin dont j'expose les stratégies visant à l'éradiquer ou au moins le minimiser. Il s'agit d'une étape cruciale pour parvenir à la stabilisation de l'investigation empirique dont j'expose ensuite les conditions et les conséquences.

ARTEFACT OU PHÉNOMÈNE ? COMMENT OBTENIR UNE EXPÉRIENCE VALIDE

La sous-détermination de l'expérience est la reconnaissance du fait que des données peuvent conduire à diverses interprétations. Prenons l'exemple de la figure 5. Il s'agit de données d'imagerie par résonance magnétique (IRM) cérébrale, dont la production repose sur une instrumentation et un protocole complexes dont le détail n'a pas d'importance ici. En regardant cette image, on est frappé par ce qui semble être une importante déformation dans la partie supérieure droite de l'image. À la vue de cette déformation, la question est de savoir si elle est due à la structure que présente le crâne – peut-être celui d'un grand blessé – c'est-à-dire s'il s'agit d'un trait propre au phénomène, ou si c'est le dispositif d'imagerie qui en est à l'origine.

Ces données pourraient être interprétées par un novice qui n'a aucune idée de la manière dont sont produites les données d'IRM, et en particulier du fait que les propriétés magnétiques de la matière y jouent un rôle fondamental. Pour ce novice, dont le cadre interprétatif est inadéquat, un jugement portant sur le crâne pourra lui attribuer ces déformations au vu de la figure 5.

Pourtant, les spécialistes de l'IRM sauront reconnaître un artefact dit « métallique », c'est-à-dire causé par la présence de métal dans le champ de vue de l'appareil. Ici, c'est un crochet d'appareil dentaire métallique qui crée une interaction destructrice avec les champs magnétiques indispensables pour construire l'image. Pour les spécialistes de l'imagerie par résonance magnétique, il est très raisonnable de penser que l'image est affectée par ce type d'artefact survenant au cours de la production des données, et de ne pas conclure à une déformation du crâne. Un bon interprète de cette image sait faire appel à ses connaissances des différents problèmes qui peuvent être rencontrés en IRM et tenir compte de ces connaissances pour juger adéquatement des choses.

On le voit, un seul jeu de données peut donner lieu à diverses interprétations parmi lesquelles figure une interprétation correcte. Pour comprendre quelles sont les étapes qui permettent d'arriver à cette interprétation correcte, il faut insister tout d'abord sur le fait que les données de la figure 5 ne souffrent pas d'un défaut de fiabilité. Elles ne sont pas défectueuses ou si elles le sont, ce n'est que dans la mesure où ces déformations qui sont visibles sur l'image pourraient troubler la lecture de la propriété sur laquelle porte l'investigation. Pour le novice, un éventuel jugement erroné qui serait induit pas ces déformations indique moins l'absence de fiabilité des données que de celle de l'investigateur qui n'est manifestement pas qualifié pour porter un jugement à leur sujet.

Des remarques qui précèdent, il découle que ce qui participe de la validité d'une expérience scientifique relève à la fois de la capacité de l'investigateur à produire des données correctes, c'est-à-dire contenant des informations pertinentes sur le phénomène d'intérêt, et de l'état de ses connaissances générales et particulières concernant les divers éléments qui participent à cette expérience : le phénomène, l'instrument, le protocole, etc. Comme je l'ai souligné, la fiabilité des données n'est pas absolue : elle dépend du but de l'investigation, des hypothèses qui sont en compétition et des connaissances de l'investigateur. Et inversement, la fiabilité de l'investigateur, sa capacité à bien interpréter des données, à ne pas commettre d'erreur dans ses jugements grâce à sa sagacité et à sa bonne connaissance de tous les éléments qui entrent en jeu dans la production des données n'est pas absolue non plus. Lorsque des données de trop mauvaise qualité sont produites, le meilleur expérimentateur ne peut pas les exploiter pour arriver à un jugement correct, tandis qu'un novice est capable de produire des jugements corrects si on lui soumet des données très claires et quelques règles d'interprétation. La notion de fiabilité ne s'applique donc directement ni aux données, ni à l'investigateur mais à l'ensemble du processus de discrimination entre les diverses hypothèses qui sont en compétition.

Bogen et Woodward définissent ainsi la fiabilité des données :

> La fiabilité des données ou d'une technique particulière pour la détection d'un phénomène se ramène à celle de savoir si les divers éléments du processus de détection se combinent de manière à permettre aux investigateurs de discriminer correctement les énoncés concernant le phénomène d'intérêt qui sont en compétition[1]. (Bogen 1992, p. 594)

Ils poursuivent :

> Nous n'essaierons pas de fournir une caractérisation unique de ce en quoi la fiabilité consiste, mais un aspect de la fiabilité qui soit général et suffisamment clair. Supposons que nous puissions fournir une caractérisation non triviale de ce que c'est que répéter un processus de détection [du phénomène] et que le processus possède un taux d'erreur qui soit stable et empiriquement évaluable. Ainsi, la fiabilité du processus peut être caractérisée par son taux d'erreur sur le long terme. Un processus fiable sera un processus ayant une forte probabilité d'établir des discriminations correctes au sein d'un ensemble d'énoncés concurrents portant sur les phénomènes et un faible taux de discriminations incorrectes. Par extension, des données fiables seront des données qui contribuent à un processus de détection fiable[2].

Chez Bogen et Woodward, la fiabilité des données dérive donc de celle du processus de discrimination tout entier auquel ces données participent et ces auteurs proposent de caractériser la fiabilité à partir d'un taux d'erreur sur le long terme. Mais il n'existe pas selon eux un ensemble de conditions nécessaires et suffisantes que des données doivent satisfaire pour qu'elles puissent servir à discriminer correctement. De même, concernant la deuxième composante du processus de détection des phénomènes, l'interprétation des données, Bogen et Woodward soulignent « l'extraordinaire variété de considérations qui peuvent être impliquées dans le processus interprétatif[3] » et se refusent à analyser la fiabilité d'un processus de détection (ou discrimination) de phénomènes autrement qu'en considérant des critères très généraux de stabilité et de faible taux d'erreur.

Comment parvient-on à rendre une investigation empirique *stable* (au sens où un type donné d'investigation conduit différents investigateurs

1 J. Bogen et J. Woodward, « Observations, Theories and the Evolution of the Human Spirit », p. 594.

2 *Ibid.*, p. 595.

3 *Ibid.*, p. 594.

aux mêmes conclusions lorsque cette investigation est répétée) et fiable ou valide, c'est-à-dire caractérisée par un faible taux d'erreur ? Bogen et Woodward ne répondent pas à cette question et soulignent au contraire la quasi-impossibilité d'y répondre. Pour eux, trop de facteurs entrent en jeu dans la production et l'interprétation de données pour que l'on puisse déterminer un ensemble de règles qui guiderait l'investigation vers des résultats toujours meilleurs. L'idiosyncrasie qui caractérise les données est due à des facteurs « si disparates et si nombreux, et les détails de leurs interactions sont si complexes, qu'il ne sera pas possible de construire une théorie qui permettrait de prédire leur occurrence ou leur trace en détails, comment ils se combinent pour produire différentes instances de données[1] ».

D'autres auteurs s'opposent à la thèse selon laquelle le processus de détection de phénomènes (l'expérience médiate) est une boîte noire dont les mécanismes, trop complexes pour une analyse détaillée, ne peuvent être caractérisés que de manière globale, par un taux d'erreur. En particulier, Franklin dans son ouvrage *The neglect of experiment* dresse le constat suivant :

> Bien que tous les scientifiques et les philosophes des sciences s'accordent à dire que la science est fondée sur l'observation et l'expérimentation, très peu d'attention a été portée à la question de savoir comment nous arrivons à croire de manière rationnelle à un résultat expérimental, ou, dit autrement, au problème de l'épistémologie de l'expérimentation. Comment distinguons-nous un résultat obtenu lorsqu'un dispositif mesure ou observe une quantité d'un résultat qui est un artefact créé par le dispositif[2] ?

Franklin pose ici la question de savoir comment un résultat expérimental peut être validé. Prenant acte de la charge théorique qui affecte toute expérience, et en particulier toute expérience médiate, réalisée avec un instrument, Franklin souligne qu'en effet, ce sont nos théories qui déterminent quel instrument utiliser et pourquoi, de même qu'elles déterminent quels sont les phénomènes d'intérêt. Mais de même que Gupta voyait dans l'interdépendance entre jugements d'expérience et perspective, non pas un problème épistémologique supplémentaire, mais un moyen de répondre à des problèmes

1 J. Bogen, J. Woodward, « Saving the Phenomena », p. 317.
2 A. Franklin, *The neglect of experiment*, p. 165.

épistémologiques classiques[1], Franklin voit dans l'interdépendance entre l'expérience et la théorie une vertu plutôt qu'un défaut[2].

Plusieurs stratégies sont exposées par Franklin[3] pour arriver à une validation d'un résultat expérimental. La liste qu'il dresse est la suivante :

1. Vérification et calibrage expérimentaux, au cours desquelles le dispositif reproduit un phénomène connu.
2. Reproduire des artefacts dont on sait à l'avance qu'ils sont présents.
3. Intervention, au cours de laquelle l'expérimentateur manipule l'objet sur lequel porte l'investigation.
4. Confirmation indépendante en faisant des expérimentations différentes.
5. Élimination des sources plausibles d'erreur et des explications alternatives des résultats.
6. Utiliser les résultats eux-mêmes en faveur de leur validité.
7. Utiliser une théorie bien corroborée du phénomène pour expliquer les résultats.
8. Utiliser un dispositif fondé sur une théorie bien corroborée.
9. Utiliser des arguments statistiques.

Ces différentes stratégies doivent permettre de rejeter la thèse selon laquelle l'expérimentation ne permet pas de trancher entre plusieurs hypothèses (notamment entre le fait qu'un certain aspect des données reflète le phénomène ou qu'il soit un artefact). Les trois premières concernent

---

1 « L'interdépendance logique n'est pas quelque chose qui devrait être évité et craint mais quelque chose qui devrait être accepté et exploité. C'est un préjudice courant de dire que l'interdépendance logique est une source de problèmes ; en réalité, c'est souvent la route vers une solution. L'erreur fondamentale de l'empirisme classique – en fait, de toute les pensée traditionnelle sur la connaissance – provient, me semble-t-il, de son rejet de l'interdépendance ». (A. Gupta, *Empiricism and Experience*, p. VIII).

2 Dans un contexte expérimental, l'apparente circularité épistémique face à laquelle se trouve l'expérimentateur a été décrite par Collins sous le nom de la « régression de l'expérimentateur » et se formule ainsi : un résultat d'expérience correct est un résultat obtenu avec un bon dispositif expérimental tandis qu'un bon dispositif expérimental est un dispositif qui produit des résultats corrects (H. Collins, *Changing order*, Sage Publications, 1985). En réponse à ce problème, voir A. Franklin, *The neglect of experiment*, p. 167).

3 Ces stratégies sont reprises de manière synthétique dans A. Franklin et C. Howson, « It probably is a valid experimental result : a Bayesian approach to the epistemology of experiment ».

la possibilité de soumettre au test empirique des phénomènes naturels ou artificiels déjà bien établis, avec lesquels on peut éventuellement interagir. Hacking a fourni plusieurs exemples d'applications de telles stratégies pour s'assurer du bon fonctionnement d'un microscope[1]. L'une d'entre elles consiste à placer sous le microscope une grille minuscule fabriquée en réduisant photographiquement une grille dessinée à l'encre et à la plume. Ensuite, nous dit-il, « nous observons le disque minuscule à travers à peu près tous les types de microscopes et nous voyons exactement les mêmes formes et lettres que celles qui avaient été tracées à grande échelle par le dessinateur ». Ainsi, tout changement apporté à la grille tel que le dessin de lettres dans certaines des cases aboutira à des données qui reflètent ces changements, confirmant que l'instrument reproduit ces structures de manière adéquate.

L'exemple des grilles vient également illustrer la quatrième stratégie, puisque ces grilles peuvent être observées par des moyens indépendants, c'est-à-dire différentes sortes de microscopes qui reposent sur des principes physiques très différents. L'intérêt de disposer de plusieurs types de microscopes devient plus grand encore lorsqu'il s'agit d'évaluer si un phénomène non prévu, et peut-être même inconnu, est réel ou s'il s'agit d'un artefact. L'exemple proposé par Hacking porte sur des petites taches vues sur les globules rouges grâce au microscope électronique à faible puissance, appelées « corps denses ». La question est de savoir si ces corps denses ont une réalité matérielle ou s'il s'agit d'un effet de l'instrument. Le microscope électronique à faible résolution ayant à peu près la même puissance qu'un microscope optique à haute résolution, ces corps denses peuvent être révélés par une technique autre, qui repose sur des principes physiques complètement différents. Il faudrait donc une coïncidence tout à fait remarquable pour que deux techniques aussi différentes produisent des artefacts identiques, ce qui renforce très nettement la conviction de l'expérimentateur qu'il a affaire à des entités réelles.

La cinquième stratégie n'en est pas vraiment une, puisque l'élimination des sources possibles d'erreur repose sur les autres stratégies beaucoup plus précises qui sont exposées dans cette liste. Les sixième et septième sont semblables. Si les résultats obtenus à l'issue d'une expérience sont

1 I. Hacking, « Est-ce qu'on voit à travers un microscope ? ».

en accord avec la théorie du phénomène qui est elle-même bien corroborée, ces résultats deviennent nettement plus vraisemblables que dans le cas contraire. En outre, posséder un cadre théorique bien établi pour le phénomène permet d'interpréter beaucoup plus facilement les données en produisant un jugement formulé à l'aide de concepts et catégories existantes. L'exemple des « corps denses » est intéressant à ce titre. Il démontre qu'une théorie du phénomène, même rudimentaire, peut naître de seulement quelques expériences. Lors de la première identification des corps denses, ces entités n'ont pas de catégorie à laquelle être rattachées. Un terme est créé, sans même que l'on sache encore s'il s'agit d'entités réelles ou d'artefacts. Mais après que ces corps denses ont été identifiés à l'aide d'une technique toute différente, leur réalité est confirmée et le concept de corps dense prend de la consistance. Désormais, ces entités peuvent être observées et la connaissance à leur sujet peut s'enrichir.

La huitième stratégie consiste à connaître au mieux son instrument, à disposer à son sujet d'une véritable théorie, qui recouvre différents aspects. Selon Franklin, si le dispositif est fondé sur une théorie bien corroborée, nous avons de bonnes raisons de croire en ses résultats. La théorie sous-jacente augmente notre croyance que le dispositif marche correctement[1]. En effet, les avancées théoriques au sujet de l'instrument ont une conséquence extrêmement importante : ce sont elles qui permettent les avancées technologiques les plus déterminantes. Prenons l'exemple de l'aberration chromatique en microscopie, qui se traduit par le fait qu'à des couleurs différentes correspondent des points focaux différents, ce qui trouble la lecture de l'image microscopique. Cette aberration – qui est loin d'être la seule – explique selon Hacking que Bichat n'aurait pas toléré l'usage du microscope et des images troubles qu'il offre encore en 1800[2]. L'aberration chromatique est due aux différences de longueurs d'onde entre des lumières de différentes couleurs. La compréhension théorique de cette cause, combinée à la découverte de verres présentant des indices de réfraction différents du verre ordinaire permit de développer des optiques qui diminuent considérablement le problème.

1 A. Franklin et C. Howson, « It probably is a valid experimental result : a Bayesian approach to the epistemology of experiment », p. 424.

2 X. Bichat *Traité des membranes en général et de diverses membranes en particulier*, Richard, Caille et Ravier, 1799, p. 32.

Les développements théoriques au sujet de l'instrumentation ont un impact considérable sur la capacité des expérimentateurs à produire à la fois des données plus claires et moins entachées d'éléments susceptibles d'en troubler la lecture, mais aussi des jugements plus éclairés, qui font précisément la part des choses entre ce qui relève du phénomène et ce qui relève de l'instrumentation. J'insiste sur le fait que la validité d'une investigation empirique repose sur deux éléments indissociables : la production *et* l'interprétation de données. Un instrument encore peu performant, reposant sur une théorie embryonnaire et fournissant des données apparemment incompréhensibles peut être utilisé par un excellent expérimentateur qui saura mettre à profit tout son savoir et son savoir-faire pour en tirer des connaissances insoupçonnées. Mais le propre de l'avancée théorique, en arrivant d'une part à améliorer l'instrumentation et d'autre part à fournir de bonnes explications de la production de données, est de permettre à des investigateurs qui ne sont pas d'excellents expérimentateurs, et même pas des expérimentateurs du tout, de produire facilement des données et de les interpréter correctement.

Enfin, une bonne maîtrise de la signification statistique des événements est indispensable à l'évaluation de la validité d'une expérience. Les statistiques interviennent en cours d'expérience, par exemple lorsqu'un rayonnement n'est détecté qu'en faible quantité. Savoir à partir de quand un certain aspect des données est significatif de l'occurrence d'un certain phénomène, et quand il ne s'agit que d'une fluctuation statistique est crucial, par exemple dans les expériences de physique des particules[1].

Il ressort de l'étude de ces règles que leur application ne conduit pas seulement à une amélioration du cadre interprétatif. Certes, au cours d'une investigation, nos concepts peuvent s'affiner (ou même être créés) et nos théories peuvent être profondément changées. Mais il est aussi essentiel de remarquer qu'au fur et à mesure, le processus correctif qui caractérise la démarche expérimentale permet une amélioration de l'instrument, ainsi que des conditions d'utilisation de celui-ci. Par conséquent, l'aspect *itératif* de l'empirisme que je défends s'applique à l'interprétation des données mais aussi à la production des données.

1 A. Franklin et C. Howson, « It probably is a valid experimental result : a Bayesian approach to the epistemology of experiment », p. 424-425.

Ces éléments indiquent également qu'une réponse à Bogen et Woodward peut être apportée au sujet des facteurs hétéroclites et disparates qui entrent en jeu dans une investigation empirique. Si effectivement, ces facteurs sont nombreux, variés et enchevêtrés, ils peuvent malgré tout être systématiquement contrôlés, expliqués et prédits et c'est la tâche des expérimentateurs d'arriver à contribuer aux progrès théoriques et technologiques qui aboutissent à la validation d'une investigation empirique.

LA STABILITÉ DE L'INVESTIGATION SCIENTIFIQUE

Qu'est-ce que la stabilité d'une investigation scientifique ? En premier lieu, une investigation porte sur un phénomène précis : la présence d'une entité, la détermination quantitative ou qualitative de l'une de ses propriétés, etc. Une investigation scientifique ne peut donc être stable qu'à la condition que l'existence des entités et propriétés qui sont en jeu dans le phénomène soit déjà bien établie. Au vu de l'exemple des « corps denses » que j'ai donné plus haut, il n'est pas besoin de disposer d'une théorie complète de ces entités pour que l'on puisse mener une investigation à leur sujet. Avoir de bonnes raisons de penser que le phénomène est réel, et non dû à l'une des étapes de la production de données est suffisant pour considérer que le cadre conceptuel de l'investigation est bien établi.

Cela ne va pas sans soulever des problèmes importants au sujet de ce qui compte comme un concept bien établi. L'exemple du concept de corps dense est extrêmement simple et l'on pourrait lui substituer celui d'« autisme » ou de « conscience ». Ces termes renvoient indiscutablement à des propriétés dont la réalité est largement acceptée au sein de la communauté scientifique compétente mais leur définition varie considérablement à travers les époques et les écoles[1]. En première approximation, admettons qu'un cadre

1 En particulier, les catégories humaines ont ceci de particulier qu'elles engendrent une réaction à la classification. Hacking a ainsi opposé le genre *indifférent* au genre *interactif*. Par exemple, « la classification "quark" est indifférente dans le sens où appeler un quark "un quark" ne fait aucune différence pour le quark » (I. Hacking, *Entre science et réalité, la construction sociale de quoi ?* La Découverte, 2001, p. 147). En revanche, les êtres humains interagissent avec la manière dont ils sont classés, ce qui a pour effet de rendre ces catégories beaucoup plus instables (au sujet de l'autisme infantile, voir S. Demazeux, « Le lit de Procuste du DSM-III : Classification psychiatrique, standardisation clinique et ontologie médicale », Thèse de doctorat, université de Paris 1 Panthéon-Sorbonne, 2011.

conceptuel stable est déterminé par un accord large au sein de la communauté compétente, portant sur la définition et la réalité du phénomène d'intérêt.

Le type de phénomène sur lequel porte l'investigation étant fixé, il s'agit de déterminer quelle technique instrumentale est la mieux à même de fournir des données susceptibles de détecter ce phénomène et de discriminer les différentes hypothèses qui sont en compétition. De nombreuses considérations entrent en ligne de compte, telles que l'échelle du phénomène (atomique, moléculaire, microscopique, macroscopique, astronomique), mais aussi le type d'entité et surtout de propriété que l'on cherche à explorer. En imagerie médicale par exemple, l'investigation porte sur des entités macroscopiques, les organes. En fonction du type d'exploration envisagé, qui peut porter sur des propriétés morphologiques ou physiologiques, diverses techniques instrumentales peuvent être employées. Prenons l'exemple du cœur. Une exploration de cet organe en vue de détecter une malformation congénitale repose en général sur l'emploi d'un appareil d'échographie, qui délivre des informations de nature morphologique, permettant de mettre en évidence des défauts structurels. Mais pour l'évaluation d'autres propriétés du cœur, comme par exemple sa *perfusion*, de toutes autres techniques instrumentales sont mises en œuvre. Celles-ci reposent sur la détection à l'aide d'une gamma-caméra d'un agent radioactif émetteur de photons gamma que l'on a préalablement administré au patient, l'intensité de la radioactivité étant proportionnelle à l'irrigation de l'organe.

Les divers instruments qui peuvent être utilisés pour collecter des données reposent sur des principes théoriques très différents, déterminés en premier lieu par la propriété physique détectée (par exemple un certain type de rayonnement électromagnétique). La première étape d'une investigation empirique consiste à produire un prototype d'instrument fondé sur un principe théorique donné, et à partir de ce prototype, à collecter des données dont l'interprétation est encore empreinte de toutes sortes d'indéterminations. C'est au cours de cette phase qu'interviennent les stratégies présentées au cours de la section précédente de manière déterminante. À l'issue de cette phase, qui requiert à la fois des qualités d'expérimentateur et de théoricien (souvent partagées au sein d'un groupe d'investigateurs aux compétences variées), le but est d'arriver à :

1. des améliorations de l'instrument permettant la collecte optimale de données ;

2. des améliorations des conditions expérimentales (ou du protocole expérimental) permettant également d'obtenir des données « meilleures », et
3. l'établissement de règles d'interprétation des données.

Les deux premières étapes consistent à apporter des modifications à l'instrument et au protocole pour obtenir des données qui soient de la meilleure qualité possible. Que faut-il entendre par là ? Pour Bogen et Woodward un critère déterminant pour évaluer la qualité de données est de savoir si ces données permettent de discriminer différentes hypothèses. À ce titre, trois catégories de données peuvent être distinguées.

La première est celle des données inexploitables. Vis-à-vis de l'investigation, ces données ne sont pas pertinentes, elles ne contiennent aucune information susceptible de trancher entre plusieurs des hypothèses qui sont en compétition, même chez l'investigateur le plus sagace. Par exemple, des données photographiques collectées avec un simple téléobjectif ne permettent pas de porter le moindre jugement au sujet d'une galaxie lointaine.

La deuxième est celle des données qui portent une information suffisante à la discrimination entre les hypothèses en compétition, mais qui demandent à l'investigateur une connaissance approfondie du processus de production des données, et de faire un usage correct de cette connaissance à travers une chaîne inférentielle que seul un expert est capable d'accomplir. Prenons l'exemple d'un instrument d'imagerie qui souffre d'un défaut de résolution spatiale. Le manque de précision de cet instrument conduit à la production d'images qui sont caractérisées par un effet de flou important : au lieu qu'une entité ponctuelle soit représentée sur les données par un point, elle est représentée par une tache d'un certain diamètre. De la même manière, les bords des représentations des entités matérielles sur ces données sont flous. Imaginons alors que l'investigation porte sur la question de savoir si deux entités sont adjacentes ou séparées (voir la figure 6-a, qui présente une image fictive, artificiellement floutée).

L'image seule n'apporte pas de réponse claire à la question posée. Mais si l'investigateur sait que son instrument est peu précis et s'il possède suffisamment d'information concernant son imprécision, si en outre cet investigateur a pris l'habitude d'interpréter des données floues, il pourra sans doute répondre avec assurance que les deux entités sont effectivement bien distinctes. Son regard d'expert est ici primordial et si les mêmes données étaient confiées à d'autres investigateurs moins habitués à interpréter ce type de données, ceux-ci seraient sans doute bien en peine de se prononcer.

Enfin, la troisième catégorie de données produites par un dispositif instrumental est celle qui permet l'interprétation la plus aisée. Ici, l'instrument et le protocole expérimental ont été perfectionnés au point que les données produites renvoient au phénomène de manière quasi-transparente. Les défauts, les imprécisions, les aberrations liées à l'instrumentation sont corrigés grâce à une succession de progrès techniques et un contrôle rigoureux des conditions expérimentales. De ce fait, l'interprétation des données se trouve très simplifiée et la troisième étape consiste en l'établissement de règles d'interprétation qui sont à la fois relativement simples et peu nombreuses. Celles-ci peuvent dorénavant être transmises à des investigateurs qui deviendront ainsi compétents, sans pour autant être experts, ni du domaine de phénomènes concerné par l'investigation, ni de l'instrumentation. Cette troisième étape est donc cruciale pour comprendre l'apparition, chez Duhem et chez Hacking par exemple, de deux types de personnages : l'expert et le technicien. Lorsque l'investigation scientifique a été suffisamment développée, l'investigateur n'a plus qu'à connaître des règles interprétatives relativement simples d'application pour produire un jugement clair en faveur de l'une des hypothèses en compétition. Ce rôle peut être confié au technicien mais pour en arriver à ce stade de développement, l'expert aura déjà agi de manière déterminante.

Prenons l'exemple de la figure 6-b sur laquelle les données de la figure 6-a ne sont plus floues, ce qui correspond au cas où l'optique de l'instrument a pu être améliorée. Cette fois, l'investigateur n'aura aucune hésitation à produire un jugement au sujet de la séparation des deux taches. Répondre à cette question ne demande aucune compétence particulière chez lui car les hypothèses qui sont en compétition sont très nettement différenciées par les données.

Concernant l'exemple de Hacking dont j'ai parlé dans la section précédente au sujet des aberrations chromatiques du microscope, j'ai dit que même un instrument produisant des données marquées par toutes sortes d'artefacts ou d'aberrations demeuraient exploitables par de très bons expérimentateurs, qui savent mettre à profit tout leur savoir et leur savoir-faire pour d'une part tirer le meilleur de leur instrument, et d'autre part analyser au mieux les facteurs qui contribuent à la production des données et en tenir compte dans leur interprétation. Pour ces expérimentateurs éclairés, l'interprétation des données repose sur des facteurs qui, comme l'ont souligné Bogen et Woodward, sont si nombreux et hétéroclites qu'il n'est pas possible de dégager un ensemble de règles interprétatives communicables.

Seule la rectification de ces aberrations par l'amélioration du dispositif instrumental permet à un individu beaucoup moins au fait de la théorie et de la pratique de l'instrument de mener à bien une investigation empirique qui aboutisse à un résultat valide.

La stabilité d'une expérience médiate est caractérisée par un dispositif de collecte des données qui a suffisamment évolué pour imposer à un investigateur un jugement clair parmi les hypothèses qui sont en compétition, même si celui-ci ne possède pas une connaissance complète relative à l'ensemble de la chaîne de production des données. L'investigation est alors guidée essentiellement par la théorie du phénomène, qui définit d'une part les entités et propriétés pertinentes, et d'autre part les hypothèses qui sont en compétition. Hacking a donc raison de souligner, toujours dans le cas du microscope, que si « l'on a besoin de théorie pour faire un microscope, on n'en a pas besoin pour l'utiliser », mais seulement dans une certaine mesure. D'abord, cette remarque n'est pas valable au cours de la phase de stabilisation de l'expérience, lorsque données et phénomènes ne sont pas encore liés de manière très claire pas des règles d'interprétation et que la théorie de l'instrument doit être explicitement prise en compte pour correctement interpréter des données. Ensuite, même dans ce que j'appellerai la phase « observationnelle » de l'enquête empirique, lorsque la stabilité est atteinte, il est toujours bon d'en savoir autant que possible sur le dispositif de collecte des données. En effet, même si ce dispositif permet à un investigateur de détecter un certain type de phénomènes de manière fiable, il est toujours possible que des phénomènes inattendus se produisent et leur détection est grandement facilitée par une bonne connaissance des éléments qui sont en jeu dans le processus de collecte des données. C'est d'ailleurs la raison pour laquelle, par exemple, médecins et biologistes reçoivent au cours de leur apprentissage une véritable formation sur les instruments qu'ils auront à utiliser pour collecter des données, au cours de laquelle les aspects théoriques sont largement présents.

INSTRUMENTS ET PHÉNOMÈNES

Jusqu'où va l'observation ?

Les deux interrogations qui motivent cette étude sont « qu'est-ce qui compte comme une observation ? » et « que signifie observer ? ». Dans le premier chapitre, j'ai associé la première question à une interrogation portant sur l'*extension* du concept d'observation : lorsque nous considérons une investigation, caractérisée par le type de phénomènes sur lequel l'investigateur cherche à apprendre et par les moyens matériels mis en œuvre pour détecter ce phénomène, peut-on dire que cette investigation relève de l'observation ? Mon approche a consisté à affirmer que pour répondre à cette question, il fallait au préalable établir certains éléments de nature *intensionnelle* du concept d'observation, et traiter pour cela la deuxième question.

Après avoir précisé ce que nous attendons d'une observation – qu'elle nous permette de formuler des énoncés privilégiés, qui jouissent d'une grande autorité épistémique – et proposé une explication du privilège des énoncés d'observation fondée sur la stabilisation d'une investigation empirique, il apparaît que pour l'essentiel, les questions de nature extensionnelle sont réglées sans même qu'il ait fallu y revenir explicitement. Pour résumer à gros traits les conclusions qui ont été obtenues jusqu'ici, la nature interprétative de l'observation, même lorsqu'il s'agit d'une observation à l'œil nu, marque l'impossibilité d'établir une différence de nature autre que psychologique entre l'observation assistée ou non d'un instrument. Tout moyen pour sonder le monde peut servir à des fins d'observation, à condition que l'investigation qui est en cours arrive à stabilisation. Par conséquent, puisque ces moyens instrumentés nous donnent accès à toutes sortes de phénomènes et d'entités, à toutes les échelles, on ne peut plus défendre la thèse selon laquelle certains phénomènes ou certaines entités auxquels nous accédons par ces moyens seraient néanmoins *inobservables*. On ne peut parler que d'*inobservé*, lorsque le statut observationnel des conclusions de l'investigation paraît encore fragile.

J'ai donc apporté une réponse au problème de l'extension de l'observation. Toute expérience, éventuellement médiate, portant sur tout type de phénomène *peut* participer d'une observation. Pour décider si effectivement nous avons affaire à une observation, il faut s'assurer de la stabilité de l'investigation, c'est-à-dire, comme je l'ai décrit dans le chapitre précédent, de celle des moyens matériels utilisés, de la manière de les utiliser, et des concepts et croyances utilisés pour établir les rapports d'observation.

Pourtant, une fois donnée cette réponse générique, il me semble important de la compléter d'une étude portant sur les pratiques pour tirer pleinement ses conséquences. La première raison à cela est que les discussions philosophiques sur les instruments sont limitées le plus souvent à ceux qui renvoient à l'expérience visuelle, soit qu'il s'agisse d'instruments à travers lesquels on regarde, les instruments optiques tels le microscope ou le télescope, soit que l'on considère les instruments qui produisent des images. Il faut donc compléter ces discussions par une prise en compte des détecteurs et autres instruments de mesure. Une deuxième raison, corrélative à la première, est que le phénomène sur lequel porte l'observation est conditionné par l'instrument utilisé. En ne prenant pas en compte l'intégralité des moyens d'investigation utilisés en sciences, on menace donc aussi d'appauvrir le discours sur le phénomène observé. Enfin, j'insisterai sur le rôle de la connaissance déjà possédée par l'observateur pour exprimer le contenu de l'expérience. Mon but est de mettre en évidence de quelle manière cette connaissance permet à l'observateur de faire porter les énoncés qu'il formule non pas seulement sur la propriété physique qui est détectée par son instrument, mais sur les propriétés qui sont pertinentes dans le champ scientifique qui est le sien.

L'INTERPRÉTATION « GÉOMÉTRIQUE » DES IMAGES SCIENTIFIQUES

Mon but ici est de présenter ce qui m'apparaît être la position majoritaire chez les philosophes qui ont défendu l'usage d'instruments à des fins d'observation. Celle-ci est caractérisée par l'importance qui est accordée à l'expérience visuelle, et par suite, aux instruments qui peuvent servir à augmenter nos capacités visuelles en nous faisant « voir » de nouveaux phénomènes. Le propre de ces instruments est de fournir aux scientifiques qui les utilisent une information spatiale sur le phénomène. Par exemple, en astrophysique, des images sont produites grâce à des télescopes terrestres ou en orbite. Celles-ci permettent d'étudier des objets stellaires ou des systèmes tels que des galaxies en en montrant la forme, la position ou l'étendue. En biologie, des microscopes permettent de rendre visibles diverses structures anatomiques chez des êtres microscopiques, ou encore des cellules ou des bactéries. En médecine, radiographie, scanner, imagerie par résonance magnétique et d'autres techniques encore permettent d'explorer le corps aussi bien pour l'anatomie que pour la physiologie et la pathologie.

Une remarque préliminaire s'impose à propos des instruments qui délivrent une information spatiale au sujet des phénomènes. Parmi ces instruments, on a en effet distingué traditionnellement les instruments d'observation tels que la loupe, le microscope optique ou le télescope optique, *à travers lesquels on regarde*, des instruments d'imagerie tels que l'appareil radiographique, qui produisent des images, généralement imprimées sur des films. Or à voir l'évolution récente de ces divers instruments, on constate que cette distinction n'est plus d'actualité puisque les instruments optiques et les instruments d'imagerie sont à peu près tous devenus *numériques*. Cela signifie qu'à l'heure actuelle, on ne regarde plus guère à travers un microscope ou un télescope. Ces instruments optiques sont en effet équipés de détecteurs, comme les appareils photographiques, et délivrent donc des données numériques, c'est-à-dire des listes de nombres. Les scientifiques regardent désormais un écran d'ordinateur sur lequel ces listes de nombres sont affichées sous forme d'images. Il en est de même des instruments d'imagerie qui sont également munis de capteurs électroniques et délivrent eux aussi des images numériques. Je parlerai donc d'instruments d'imagerie pour désigner les instruments qui délivrent une information spatiale au sujet du phénomène, sans faire de distinction entre les instruments optiques et les autres.

La position de Hacking me semble particulièrement représentative de celles des autres philosophes qui ont traité de l'usage des instruments à des fins d'observation. Je montre d'abord que le traitement que fait Hacking de l'utilisation du microscope dans l'investigation empirique conduit à une appréciation très partielle du rôle que jouent les instruments d'imagerie dans l'observation, car il met l'accent sur l'information purement géométrique ou spatiale que délivrent ces instruments. De ce fait, son analyse ne s'applique qu'au cas où le phénomène observé concerne la présence ou la reconnaissance d'une entité et exclut l'observation de propriétés ou de processus. Or dans de nombreux cas, les images scientifiques sont produites dans le but d'observer autre chose que des entités. Je montre, notamment par un exemple tiré de la neuroimagerie que l'interprétation géométrique des images scientifiques est insuffisante pour rendre compte de la variété des phénomènes pouvant être observés.

LA RECONNAISSANCE DES ENTITÉS

La conception de l'observation scientifique que j'ai développée repose sur la notion d'interprétation de données, produites en vue de répondre à une interrogation. Lorsque ces données prennent la forme d'images produites par des instruments, en quoi consiste la tâche de l'observateur qui interprète ces images ? Une réponse de bon sens est que l'observateur cherche à reconnaître des entités, ce qu'il peut faire en établissant une concordance entre ce qu'il sait des propriétés géométriques d'une entité (sa forme, sa taille, sa position, son orientation, etc.) et les formes perçues sur l'image. Les notions de forme, de structure, de géométrie, qui dans mon propos peuvent être considérées comme équivalentes, prennent dans cette conception de l'interprétation un poids considérable, si bien que je nommerai cette conception : l'interprétation « géométrique » des images.

Face aux images produites par les techniques d'imagerie contemporaines, le premier réflexe du lecteur non-initié consiste bien, en effet, à parvenir à identifier une entité grâce à la reconnaissance d'une forme familière. Sur une image par résonance magnétique (IRM) par exemple, il n'est guère besoin de posséder des connaissances très avancées en anatomie pour déterminer, à la vue des circonvolutions caractéristiques, qu'il s'agit d'une image du cerveau. Il en est de même pour des images astrophysiques dans lesquelles on peut interpréter la présence de spirales lumineuses comme des galaxies ou pour des images réalisées au microscope qui montreraient des structures circulaires ayant une frontière très précise : il s'agit sans doute de cellules.

Le spécialiste de ces techniques est supposé jouir d'une expertise bien supérieure. Il sait distinguer avec certitude des entités que le profane pourrait confondre (le microbe et la bactérie par exemple) et à sa capacité de reconnaître une entité s'ajoute celle d'en distinguer des sous-parties telles que, dans le cas d'images cérébrales, la matière blanche, la matière grise, les ventricules etc. Mais qu'il s'agisse du profane ou de l'expert, dans cette conception de l'interprétation des images scientifiques, le cadre interprétatif de l'observateur est limité aux seules connaissances portant sur les propriétés spatiales du phénomène. Le rôle attribué à ces images est donc dévolu essentiellement aux questions d'existence, de reconnaissance et de localisation d'entités.

Cette conception de l'interprétation des images scientifiques se retrouve dans les positions de beaucoup des philosophes des sciences qui ont pris en compte l'utilisation massive d'instruments dans les pratiques contemporaines de l'investigation scientifique.

Dans son article *Est-ce qu'on voit à travers un microscope ?*, Hacking s'est concentré sur le microscope qui, affirme-t-il, produit une « bonne carte » de la réalité, c'est-à-dire une image sur laquelle l'agencement spatial des différentes structures d'un objet est correctement reproduit[1]. Pour Hacking, la préservation des propriétés spatiales des entités par le microscope est ce qui permet leur observation grâce à la reconnaissance de ces propriétés spatiales. L'exemple qu'il donne est celui d'une micro-grille, dont la structure est parfaitement connue à l'avance et peut être retrouvée au microscope. Puisque le microscope produit une image dans laquelle la structure de la micro-grille est correctement reproduite, on peut légitimement inférer que le même instrument possède la propriété de produire une bonne carte, indépendamment de l'objet étudié.

Hacking décrit un autre moyen de vérifier que la structure géométrique des entités observées au microscope est correctement reproduite. Il est possible d'utiliser plusieurs microscopes fonctionnant sur des principes physiques différents, pour vérifier que dans tous les cas, une image présentant la même structure est obtenue lorsque le même objet est étudié (la même micro-grille par exemple). Si effectivement la même structure est retrouvée à chaque fois, il ne pourrait s'agir d'une coïncidence puisque les processus physiques différents qui sont associés

1 I. Hacking, « Est-ce qu'on voit à travers un microscope ? », p. 272.

à ces différents instruments ne pourraient conduire au même artefact qu'avec une chance infime.

L'argument est encore une fois recevable, mais ne porte que sur les propriétés géométriques. Cette limitation chez Hacking est certes consciente puisqu'en ce qui concerne le microscope, il se prétend d'un réalisme scientifique concernant les structures des entités et rien de plus. Il est également vrai que la microscopie demeure une technique essentiellement morphologique, destinée à apporter une connaissance relative aux structures, en biologie cellulaire. Mais si l'on s'appuie sur cette conception géométrique de l'interprétation des images, qui ne mobilise chez l'observateur que des connaissances portant sur les propriétés spatiales d'entités, on réduit les questions qui motivent l'investigation empirique à la reconnaissance de ces entités.

La notion d'entité qui est associée à cette conception est en outre très pauvre puisqu'elle ne reconnaît qu'un certain nombre de propriétés primaires, qui sont toutes essentiellement spatiales : la forme, la position et la taille. La forme est la propriété essentielle à la reconnaissance d'une entité et permet donc de répondre aux questions d'existence ou de présence dans le champ de vue de l'instrument. La position permet de suivre une entité dans l'espace et dans le temps et joue un rôle important dans l'observation des phénomènes dynamiques puisque connaître la position à des instants différents, c'est connaître le mouvement. Enfin la taille ou l'échelle est, parmi ces propriétés fondamentales, celle qui explique le mieux le recours à différents instruments adaptés aux dimensions microscopiques ou macroscopiques des entités. Si ces propriétés sont, comme le conçoivent explicitement ou implicitement nombre de philosophes, les seules dont l'observation doive rendre compte dans le contexte scientifique, le problème de l'utilisation des instruments se résume à la possibilité de connaître, de manière sûre, la relation géométrique qui lie les points du champ de vue de l'instrument à ceux de l'image qu'il produit.

Une telle position est explicitement défendue par Vollmer dans son projet d'étendre la conception de l'observabilité de Van Fraassen, qui repose sur la possibilité de percevoir un phénomène par les sens non assistés. Vollmer a cherché à corriger ce qu'elle perçoit comme une faiblesse dans la position de Van Fraassen en proposant de ne plus fonder l'observabilité sur la possibilité de percevoir à l'œil nu mais sur l'utilisation d'instruments qui préservent les propriétés géométriques des entités. Selon elle,

> ce qui distingue l'observation à l'œil nu de l'inférence indirecte d'objets sur la base d'une observation est que les signaux réfléchis depuis la cible sont recombinés par le cristallin de l'œil de manière à créer une image de l'objet ou du système vu. Ce principe de diffraction depuis l'objet et de recombinaison pour produire une représentation de l'objet détermine les types de propriétés des entités ordinaires qui sont observés. En particulier, il permet l'observation de leurs formes et leurs orientations[1].

Ce passage démontre que Vollmer adhère à ce que j'ai défini comme étant l'interprétation géométrique des images, limitant son analyse aux seules propriétés spatiales des entités. En effet, elle affirme, ici comme dans le reste de l'article, que l'observation porte sur la forme et l'orientation des entités et donne comme condition nécessaire et suffisante pour qu'un instrument puisse servir à des fins d'observation que celui-ci préserve la forme et l'orientation. Pour faire le lien entre sa conception de l'observation et celle de Van Fraassen, elle identifie certains processus physiques de la vision comme étant à l'origine de la représentation correcte de ces propriétés géométriques et affirme que les instruments qui reposent sur les mêmes processus physiques sont des instruments d'observation[2].

On trouve chez Vollmer et chez Hacking des exemples de ce que j'ai appelé l'interprétation géométrique des images scientifiques. Chez eux,

---

1 S. Vollmer, « Two Kinds of Observation : Why Van Fraassen Was Right to Make a Distinction, but Made the Wrong One », p. 355-356.

2 Les processus physiques qu'elle décrit, c'est-à-dire la diffraction de rayonnements électromagnétiques ayant interagi avec une entité et qui sont ensuite focalisés grâce à un dispositif optique garantissent selon elle la préservation des propriétés géométriques. Le fait que Vollmer fasse reposer l'identification des instruments d'observation sur ce principe est très critiquable, non seulement parce que, comme je le montre dans ce chapitre, la préservation des propriétés géométriques n'est pas essentielle à l'observation (et certainement pas suffisante), mais aussi parce que si c'était le critère déterminant, il faudrait encore démontrer que le principe de diffraction et recombinaison de rayonnement qu'elle décrit est seul à même de garantir la représentation correcte des propriétés géométriques. Or ce n'est pas le cas puisque la forme et l'orientation sont préservées sur les radiographies, qui sont produites sans recombinaison du signal, ou sur les images échographiques, qui sont produites à partir d'ondes mécaniques. L'IRM ne remplit pas non plus les critères de Vollmer alors que c'est une technique qui reproduit les formes et les orientations. Pour une critique plus détaillée de l'approche de Vollmer, voir (H. Chang, « A Case for Old-Fashioned Observability, and a Reconstructed Constructive Empiricism », p. 879).

les seules connaissances que l'investigateur mobilise lorsqu'il observe concernent les propriétes géométriques des entités, et le fait que les instruments restituent correctement l'information spatiale[1]. Ces éléments sont suffisants pour identifier les entités en retrouvant leurs formes sur les représentations que fournissent des instruments. Pour importante que soit chez l'observateur la capacité de reconnaître des entités, je montre dans la prochaine section qu'elle est insuffisante pour rendre compte de la diversité des phénomènes observés grâce aux techniques contemporaines d'investigation empirique.

LES LIMITES DE L'INTERPRÉTATION GÉOMÉTRIQUE DES DONNÉES

La conception géométrique de l'observation a pour conséquence de ne voir dans l'utilisation d'instruments d'imagerie que des moyens d'identifier des entités. Plus précisément, la *reconnaissance* d'entités déjà connues est rendue possible par l'identification de certaines formes familières sur l'image, mais il est également possible de *découvrir* de nouvelles entités. Pour cela, on peut imaginer que l'investigateur découvre des formes inattendues sur une image, comme cela était le cas dans l'exemple des « corps denses » que discute Hacking et que j'ai présenté dans la première partie. À ces formes peuvent être associées des entités que l'on nomme en créant un nouveau concept, comme par exemple celui de « corps dense ». Mais en admettant que les propriétés géométriques des images permettent à la fois la découverte et la reconnaissance d'entités, cela ne couvre malgré tout qu'une faible partie des raisons qui poussent les scientifiques à entreprendre des investigations empiriques. L'exploration ne cesse pas lorsqu'une entité à été découverte ou reconnue, elle ne fait au contraire que commencer.

1 Nombre d'autres analyses fournies par des philosophes présentent les mêmes limites que chez ces deux auteurs en ne discutant que la restitution correcte des propriétés géométriques des entités. On trouvera par exemple chez Chalmers une discussion concernant l'observation de la *structure* de cristaux au microscope électronique (A. Chalmers, « The Theory-Dependence of the Use of Instruments in Science », *Philosophy of Science*, vol. 70, 2003, p. 493-509). Chez les auteurs qui ont explicitement rapporté la question de l'observation à celle de la vision, le problème posé est de trouver une similitude entre vision à l'œil nue et vision assistée d'un instrument. Cette similitude concerne le fait que l'expérience directe et l'expérience médiate aboutissent toutes deux à la préservation des qualités géométriques des entités et donc à la possibilité d'identifier ceux-ci de manière sûre. Voir par exemple E. Pacherie. « Do we see with microscopes ? », *The Monist*, vol. 78, 1995, p. 171-188 et M. Alspector-Kelly, « Seeing the Unobservable », *Synthese*, vol. 140, 2004, p. 331-353.

Pour montrer que les images permettent d'observer autre chose que la présence d'entités, il suffit de se pencher sur les pratiques contemporaines utilisant des instruments d'imagerie. L'un des éléments frappants dans ces pratiques est que, très souvent, lorsqu'une technique d'imagerie existe déjà pour observer un type d'entité, les scientifiques continuent de développer d'autres instruments permettant d'observer ce même type d'entité.

Dans le domaine médical par exemple, les organes humains peuvent être observés avec des scanners qui en fournissent des images très détaillées. Cela n'a cependant pas empêché le développement en parallèle d'autres techniques qui sont destinées à produire des images des mêmes organes. Or parmi ces techniques, il est surprenant de constater que certaines, comme l'imagerie d'émission monophotonique (la TEMP, auquel je consacre le dernier chapitre de cette étude), fournissent des images ayant une résolution spatiale beaucoup moins bonne que celle du scanner. Cela signifie que d'importants efforts sont fournis par les scientifiques pour développer des techniques d'imagerie dont la capacité à restituer les propriétés spatiales des entités qu'elles permettent d'explorer est inférieure à celle de techniques déjà existantes. Le but des scientifiques qui travaillent au développement de ces techniques est incompréhensible s'ils se contentent d'une conception de l'observation qui ne va pas au-delà des propriétés spatiales des entités. Il faut donc en conclure qu'après que les scientifiques ont découvert ou reconnu une entité (un organe, un individu, un astre, un minéral, etc.), ils cherchent à explorer cette entité sous différents aspects grâce à des techniques d'investigation apportant des informations différentes et complémentaires. L'observation ne porte alors plus sur la présence ou la position de l'entité mais sur ses propriétés non spatiales.

Voici un exemple tiré de la neuroimagerie. L'imagerie par résonance magnétique (IRM) est une technique montrant l'agencement des tissus mous du corps humain en détectant, en première approximation, la présence d'eau. L'IRM permet en particulier de produire des images du cerveau humain qui présentent une bonne résolution spatiale et permettent la reconnaissance de toutes ses structures anatomiques (matière blanche, matière grise, ventricules, noyaux gris, etc.). Les neuroscientifiques ne s'intéressent cependant pas aux questions liées à l'anatomie cérébrale, c'est-à-dire à la forme et la disposition relative des différentes parties du cerveau. C'est le cerveau en fonctionnement qui est au centre de leurs préoccupations et ils ont pour cela développé l'IRM fonctionnelle. Cette technique permet, grâce aux propriétés paramagnétiques du sang oxygéné, qui diffèrent de celles du sang désoxygéné, d'observer l'afflux de sang oxygéné qui chasse le sang désoxygéné dans les zones du cerveau qui sont actives au cours d'une tâche donnée.

De même que l'IRM « standard », l'IRM fonctionnelle est une technique d'imagerie dont il est reconnu qu'elle reproduit les propriétés spatiales de manière tout à fait satisfaisante. On *sait* que les formes vues sur une image correspondent bien à l'activité cérébrale au moment où cette image a été produite. Pourtant, les neuroscientifiques ont toutes les difficultés à interpréter les images d'IRM fonctionnelle sans erreur, parce que leurs interprétations doivent tenir compte de bien d'autres aspects que les propriétés géométriques. Une étude avait ainsi conduit il y a quelques années à essayer de cartographier les réseaux cérébraux impliqués dans le traitement de la douleur[1]. En soumettant les sujets de l'étude à un stimulus douloureux, les neuroscientifiques avaient conclu que le débit sanguin augmentait dans les lobes temporaux. Or à partir de ces images, il s'est avéré que ce n'est pas la « région de la douleur » qui était observée, et ce, bien que la correcte représentation de l'activité cérébrale par l'IRM fonctionnelle n'ait pas été remise en cause. Soumis à des stimuli douloureux, les sujets serraient les dents et l'augmentation du débit sanguin cérébral avait donc lieu aussi dans les aires activant les muscles des mâchoires. L'activité observée n'était donc pas entièrement liée au traitement de la douleur.

Cette « erreur de jeunesse » (selon Poline) de la neuroimagerie n'est pas due à un défaut de la représentation *spatiale* du phénomène observé et elle démontre donc qu'une bonne représentation spatiale (une bonne carte selon Hacking) ne garantit en rien l'observation du phénomène visé. Le fait qu'un dispositif d'imagerie reproduise de manière détaillée les propriétés géométriques n'est pas une condition suffisante à l'observation d'un phénomène, ce qu'aurait pourtant poussé à admettre la conception géométrique de l'interprétation des images. L'analyse portant sur *ce qui* est observé doit en réalité être affinée en considérant d'autres aspects que la reproduction adéquate des propriétés géométriques.

---

1 J. B. Poline et al., « Quelle confiance accorder aux images du cerveau en action ? », *Pour la science*, vol. 338, 2005, p. 138-142.

LA DIVERSITÉ DES PHÉNOMÈNES OBSERVÉS

La conception géométrique de l'observation se caractérise d'une part par le fait que seuls les instruments qui délivrent de l'information spatiale sont pris en considération (ce que j'ai appelé les instruments d'imagerie), et d'autre part par la pauvreté du cadre interprétatif de l'observateur. Celui-ci est réduit à des connaissances portant sur les propriétés géométriques des entités que l'observateur cherche à observer et sur la capacité de l'instrument à correctement reproduire ces propriétés géométriques.

En réaction contre les insuffisances que j'ai identifiées, je défends une conception de l'observation qui donne un poids moindre aux propriétés géométriques, permettant ainsi de dévoiler une richesse des phénomènes observables beaucoup plus importante que dans la conception géométrique de l'observation assistée par des instruments. Pour ce faire, je défends la thèse selon laquelle la caractérisation essentielle d'un instrument passe par l'identification de la propriété physique que cet instrument détecte. Savoir quelle propriété un instrument détecte confère à l'observateur la capacité d'interpréter les données produites par cet instrument à partir de cette propriété physique, ce qui constitue le niveau élémentaire de l'interprétation des données.

À partir de ce niveau élémentaire d'interprétation, je montre que l'observateur fait généralement usage de connaissances portant sur le phénomène qui ne se limitent pas aux qualités géométriques des entités présentes. J'illustre cela par deux exemples tirés respectivement de la neuroimagerie et de l'astrophysique. Je mets ainsi en évidence différents niveaux d'interprétation des données auxquels l'observateur parvient en réalisant des inférences plus ou moins nombreuses.

L'ENTITÉ, FAISCEAU DE PROPRIÉTÉS

La conception géométrique de l'interprétation des données est intimement liée à la notion d'entité. Elle permet leur découverte ou leur reconnaissance à partir de celle de formes géométriques qui sont identifiables sur des images. Or dans l'investigation empirique, l'entité n'est pas toujours au centre des préoccupations des chercheurs. Certaines investigations peuvent même difficilement être associées à une entité ou un type d'entité précis comme en climatologie par exemple, où l'on s'intéresse à des « masses d'air chaud » ou des « zones tempérées ». Il s'agit plutôt de décrire à l'aide de ces termes des variations continues d'une certaine propriété physique mesurable (par exemple la température, la pression, etc.) grâce à des instruments.

En outre, même lorsque l'investigation porte sur des entités clairement identifiées, ces dernières ne sont précisément plus un objet d'investigation *en tant qu'entités.* Leur existence, leur présence, leur position sont établies et si l'investigation semble encore porter sur elles, c'est dans un sens secondaire, parce qu'elles sont le lieu d'une investigation plus précise, portant sur des propriétés ou des processus. Il est ainsi courant de trouver l'entité mentionnée dans une forme adjectivale lors d'une investigation empirique. Les neuroscientifiques par exemple s'intéressent bien sûr au *cerveau*, mais ils ne s'y intéressent qu'en tant qu'il est le siège de certains processus qui sont ce sur quoi portent véritablement leurs investigations. L'objet de ces investigations est donc moins le cerveau (sa forme, sa taille, les tissus qui le composent, etc.) que l'*activité cérébrale* sous différentes conditions expérimentales. De la même manière, un cardiologue qui envoie son patient dans un service d'imagerie ne cherche pas à s'assurer de la présence d'un cœur, ni de la forme de cet organe, mais à en savoir plus par exemple sur la *perfusion myocardique*, c'est-à-dire sur la manière dont les différentes régions du cœur sont irriguées. Cette mention d'une entité sous une forme adjectivale est répandue dans tous les domaines des sciences empiriques puisque l'on parle également du *réchauffement planétaire*, des *éruptions solaires*, etc. Elle démontre que la notion d'entité n'est pas toujours au centre des investigations des scientifiques, ni davantage de leurs observations.

Une seule et même entité (un organe humain, la Terre, un organisme microscopique, etc.) peut donc être explorée de multiples manières, à mesure que l'on s'intéresse à ses diverses propriétés, parmi lesquelles figurent bien sûr les propriétés géométriques, mais aussi, par exemple, d'autres propriétés physiques. Le fait que diverses propriétés d'une entité puissent faire l'objet d'une investigation empirique a conduit Humphreys à se demander s'il n'y aurait pas des entités à la fois observables et inobservables, c'est-à-dire dont il est possible d'observer certaines propriétés mais pas (ou pas encore) d'autres. Plus généralement, Humphreys remet en cause l'importance qui, selon lui, a été accordée aux entités dans les analyses philosophiques qui ont porté sur l'observation :

> Des différends existent à propos de la réalité d'objets ou de types d'objets : est-ce que les prions existent ? Y a-t-il une planète au-delà de Neptune ? Quelle preuve y avait-il à la fin du 19e siècle en faveur de l'existence des atomes ? Est-ce que les émotions existent séparément de leurs états mentaux associés ? et ainsi de suite. Ces exemples peuvent être trompeurs, car les considérations sur le réalisme concernent également l'existence de propriétés : Comment savons-nous que le spin quantique existe ? Y a-t-il une propriété telle que l'aliénation dans la société ? Est-ce que la liaison covalente est une propriété purement chimique ? [...] L'ensemble du débat sur les observables a été biaisé par une attention excessive portée sur la taille et les distances relatives comme mesures de substitution du degré de difficulté à observer des objets[1].

Humphreys identifie dans ce passage un lien étroit entre le fait que les entités soient jugées être au centre des interrogations scientifiques et la place que prennent les considérations géométriques dans les débats sur l'observation. Selon lui, la difficulté à observer un phénomène ne peut pas, en toute généralité, être réduite à ces considérations géométriques, et notamment celles concernant l'échelle du phénomène ainsi que sa distance à l'observateur. La raison en est que, souvent, des propriétés autres que géométriques sont centrales dans les investigations empiriques entreprises par les scientifiques.

D'autre part, selon Humphreys, l'intérêt que portent les scientifiques aux propriétés non géométriques n'est pas la seule raison pour laquelle il conviendrait d'en faire l'objet de l'observation. En effet, l'utilisation même d'instruments impose que l'on détecte des propriétés (chaleur, radioactivité, luminosité, etc.) et non des entités puisque nous n'avons pas de détecteurs de planètes, de cerveaux ou de mitochondries. Pour lui, une entité s'explore progressivement, par ses propriétés, à mesure que de nouveaux instruments sont développés :

> Le processus de découverte concernant des objets consiste en des types spécialisés d'instruments détectant une ou plusieurs propriétés qui constituent ce que nous considérons être cet objet avec, par conséquent, la possibilité de

1 P. Humphreys, *Extending Ourselves : Computational Science, Empiricism and Scientific Method*, University Press, 2004, p. 23.

> détecter de plus en plus de propriétés constituant cette entité à mesure que de nouvelles techniques apparaissent[1].

Dans cette perspective, la multiplication des instruments s'explique par la possibilité qu'ils offrent de produire des données concernant différentes propriétés physiques. La notion d'entité n'est ici non seulement plus centrale, mais dérive même de celle de propriété physique puisque Humphreys propose de définir l'entité comme un « faisceau de propriétés ». Ces différentes propriétés sont révélées à mesure que les scientifiques parviennent à développer les détecteurs adéquats. Une conséquence immédiate de cette conception du rôle des instruments dans l'observation est que l'entité n'est plus définie par ses seules caractéristiques géométriques, puisque certains de ces détecteurs peuvent ne fournir qu'une mesure globale unique pour l'entité toute entière et n'apporter de ce fait aucune information spatiale. On parlera par exemple de la *brillance* d'un astre, sans que cette propriété ne nous renseigne sur les qualités géométriques de cet astre.

En toute généralité, un instrument servant à l'exploration empirique est un détecteur d'une certaine propriété physique. Certains instruments n'apportent pas d'information spatiale parce qu'ils délivrent une mesure unique de cette propriété et sont appelés pour cela des instruments de mesure. D'autres délivrent des listes de mesures, spatialement organisées, et qui peuvent être affichées sur un écran dans différents formats de représentation, tels que des graphes, des tableaux ou des images. Dans tous les cas, l'interprétation de données fournies par ces instruments ne peut pas s'affranchir d'une connaissance minimale qui porte sur cet instrument. En effet, l'investigateur se doit de connaître au moins à quelle propriété physique renvoient les données dont il dispose. Une mesure, par exemple, n'a pas de sens si l'on ne sait même pas de quoi elle est la mesure[2].

1 *Ibid.*, p. 25.

2 La prise de connaissance d'une mesure fournie par un instrument, de manière détachée des aspects représentationnels de cet instrument, et donc indépendamment du fait que ce soit une mesure *de quelque chose*, constituerait une observation dans le sens de Carnap (voir p. 50). Je me suis opposé à cette conception du rôle des instruments dans l'observation, consistant à séparer la « pure » prise de connaissance des données des connaissance inférentielles qui en sont tirées, en affirmant d'une part que l'observation est toujours inférentielle, et d'autre part que des énoncés tels que « l'aiguille se trouve sur la marque 5 du cadran » ont une très faible efficacité épistémique (voir p. 140).

En suivant Humphreys, on peut donc expliquer l'intérêt qu'il y a à développer des instruments permettant l'exploration des diverses propriétés d'une unique entité. La multiplicité de ces propriétés physiques détectables traduit une diversité des interrogations scientifiques bien plus large que la reconnaissance et la découverte d'entités, qui étaient les seules questions auxquelles la conception géométrique de l'interprétation des données permettait de répondre (uniquement pour les instruments d'imagerie). Cette conception de l'investigation empirique n'est cependant pas encore complète car elle est limitée aux questions portant sur les propriétés physiques pouvant être détectées par un instrument. Or certaines observations ne viennent pas en réponse à ce genre de questions puisque des propriétés ou des processus non directement détectables par un instrument peuvent être inférées, et observées, à partir des données.

PROPRIÉTÉS DÉTECTÉES ET PHÉNOMÈNES OBSERVÉS

Jusqu'ici, j'ai considéré deux niveaux d'interprétation des données, portant respectivement sur la propriété physique mesurée et, dans le cas où les données sont des images, sur des entités. Le premier niveau, le plus élémentaire, s'appuie sur la connaissance de l'instrument qui produit des données et aboutit à la possibilité de formuler des énoncés d'observation exprimant ce qui est mesuré ou détecté, de manière absolue (par exemple : « Il fait 19,8°C dans la pièce ») ou relative (par exemple : « La région centrale de cette image indique un taux d'émission de rayonnement infrarouge plus élevé que dans les régions périphériques »). Si les données sont présentées sous forme d'image montrant les variations spatiales de la propriété physique mesurée, l'interprétation géométrique des données permet de chercher à identifier des formes pouvant être associées à des entités. On pourra dire par exemple que l'image en télescopie à infrarouge *dans la constellation d'Orion* montre une surintensité de forme ovale.

En procédant de la sorte, l'observateur fait usage d'un cadre interprétatif encore très rudimentaire, tant en ce qui concerne l'instrument que le phénomène. En particulier, la théorie du phénomène se limite essentiellement à la connaissance des propriétés géométriques de certaines entités. Il existe cependant des niveaux d'interprétation faisant appel à d'autres connaissances portant sur le phénomène. Revenons à l'exemple de la neuroimagerie où des données sont produites sous forme d'image par résonance magnétique fonctionnelle. La théorie de l'instrument nous dit ici que le niveau élémentaire de l'interprétation, correspondant à la propriété physique mesurée, porte sur l'aimantation (ou plus précisément les propriétés paramagnétiques) de la matière. Ce n'est pourtant ni cette propriété des tissus du cerveau, ni le cerveau lui-même en tant qu'entité, qui sont l'objet de l'investigation des neuroscientifiques. Il s'agit pour eux d'exploiter leurs connaissances des processus physiologiques pour lier la propriété physique détectée dans le cerveau à une propriété physiologique du cerveau : l'activité cérébrale.

Cette dernière est mesurée en IRM fonctionnelle à partir de l'augmentation du débit sanguin[1]. L'élément crucial de la théorie du phénomène qui permet de lier l'activité cérébrale aux propriétés paramagnétiques de la matière est que les propriétés paramagnétiques du sang oxygéné diffèrent de celle du sang désoxygéné que le sang oxygéné vient remplacer dans les zones actives du cerveau. Ce qui était une carte présentant les variations d'une propriété physique peut donc être interprété comme une carte de l'activité cérébrale, c'est-à-dire une carte d'un processus physiologique.

Ce niveau d'interprétation n'est cependant pas encore celui qui intéresse les neuroscientifiques, car les questions qui sous-tendent leurs recherches ne concernent pas la physiologie mais les sciences cognitives. Ce n'est donc pas l'activité cérébrale en tout généralité qui est au centre de leurs investigations, mais l'activité cérébrale sous certaines conditions expérimentales bien déterminées. Dans l'exemple dont j'ai entrepris l'exposé précédemment, il s'agit de déterminer quelles sont les zones actives du cerveau dans le traitement de la douleur. Il faut donc poursuivre la chaîne inférentielle de l'interprétation des données en faisant appel à des hypothèses concernant le fait que l'activité cérébrale mesurée est bien liée directement au stimulus douloureux auquel sont soumis les sujets. C'est à cette étape inférentielle que l'on peut

1 L'activité cérébrale n'admet pas de définition opérationnelle unique. Elle peut être mesurée, comme dans l'exemple que je présente, par une mesure du débit sanguin. On parle cependant aussi de l'activité cérébrale pour désigner ce qui est mesuré par électroencéphalographie, bien que l'on précise souvent qu'il s'agit alors de l'activité électrique. Les deux types d'activité (électrique et par débit sanguin) sont corrélés mais pas identiques.

identifier l'erreur des chercheurs, qui avaient pris pour acquis ce lien entre stimulus douloureux et activité cérébrale mesurée, étant donné que les sujets n'étaient soumis à aucune autre stimulation que celle qui causait la douleur. Or cette hypothèse n'était pas correctement justifiée car le stimulus douloureux créait une activité parasite chez les patients, qui contractaient leurs mâchoires. Par conséquent, l'activité cérébrale ne devait pas être interprétée comme étant liée au traitement de la douleur.

Même si cette expérience s'est révélée être défectueuse, elle révèle la structure inférentielle de l'interprétation des données et l'existence de différents niveaux d'interprétation, selon que l'on fasse jouer ou non des connaissances portant sur le phénomène visé. Je parlerai de propriétés de « bas niveau » pour désigner les propriétés physiques mesurées et de propriétés de « haut niveau » pour désigner les propriétés observées, lorsque celles-ci sont propres à un domaine scientifique particulier et sont inférées à partir des précédentes, en faisant usage de connaissances portant sur le phénomène.

J'ai établi cette distinction entre la propriété observée et la propriété *physique* mesurée dans un exemple tiré des sciences cognitives et cette distinction me sera également utile pour présenter une étude de cas dans le domaine de l'imagerie médicale, à la fin de cet ouvrage. Mais elle est également valable dans le domaine de la physique, où la propriété physique observée peut être différente de la propriété physique mesurée, comme le montre l'exemple longuement décrit et analysé par Shapere concernant l'observation du noyau solaire[1]. Cette partie du soleil est tellement inaccessible, enfouie sous des centaines de milliers de kilomètres d'hydrogène et d'hélium en fusion, qu'elle serait qualifiée d'inobservable dans toutes les conceptions classiques de l'observation. Cependant, pour cet auteur, le fait que les scientifiques affirment observer le noyau solaire grâce à la détection des neutrinos qu'il émet doit être pris au sérieux, et son article *The Concept of Observation in Science and Philosophy* est destiné à défendre cette affirmation et à en saisir la légitimité. Sa discussion de ce cas le conduit à identifier trois phases nécessaires à la collecte des données observationnelles : l'émission d'un signal, sa transmission et sa détection. Il s'agit pour Shapere d'exposer les lois qui sous-tendent l'émission de neutrinos par le noyau solaire,

---

1 D. Shapere, « The concept of Observation in Science and Philosophy », *Philosophy of Science*, vol. 49, 1982, p. 485-525.

puis de décrire le trajet de ces neutrinos entre leur point d'émission et la Terre ainsi que la manière de les détecter.

Concernant la transmission des neutrinos qui sont émis dans le noyau solaire, Shapere souligne qu'ils possèdent une propriété cruciale pour servir à l'établissement de données observationnelles : leur probabilité d'interaction avec la matière est infime. Ils peuvent donc traverser le soleil et arriver jusqu'à la Terre sans avoir été perturbés dans leur trajectoire. Grâce à cette propriété, les scientifiques sont sûrs de la provenance de ces neutrinos alors que s'il s'agissait de photons, qui interagissent facilement avec la matière, Shapere affirme qu'il leur faudrait entre 100.000 et 1.000.000 d'années avant de parvenir à la surface du soleil depuis le centre et que leur trajectoire aurait été tellement perturbée que plus rien ne pourrait être dit au sujet de leur provenance. La bonne transmission, en ligne droite, des neutrinos est donc ce qui garantit l'obtention de mesures qui renseignent véritablement sur l'origine de ces neutrinos. Le taux d'émission de neutrinos dans le noyau solaire est donc la propriété de bas niveau que l'on peut observer à partir de ce qui a été détecté.

Les scientifiques s'intéressent cependant à d'autres propriétés du noyau solaire. D'après Shapere « les physiciens et astronomes ont développé une théorie qui, sur la base de nombreuses et diverses considérations, semblent très bien rendre compte de la production d'énergie dans les étoiles[1] ». Puisque cette théorie relie le taux d'émission de neutrinos (propriété de bas niveau) à la production d'énergie (propriété de haut niveau) grâce à une loi quantitative, les physiciens et astronomes peuvent inférer la quantité d'énergie produite dans le noyau solaire à partir du nombre de neutrinos ayant été détectés. La connaissance portant sur l'objet de l'investigation et qui permet de lier la propriété détectée à la propriété observée est d'ordre véritablement théorique puisqu'elle prend même la forme d'une loi quantitative[2]. Mais mis à part cette différence, la struc-

1 *Ibid.*, p. 493.

2 Il faut d'ailleurs noter l'indépendance entre ce que Shapere appelle la « théorie de la source » (cette loi quantitative) et les théories de la transmission et de la détection. La première traduit la meilleure connaissance disponible concernant le mode de production des neutrinos dans le noyau solaire – et tisse le lien entre propriétés de bas et haut niveau – tandis que les secondes permettent la description du chemin des neutrinos dans l'espace et de leur détection par un instrument, indépendamment des conditions de leur production.

ture de l'exemple est identique à l'exemple précédent en neuroimagerie, notamment dans la formulation d'un jugement observationnel portant sur une propriété de haut niveau (la production d'énergie ici et l'activité cérébrale pour une certaine stimulation dans l'exemple précédent) à partir de la détection d'une propriété physique (le taux d'émission de neutrinos ici, le magnétisme des tissus dans l'exemple précédent). Et comme précédemment, ce n'est pas véritablement une entité qui est observée mais l'une de ses propriétés : la production d'énergie dans le noyau solaire.

La capacité d'accès au phénomène est donc fonction à la fois des moyens matériels mis en œuvre pour l'observation et des connaissances que possède l'investigateur. En exploitant ses connaissances, celui-ci peut réaliser des inférences qui font porter les énoncés qu'il formule en réponse à l'expérience sur des propriétés de plus haut niveau. La place des inférences dans l'observation est précisée dans le reste de ce chapitre.

OBSERVATION ET INFÉRENCE

L'opposition traditionnelle de l'observation et de l'inférence s'explique par le fondationnalisme qui sous-tend le plus souvent les conceptions de l'observation. Dans la conception interprétative que j'ai développée en revanche, l'influence d'un cadre interprétatif sur la formulation des rapports d'observation ne rend pas problématique l'usage de nos meilleures connaissances. Cependant, deux questions sont soulevées par la possibilité qu'a l'investigateur de faire jouer ses connaissances pour formuler des rapports d'observation. Tout d'abord, l'existence de plusieurs niveaux d'interprétation ne va-t-elle pas à l'encontre de la stabilité de l'investigation empirique si différentes interprétations peuvent sanctionner la même expérience ? La deuxième question concerne la possibilité de faire jouer ou non tout type de connaissance au cours de la tâche interprétative. Y a-t-il des contraintes qui pèsent sur la connaissance utilisée par l'investigateur dans la formulation des rapports d'observation ?

RETOUR SUR L'UNICITÉ DU JUGEMENT D'OBSERVATION

Un aspect important de la stabilité d'une investigation empirique concerne la possibilité d'arriver à un jugement qui est lui-même stable, et non contesté par la possibilité de formuler d'autres jugements en réponse à l'expérience. Or les analyses qui précèdent démontrent que l'observation, du fait de sa structure interprétative, permet à l'investigateur de formuler des énoncés qui portent sur différentes propriétés du système étudié. Comment peut-on rendre compatibles l'exigence de stabilité des énoncés d'observation et la multiplicité potentielle de ces énoncés ?

La réponse à cette question est double. En premier lieu, l'existence de différents niveaux d'interprétation d'une expérience n'est pas problématique comme le serait l'existence d'interprétations contradictoires. J'avais mentionné l'exemple que donne Van Fraassen de l'observation d'une balle de tennis et du problème que pouvait soulever la méconnaissance chez le sujet du jeu de tennis, en répondant que si l'énoncé « voici une balle de tennis » était parfaitement adéquat, l'énoncé « voici une petite sphère jaune et rebondissante » ne l'était pas moins. Or ces deux possibilités, qui correspondent à des capacités langagières différentes, sont compatibles, même si la première correspondrait dans la terminologie définie plus haut à l'identification d'une propriété de plus haut niveau (être une balle de tennis) que la seconde. En comparaison, un véritable problème serait trouvé dans la formulation d'énoncés contradictoires, si un deuxième sujet reconnaissait par exemple une boule de pétanque. Il en est de même dans les exemples scientifiques, où la possibilité de multiples descriptions qui sont compatibles entre elles et ne correspondent qu'à des comptes rendus portant sur des niveaux différents n'est pas problématique au même titre que des descriptions qui témoignent de divergences profondes.

Le deuxième volet de la réponse au problème de l'existence de différentes niveaux d'interprétation repose sur l'inclusion de l'observation dans une démarche exploratoire qui est motivée par une question précise. Or cette question détermine largement le niveau auquel les données doivent être interprétées. Le fait par exemple qu'il existe un niveau d'interprétation d'une radiographie pulmonaire duquel on puisse tirer le jugement « c'est un thorax » n'intéresse pas le praticien qui a pris cette radio pour vérifier la présence d'une inflammation du poumon, et non pas celle d'un thorax chez son patient. Ayant en tête la question à laquelle il cherche à répondre en soumettant son patient à un examen radiologique, le praticien obtient bien une réponse univoque à cette question, indépendamment du fait que des réponses puissent être apportées à d'autres questions grâce aux mêmes données.

Il peut d'ailleurs arriver que, l'investigateur étant incapable de produire un jugement univoque concernant une question donnée, il reformule une question plus modeste, moins précise, ou demandant moins de connaissances pour y répondre de manière univoque. Une investigation, scientifique ou non, est toujours dynamique et les questions qui la motivent peuvent être modifiées par le cours de l'expérience. L'existence de différents niveaux d'interprétation des données ne remet donc pas en cause le critère de stabilité que j'ai défendu pour caractériser l'observation scientifique.

LES HYPOTHÈSES EN JEU DANS L'OBSERVATION

Au cours d'une observation, des données sont interprétées et conduisent à la formulation d'un jugement. Des hypothèses bien confirmées peuvent servir à inférer des jugements à d'autres niveaux que celui du premier jugement. Par exemple, à partir d'une image interprétée comme une carte de mesure de la propriété paramagnétique de la matière, je peux inférer un jugement portant sur l'activité cérébrale puis, à partir d'un jugement sur l'activité cérébrale, un autre jugement portant sur la région traitant tel ou tel type de tâches. Il faut cependant déterminer si des restrictions doivent peser sur les hypothèses qu'un investigateur peut employer pour formuler un jugement d'observation.

D'un point de vue épistémologique, ces hypothèses doivent être bien justifiées et ne faire l'objet d'aucune controverse. Si une hypothèse controversée ou mal assurée était utilisée pour formuler un jugement en réponse à l'expérience, la stabilité du jugement s'en trouverait menacée et il ne s'agirait plus d'une observation. La conception de l'observation que je propose permet donc de maintenir la distinction entre observation et inférence, même si toute observation est inférentielle, selon le statut épistémique des hypothèses employées. Si au moins l'une de ces hypothèses est douteuse, on parlera d'inférence pour mettre l'accent sur la dépendance du jugement vis-à-vis de cette hypothèse mal assurée.

D'autre part, si l'on considère les hypothèses qui sont bien justifiées, il faut tenir compte du fait que l'observation prend toujours pour objet le fait singulier. L'adjectif singulier signifie ici plusieurs choses. Tout d'abord, l'énoncé d'observation présente une certaine structure syntaxique qui élimine le recours au quantificateur universel. L'observation ne porte pas sur les propriétés génériques d'un objet générique mais sur les propriétés singulières d'un objet lui aussi singulier. L'observation d'un cygne blanc nous apprend donc que ce cygne que l'on a sous les yeux est blanc, et non que les cygnes en général sont blancs. Mais le terme « singulier » renvoie aussi à l'expérience singulière qui prend place en un lieu et un temps bien déterminés. L'observation est rattachée à un « ici » et un « maintenant » et à ce principe de localisation spatio-temporelle sont associées certaines contraintes.

Prenons un exemple simple : j'ai sous les yeux une chenille de machaon. La reconnaissance de la forme caractéristique d'une chenille, le fait que je la vois sur des feuillages se mouvoir comme une chenille etc. sont des éléments qui me permettent d'identifier cette chenille et de formuler le jugement selon lequel par exemple « cette chenille de machaon mange une feuille » grâce à certaines connaissances qui me confèrent la capacité de reconnaître une chenille de machaon.

Or il existe des hypothèses dont l'utilisation a pour effet de « délocaliser » le jugement que je pourrais émettre. Par exemple, si je fais usage de l'hypothèse bien confirmée selon laquelle « la chenille du machaon devient un papillon », je peux *prédire* que cette chenille deviendra un papillon. Mais en vertu de la contrainte selon laquelle un jugement d'observation porte sur ce qui est présent *ici* et *maintenant*, je ne pourrai pas dire que j'observe un papillon, ni même que j'observe quelque chose qui deviendra un papillon.

L'exemple de Shapere que j'ai exposé précédemment ne présentait pas ce problème. L'hypothèse qui portait sur la source liait la propriété d'émettre des neutrinos à celle de produire de l'énergie ici et maintenant, ne conduisant à aucune espèce de délocalisation, ni temporelle, ni spatiale. Il en était de même concernant l'hypothèse qui lie les propriétés paramagnétiques du sang et l'activité cérébrale, qui respecte elle aussi le principe de localisation spatio-temporelle de l'observation.

Les remarques qui précèdent s'appliquent indifféremment au cas de l'observation directe à l'œil nu et à celui de l'observation médiate reposant sur l'enregistrement de données et leur interprétation. Dans ce second cas, il convient malgré tout de dire que le principe de localisation qui s'applique concerne le moment et le lieu auquel les données ont été enregistrées et pas celui de leur interprétation. C'est la raison pour laquelle il m'est permis d'observer des phénomènes qui ont été enregistrés au préalable mais il faut bien distinguer ce cas de celui de la *rétrodiction*, au cours duquel j'inférerais qu'un certain événement s'est produit auparavant à partir de données collectées maintenant.

Je poursuis dans le chapitre suivant l'étude du rôle des hypothèses dans les pratiques observationnelles en considérant les nouvelles possibilités inférentielles qu'offrent les ordinateurs.

LE TRAITEMENT COMPUTATIONNEL DES DONNÉES

L'étude des pratiques contemporaines de l'investigation empirique démontre que l'usage d'instruments pour produire des données s'accompagne très souvent d'une phase de traitement mathématique des données avant que celles-ci ne soient interprétées. Le traitement mathématique des données est possible lorsque celles-ci ont un format numérique, c'est-à-dire lorsque l'instrument produit une mesure ou une liste de mesures, et a pour objectif d'en faciliter l'interprétation en exploitant certaines connaissances. J'avais donné l'exemple d'un thermomètre dont on saurait qu'il sous-estime la température de 1°C (voir p. 112) et j'avais affirmé que cette erreur systématique ne nuisait pas à la fiabilité de l'instrument puisqu'elle pouvait être rectifiée par l'investigateur en ajoutant 1°C à la mesure. Cette correction survenait donc dans la phase interprétative, en utilisant une connaissance possédée par l'investigateur à propos de l'instrument. Je considère à présent la possibilité d'intégrer cette connaissance dans la *production* des données, c'est-à-dire dans cet exemple, de transformer les données en ajoutant 1°C *avant* que l'investigateur n'ait à les interpréter.

J'ai souligné que la plupart des instruments délivrent désormais des données numériques. C'est le cas des instruments de mesure (thermomètres, voltmètres, compteurs Geiger, etc.) mais aussi des instruments d'imagerie dont les capteurs fonctionnent comme des instruments de mesure ayant une certaine organisation spatiale. Par exemple, un appareil de radiologie est composé d'un détecteur qui mesure en chaque point de sa surface l'intensité du rayonnement X qui lui parvient. L'image radiographique que l'on voit affichée sur l'écran d'un ordinateur est composée à partir d'une liste de mesures, en attribuant à chacune d'entre elles une position dans l'image, et à chaque valeur une couleur[1]. Les

1 Le choix de la couleur attribuée doit refléter la valeur de la mesure pour permettre une lecture aisée de l'image. Par exemple, on décidera de n'utiliser que des niveaux de gris

instruments optiques (microscopes, télescopes, etc.) fonctionnent désormais sur le même principe. La généralisation du format numérique des données a été un facteur déterminant dans la possibilité de développer le traitement des données.

Lorsque des données sont générées sous la forme d'une liste de nombres, celle-ci peut être enregistrée sur un ordinateur et être considérée comme un objet mathématique. On parle alors de *vecteur* de nombres, auquel des transformations mathématiques peuvent être appliquées. L'ordinateur ne sert donc pas seulement à l'enregistrement et à l'affichage de ces données, il permet aussi de mettre en œuvre les calculs servant à leur transformation.

En consacrant un chapitre au traitement computationnel des données, mon but est de combler le manque jusqu'ici flagrant de la prise en compte de cette pratique dans les travaux philosophiques sur l'observation. Alors que les aspects épistémiques, linguistiques et matériels de l'observation ont conduit à des discussions riches, les philosophes qui ont cherché à défendre le statut observationnel des expériences médiates dans lesquelles interviennent des instruments n'ont à ma connaissance jamais abordé les questions qui sont liées à l'utilisation massive du traitement des données. L'une des raisons en est qu'une bonne part des travaux philosophiques qui ont porté sur les instruments a été produite avant les années 1990, alors que l'informatisation et la numérisation qui ont rendu possibles les pratiques de traitement des données ne sont devenues courantes que dans les années 1990 et systématiques à partir des années 2000. De manière tout à fait générale, il s'agit donc en premier lieu de fournir ici des outils d'analyse permettant de prendre en compte ces nouvelles pratiques.

Plus précisément, j'exposerai d'abord les deux raisons principales qui conduisent les scientifiques à faire usage de traitements informatiques pour modifier leurs données. La première est que les données produites par un instrument peuvent se révéler difficiles à interpréter relativement à la question qui motive l'investigation empirique, par exemple lorsqu'un instrument produit des aberrations ou des images floues. J'établirai une distinction entre l'usage de la connaissance qui est destiné à améliorer un instrument matériellement, en le munissant d'une meilleure optique

---

et l'on attribuera le noir à la valeur zéro et le blanc à la mesure la plus élevée.

par exemple, et l'usage de la connaissance dans le traitement des données pour améliorer les données produites par l'instrument en les rendant plus lisibles, *sans modifier en aucune façon l'instrument.* La seconde est que les instruments informatisés sont si nombreux, et tellement plus faciles d'usage que leurs équivalents de l'ère pré-numérique, qu'ils génèrent désormais des données extrêmement volumineuses que la communauté scientifique n'a tout simplement plus le temps d'examiner en détail. Le traitement des données permet donc un gain de temps considérable en automatisant certaines tâches liées à l'interprétation des données telles que la recherche d'un objet d'intérêt dans une image et le tracé de son contour. Le traitement des données a donc pour but général de faciliter l'interprétation des données scientifiques, par une plus grande lisibilité des données ou en effectuant une partie plus ou moins importante de leur interprétation.

Pour étudier le rôle que jouent les données traitées dans l'observation, je propose une classification reposant sur le type d'hypothèses qui est exploité pour transformer les données. Ces hypothèses bien confirmées[1] sont utilisées dans des modèles mathématiques en suivant l'exemple du thermomètre que j'ai donné précédemment. Sachant que le thermomètre sous-estime systématiquement la température de 1°C, cette hypothèse est tout d'abord formalisée pour pouvoir être appliquée à des objets mathématiques. Ainsi, pour toute température mesurée x (la donnée sous forme de nombre unique) on traduit l'hypothèse par la fonction qui à la variable x fait correspondre la valeur $x+1$. Cette fonction est un modèle mathématique dont l'application vise à rectifier le défaut de l'instrument. Le résultat du traitement est l'obtention d'une donnée corrigée, interprétable plus simplement par l'investigateur. Ici, l'hypothèse porte donc sur l'instrument mais ce n'est qu'un domaine possible parmi d'autres.

En distinguant les hypothèses qui fondent le traitement des données par leur domaine d'application, on parvient à un outil classificatoire qui présente plusieurs avantages. Tout d'abord, cette classification se rattache à mes analyses portant sur le cadre interprétatif de l'investigateur, puisque j'ai déjà discuté des différents types de connaissance qui sont en jeu dans l'interprétation des données. La distinction que j'ai établie entre théorie

1 Je parlerai indifféremment d'hypothèses bien confirmées ou de connaissances dans ce chapitre pour désigner les propositions scientifiques sur lesquelles repose la transformation des données.

de l'instrument et du phénomène pourra donc être reprise et complétée. Ensuite, cette classification est fonctionnelle car le domaine sur lequel porte l'hypothèse formalisée détermine pour une large part le but visé du traitement des données. Dans l'exemple du thermomètre, on rectifie un défaut de l'instrument en faisant une hypothèse sur l'instrument. D'autres types de traitements mettent en jeu des hypothèses sur la perception visuelle humaine dans le but de traiter automatiquement une scène visuelle en y trouvant par exemple certains objets automatiquement. Enfin, parce que cette classification est fonctionnelle, elle renvoie à des sous-domaines scientifiques qui sont déjà bien constitués dans le traitement des données. Les termes que l'on voit généralement apparaître dans la littérature scientifique, tels que « reconstruction d'images », « vision automatique » ou « segmentation d'objets » peuvent être compris en fondant leur sens sur le type d'hypothèses qu'ils mettent en jeu, par domaine (celui de l'instrument, du phénomène, de la vision). La classification que je propose permet donc de garder un lien étroit avec la pratique, et d'en saisir le découpage disciplinaire.

Le traitement des données a incontestablement un rôle d'aide à l'observation par l'amélioration des données sous divers aspects. Il s'agit de faciliter l'interprétation de l'investigateur en automatisant certaines tâches qui ne sont donc plus à sa charge. Or l'automatisation dans l'observation soulève des questions pressantes relatives à l'interprétation et à l'observation en général. Le scénario décrivant un processus expérimental entièrement automatisé, qui aboutit à la formulation d'un rapport par une machine (par exemple : « tumeur de type X, localisée en Y, détectée chez le patient Z ») ne relève plus à l'heure qu'il est de la science-fiction. Les progrès réalisés dans les différents domaines du traitement automatique des données conduisent d'ores et déjà à cette possibilité pour certaines investigations. Faut-il considérer le rapport produit par une machine de la même manière que celui qui est produit par un agent humain ? Lorsque l'aide à l'interprétation est poussée jusqu'à l'automatisation complète, allant jusqu'à la formulation d'un rapport, reste-t-il une part de responsabilité à l'agent ? Comment définir la notion d'interprétation dans ces conditions ? Et enfin, pouvons-nous dire désormais que l'observation n'est plus nécessairement une activité *humaine* ?

DANS QUEL CAS TRAITE-T-ON LES DONNÉES COLLECTÉES AVEC UN INSTRUMENT ?

Une expérience étant destinée à orienter l'investigateur vers une réponse claire concernant une question précise, les données doivent être produites de manière à différencier les hypothèses correspondant aux réponses possibles à cette question. De manière générale, le traitement des données est destiné à en faciliter l'interprétation, c'est-à-dire à mieux différencier les différentes hypothèses qui sont en compétition. Dans cette section, je présente ce qui me paraissent être les deux cas généraux dans lesquels de tels traitements sont effectués. Je m'intéresse d'abord aux données qui portent une information suffisante pour apporter une réponse à la question qui motive l'investigation, mais qui sont difficiles, voire impossible à interpréter parce que leur interprétation demande d'une part de connaître beaucoup de choses au sujet de la production des données, et d'autre part de faire usage de ces connaissances pour faire des inférences qui sont parfois si complexes qu'elles sont infaisables en pratique par un agent cognitif même très bien entraîné. C'est la raison pour laquelle des ordinateurs sont utilisés pour transformer ces données de manière à en faire ressortir l'information pertinente de manière beaucoup plus claire. J'expose ensuite un problème lié à la masse globale de données qui sont générées, pour le traitement desquelles la communauté scientifique ne dispose plus d'un temps suffisant.

DONNÉES PEU CLAIRES OU ILLISIBLES

Pendant longtemps, les scientifiques qui constataient que leurs instruments n'étaient pas assez performants pour observer certains phénomènes n'ont pas eu d'autres choix que d'améliorer les conditions matérielles de leurs investigations. Il s'agissait d'une part de trouver les meilleurs réglages de l'instrument, mais aussi les meilleures conditions extérieures (éclairage, température, etc.) et, plus généralement, d'identifier les facteurs favorables à la netteté, au contraste ou encore à la précision de l'observation. D'autre part, et c'est ainsi que les progrès les plus décisifs ont pu être accomplis en matière d'observation, les progrès de la « théorie de l'instrument » permettaient de comprendre les causes de certaines limitations et d'apporter une solution matérielle à ces limitations. Hacking donne quelques exemples d'aberrations lors de l'emploi du microscope qui ont pu être corrigées en améliorant l'instrument :

> [Les aberrations de sphéricité] sont dues au polissage des lentilles, que l'on obtient par des frottements aléatoires. Ceux-ci – on peut le démontrer – produisent une surface sphérique. Un rayon lumineux qui s'écarte un peu de l'axe ne convergera pas au même endroit qu'un rayon plus proche de l'axe. Pour les angles *i* où *sin (i)* est très éloigné de *i*, il n'y a pas de point de convergence des rayons lumineux : ainsi, un point de l'échantillon n'apparaîtra au microscope que comme une tache. Huygens avait bien compris cela, et il savait aussi comment y remédier en théorie, mais il fallut longtemps, en pratique, pour éviter les aberrations de sphéricité par des combinaisons de lentilles concaves et convexes[1].

Dans ce passage, Hacking expose un problème qui a longtemps affecté les observations au microscope. Une fois ce problème identifié, ses effets peuvent être limités par un expérimentateur averti, qui connaît bien les conditions d'utilisation de son instrument. Ici, il s'agira de maintenir l'angle des rayons lumineux le plus faible possible pour obtenir une convergence approximative de ces rayons. Cela signifie que l'échantillon devra être centré au mieux pour limiter le flou qui affecte les points de l'échantillon à mesure que ceux-ci sont excentrés. Mais pour établir de véritables conditions observationnelles, la seule voie consiste à comprendre l'origine du problème et à trouver une solution technique qui mette en œuvre la solution théorique qui a pu être trouvée.

Le perfectionnement technique d'un instrument est ce que l'on pourrait appeler dans les termes de Bachelard une « matérialisation de la théorie » ou en tout cas, une « matérialisation de la connaissance ». Mais si la solution matérielle à une aberration ou à toute autre limitation d'un instrument demande en général que les causes du problème aient été comprises, connaître la cause théorique d'un problème ne garantit pas que l'on puisse disposer facilement d'une solution matérielle à ce problème. Comme le souligne Hacking, la mise en œuvre pratique d'une solution aux aberrations de sphéricité demande encore que l'on découvre la bonne combinaison de lentilles concaves et convexes. Il en est de même de l'aberration chromatique du microscope (voir p. 157), qui a été

1 Hacking, « Est-ce qu'on voit à travers un microscope ? », p. 251.

considérablement diminuée grâce à la compréhension théorique de la cause de cette aberration, combinée à la découverte de verres ayant les bonnes propriétés optiques. Une solution matérielle n'est donc pas l'immédiate application d'une connaissance théorique. Cette connaissance demande à être traduite, parfois de manière très ingénieuse, dans un dispositif physique. C'est là une différence essentielle entre l'amélioration de la production des données par un changement opéré matériellement sur l'instrument, et celle qui est obtenue grâce au traitement informatique des données.

Aujourd'hui, quand des données inexploitables sont produites par un instrument, les investigateurs ont la possibilité d'améliorer ces données grâce à des traitements computationnels. Prenons l'exemple d'un dispositif d'imagerie par résonance magnétique (IRM). J'avais présenté cette technique pour son utilisation en imagerie cérébrale fonctionnelle dans le chapitre précédent et j'avais dit qu'elle permettait de détecter, en première approximation, la présence d'eau dans les tissus. Il faut cependant préciser que les données qui sont produites par l'instrument seul sont ininterprétables. En effet, pour des raisons physiques, il n'est pas possible de mesurer directement la distribution *spatiale* de l'eau (ou plus exactement des noyaux d'hydrogène) qui permettrait de reconnaître des structures anatomiques. Ce qui est mesuré en IRM est une fréquence de résonance des noyaux d'hydrogène ayant été excités par un champ magnétique (voir la figure 7-a)[1].

Pour obtenir une image interprétable (figure 7-b), il est nécessaire d'associer aux fréquences détectées une position spatiale. Pour ce faire, on s'appuie sur le fait que la fréquence de résonance nucléaire dépend de la valeur du champ magnétique. Par conséquent, si les investigateurs règlent leurs aimants de manière à faire apparaître un *gradient* de champ sous la forme d'une variation continue de celui-ci dans l'espace, les fréquences mesurées sont elles aussi variables spatialement. Grâce à la connaissance des variations spatiales du champ magnétique, un lien peut être établi entre la fréquence de résonance d'un noyau d'hydrogène et sa position dans l'espace. Ce lien peut ensuite être exprimé par une transformation mathématique, la transformée de Fourier, qui permet le traitement des données produites de sorte à obtenir la distribution spatiale, et non plus fréquentielle, des noyaux d'hydrogène.

---

1 D. Doyon et al., *IRM : imagerie par résonance magnétique*, Elsevier-Masson, 2004. Quatrième édition, p. 20.

Dans cet exemple, le calcul nécessaire à l'obtention de données interprétables n'est pas réalisable par un humain. Même l'investigateur qui connaitrait parfaitement la théorie physique de l'IRM et la théorie mathématique de Fourier qui permet le traitement des données ne dispose pas des ressources nécessaires pour interpréter l'image de la figure 8-a. Le calcul, qui porte sur plusieurs milliers de mesures, n'est pas traitable comme l'est celui qui consiste à ajouter une fraction de degré à la mesure unique fournie par un thermomètre et l'ordinateur est ici indispensable à l'obtention de données observationnelles. Il est donc correct de dire de l'IRM qu'il s'agit d'une technique qui fournit des images de la distribution des noyaux d'hydrogène dans l'organisme, à condition de comprendre le dispositif non comme un simple détecteur, mais comme un détecteur couplé à un ordinateur qui réalise des calculs indispensables à l'obtention de données interprétables.

L'IRM est un exemple extrême de l'utilisation du traitement des données pour deux raisons. La première est que sans traitement, les données sont absolument inexploitables – la figure 7-a est incompréhensible même pour le plus chevronné des investigateurs. D'autres exemples comme celui de la p. 161 montrent que souvent, les données scientifiques sont difficiles à interpréter, présentant certaines ambiguïtés et faisant appel aux qualités vraiment exceptionnelles de l'investigateur. Le traitement des données a aussi un rôle à jouer dans ces cas, permettant de rectifier un défaut léger d'un instrument mais l'IRM permet de mettre en évidence la puissance de ces traitements dans le cas le plus difficile.

D'autre part, comparé à l'exemple précédent de l'aberration sphérique du microscope, les données inexploitables de l'IRM ne pourraient sans doute pas être améliorées par une modification du dispositif. L'opération mathématique qui est requise ici, la transformée de Fourier, n'est pas à ma connaissance une opération qui peut être effectuée par un dispositif instrumental dont même le plus sophistiqué ne saurait aider à former l'image du cerveau de la figure 7-b à partir des données de la figure 7-a. Certains défauts d'un instrument admettent en revanche les deux solutions, matérielle et informatique, la seconde étant souvent mise en œuvre dans l'attente de la première.

DONNÉES COÛTEUSES À INTERPRÉTER

J'ai présenté dans la section précédente des exemples dans lesquels les données sont traitées parce qu'elles ne différencient pas les hypothèses en compétition de manière suffisamment claire. Un médecin ne pourrait pas utiliser l'image de la figure 7-a pour déterminer si les ventricules sont dilatés ou non alors que sur les données traités, ceux-ci apparaissent très clairement et peuvent être identifiés comme étant normaux. Je présente ici une autre circonstance qui conduit à l'emploi du traitement des données. Le problème n'est plus que les données ne différencient pas correctement les hypothèses qui sont en compétition mais que la tâche consistant à interpréter ces données se révèle trop coûteuse pour l'observateur ou la communauté d'observateurs. L'une des raisons en est la taille de plus en plus grande des données collectées par les scientifiques et je me limiterai ici à la présentation d'un exemple reflétant ce problème.

Le développement constant des moyens informatiques permet aujourd'hui de collecter des données dont la taille est de moins en moins contrainte par les espaces de stockage et de mémoire vive des ordinateurs. Parallèlement à cela, l'instrumentation se développe dans le même sens, avec des détecteurs dont la résolution est de plus en plus fine, qui permettent la collecte de mesures plus nombreuses. Il est donc devenu courant de disposer de données dont la taille s'exprime en gigaoctets, c'est-à-dire de listes de plusieurs milliards de nombres. Ces données ne sont pas ininterprétables pour l'investigateur au même sens que peuvent l'être des données de l'IRM, représentées dans le domaine fréquentiel, ou comme des données produites par un instrument affecté par des aberrations. Elles peuvent montrer le phénomène d'intérêt mais le problème provient de la trop grande quantité d'information qu'elles contiennent, si bien que ce phénomène peut être difficile à identifier.

En astrophysique par exemple, des quantités de données gigantesques sont produites car les instruments balaient des régions de l'univers qui sont extrêmement larges à l'aide de télescopes pourvus de millions de capteurs. En outre, l'exploration astrophysique ne s'appuie plus seulement sur des télescopes capables de détecter la lumière visible. Toute onde électromagnétique est associée à un corpuscule, le photon, dont l'énergie (ou corrélativement la longueur d'onde) détermine un certain type de rayonnement. La lumière visible correspond à une énergie de 2 à 3 électron-volts tandis que des énergies plus faibles correspondent aux infrarouges, micro-ondes, ondes radar et ondes radio. Les rayonnements plus énergétiques que la lumière sont les ultraviolets, les rayons X et les rayons gamma. La détection de ces différents types de rayonnements dans l'imagerie astrophysique a commencé dans les années 1940 avec le développement de radiotélescopes qui ont progressivement permis d'identifier de nouveaux objets tels que les pulsars, les quasars ou les radiogalaxies.

Les découvertes de nouveaux objets mirent en évidence l'intérêt de multiplier les explorations pour différentes zones du spectre électromagnétique puisque les objets stellaires sont susceptibles d'émettre n'importe quel type de rayonnement. Récemment, le terme d'imagerie « hyperspectrale » s'est imposé pour désigner la collecte de données concernant une région terrestre ou spatiale en explorant une grande partie du spectre électromagnétique. Ces données forment un « cube » ou encore une pile d'images dans laquelle chaque image représente l'information collectée dans un intervalle du spectre. Un observateur isolé ou même une équipe entière d'observateurs ne peut analyser de telles quantités de données sans avoir recours à des méthodes de traitement des données qui facilitent la détection des objets pertinents[1].

Certains traitements sont donc destinés à aider l'investigateur à interpréter des données dans lesquelles trouver l'objet pertinent revient à chercher une aiguille dans une botte de foin. Je présenterai plus en détails les traitements destinés à la reconnaissance automatique d'objets dans la suite de ce chapitre.

1 Le projet DAHLIA (Dedicated Algorithms for HyperspectraL Imaging in Astronomy) a pour but de développer des méthodes de traitement du signal qui permettent l'analyse des cubes d'images hyperspectrales (https://dahlia.oca.eu/twiki/bin/view/Main/WebHome). Ce projet fait mention d'images produites pour 4000 types de rayonnements différents.

LE TRAITEMENT DES DONNÉES EMPIRIQUES

Le traitement mathématique des données est rendu possible par le fait que ces dernières ont désormais un format numérique. Elles prennent la forme de listes ou de matrices[1] de nombres, qui peuvent servir d'argument à une fonction qui délivre généralement, mais pas systématiquement, un résultat de même dimension.

Un exemple simple consisterait à considérer une valeur unique, résultat d'un certain processus de mesure. Cette valeur x peut servir d'argument à une fonction qui ajouterait 1 et retournerait donc $x+1$. Une interprétation possible de ce calcul, serait l'exemple que j'ai présenté en début d'introduction de ce chapitre : supposons que x est une température mesurée avec un thermomètre dont on sait qu'il sous-estime le résultat d'un degré Celsius. L'ajout d'un degré Celsius serait bien sûr possible mentalement mais pour éviter l'oubli de cette opération, une correction systématique peut être mise en place en sortie de l'instrument, de sorte que l'investigateur n'aura accès qu'à la valeur $x+1$.

DÉFINITION GÉNÉRALE

De manière plus générale, soit D la matrice des données dont on peut supposer qu'elle est de taille N*1 et à valeur dans $\mathbb{R}$. Cela signifie que les données sont constituées de N nombres réels ou encore qu'elles peuvent être représentées comme un vecteur de $\mathbb{R}^N$. Soit T une application de $\mathbb{R}^N$ dans $\mathbb{R}^M$. On obtient des données traitées $D_T \in \mathbb{R}^M$ en appliquant T aux données D, soit :

$$D_T = T(D).$$

La transformation T est un modèle mathématique dont le but est de décrire un aspect pertinent de l'investigation empirique qui a conduit à la production des données D. Ce modèle repose sur des hypothèses bien confirmées, comme dans l'exemple du thermomètre, dans lequel T consiste à ajouter 1 à la donnée parce que l'hypothèse selon laquelle

1 Une mesure unique sera alors considérée comme une matrice de taille 1*1.

l'instrument sous-estime la température d'un degré Celsius est bien confirmée. L'objectif du traitement des données est de rendre celles-ci plus faciles à interpréter, parce que les données D_T sont liées au phénomène d'intérêt de manière plus claire pour l'investigateur que ne le sont les données *D*. Traiter mathématiquement des données revient à réaliser des inférences fondées sur des hypothèses qui sont à l'œuvre dans la transformation *T*. Une fois traitées, la raison pour laquelle les données sont mieux interprétables est qu'elles portent déjà en elles des inférences que l'investigateur n'aura pas à faire, et qu'il aurait peut-être été incapable de faire.

Une manière d'étudier les différents types de traitements qui sont couramment utilisés consiste à se pencher sur le domaine sur lequel portent les hypothèses mises en œuvre dans la transformation. Je distingue successivement trois types d'hypothèses portant respectivement sur la production des données, le phénomène et la perception des données par un agent.

La classification que je propose concernant les hypothèses utilisées pour traiter les données est assez proche de celle utilisée par Shapere pour analyser l'observation du centre du soleil par la détection des neutrinos. Cette analyse était en effet fondée sur une attention particulière portée à ce qu'il appelle la théorie de la source, la théorie de la transmission et la théorie de la détection[1]. Cependant, les trois catégories proposées par Shapere ne couvrent pas l'ensemble des domaines sur lesquels portent les hypothèses utilisées dans le traitement des données puisqu'il y manque celles liées à la perception des données par un observateur qui fondent pourtant l'une des branches les plus prolifiques du traitement des données. À l'inverse, les théories de la transmission et de la détection ne sont généralement pas considérées comme deux domaines d'hypothèses distincts en traitement du signal. C'est la raison pour laquelle je propose de considérer les trois catégories d'hypothèses suivantes : celles portant sur la production des données (transmission et détection), celles portant sur le phénomène (la source) et celles enfin portant sur la perception.

1 Voir p. 181.

MODÈLES DE LA PRODUCTION DES DONNÉES

Lorsque le traitement des données incorpore un modèle de leur production, on parle généralement de restauration ou de reconstruction des données. L'objectif peut être d'éliminer le bruit de ces données, c'est-à-dire la composante aléatoire et indépendante du phénomène qui les affecte ou de changer leur mode de présentation de manière à les rendre mieux interprétables par un investigateur. Dans le dernier chapitre, je présenterai en détails un exemple de tomographie d'émission monophotonique dans lequel intervient une lourde phase de calculs fondée sur un modèle de la production des données, et qui permet la reconstruction des données sous forme de cube d'images tridimensionnelles à partir d'une série de données sous forme d'image bidimensionnelles.

Dans l'exemple de l'IRM que j'ai donné précédemment, c'est aussi un modèle de la production des données qui fournit le moyen de reconstruire le signal spatial à partir des données brutes (le signal fréquentiel). En 1983, Ljunggren et Twieg purent en effet démontrer que le signal produit en IRM correspond à la transformée de Fourier de la distribution spatiale de noyaux d'hydrogènes[1] et introduisirent le formalisme propre à ce modèle. Un signal impossible à interpréter pût dès lors être traité à l'aide d'une transformée de Fourier pour obtenir une image qui donne un accès détaillé aux structures anatomiques.

L'exemple que je vais présenter maintenant est plus simple et concerne la production de données admettant une représentation sous forme d'images qui sont affectées par un certain flou. Un système d'imagerie délivre des images floues lorsque l'image d'une source ponctuelle n'est pas un point, mais une tache, que l'on appelle aussi la *réponse impulsionnelle*, et qui est caractérisée par un certain diamètre. Le diamètre de cette tache détermine la résolution spatiale de l'instrument : en effet, deux points sources ne seront séparés sur l'image que si la distance qui les sépare est inférieure au diamètre de la tache[2].

---

1 S. Ljunggren, « A simple graphical representation of Fourier-based imaging methods », *Journal of Magnetic Resonance*, vol. 54, 1983, p. 338-343 ; D. Twieg, « The k-trajectory formulation of the NMR imaging process with applications in analysis and synthesis of imaging methods », *Medical Physics*, vol. 10, 1983, p. 610-621.

2 C'est au moins ainsi, en première approximation, que l'on détermine la résolution spatiale de l'instrument. Si les deux taches se touchent, il est encore possible de déceler la présence de deux points distincts si la distance entre les deux points est inférieure à la largeur à mi-hauteur de la réponse impulsionnelle.

Dans les chapitres précédents, je n'ai présenté pour remédier à ce genre de problèmes que deux solutions. La première consistait à confier ces données à un observateur aguerri, très habitué à interpréter ce type de données. Mais cette solution ne conduit pas à établir des conditions observationnelles car celles-ci se caractérisent par l'interchangeabilité des observateurs au sein d'une communauté d'investigateurs compétents mais non extraordinaires. Sans cette condition d'interchangeabilité des observateurs, on ne peut en effet prétendre à la stabilité d'une investigation puisque cela signifierait que des jugements différents et contradictoires pourraient encore être prononcés. La seconde solution consistait à comprendre la cause du problème, à faire progresser la théorie de l'instrument, et à développer de nouvelles technologies, de manière à obtenir un instrument qui produit des données aisément interprétables.

Pour arriver à un tel résultat, il faut aller bien au-delà du constat que l'instrument produit des images floues. La compréhension des phénomènes qui sont à l'origine du flou et le développement de solutions matérielles peuvent prendre des décennies. Aujourd'hui encore, certains appareils de détection sont caractérisés par une faible résolution spatiale. Ainsi, les gamma-caméras utilisées en médecine nucléaire ne détectent les photons gamma qui arrivent sur la surface du détecteur qu'avec une précision de l'ordre du demi centimètre. La technologie de ces détecteurs n'a que peu évolué depuis les années 1970 et les essais menés depuis maintenant une dizaine d'années pour utiliser des détecteurs à semi-conducteurs à la place des matériaux scintillateurs couplés à des photodétecteurs commencent seulement à être concluants à l'heure qu'il est.

Pour remédier, au moins dans une certaine mesure, au problème de la faible résolution spatiale d'un dispositif d'imagerie, il est possible de traiter les données brutes de l'instrument en utilisant un modèle de la production des données qui tient compte de ce que l'on appelle la « fonction de transfert » ou la « réponse impulsionnelle » de l'instrument. Supposons qu'un détecteur d'un certain rayonnement soit muni d'un dispositif opaque qui ne laisse passer le rayonnement que par une unique ouverture (figure 8-a). Si cette ouverture est ponctuelle, un point source *S* qui émet un rayonnement pourra être localisé avec une parfaite précision car son « image » sur le détecteur (l'endroit du détecteur sur lequel est détecté le rayonnement en provenance de ce point) est ponctuelle. L'image d'un objet non ponctuel par ce détecteur idéal est représentée sur la figure 8-b.

Cependant, un tel détecteur ne détecterait rien si l'ouverture était effectivement ponctuelle, c'est-à-dire infiniment réduite. Pour qu'une certaine proportion du rayonnement émis par un point source parvienne jusqu'au détecteur, il faut ménager une ouverture de diamètre fini (figure 9-a). Mais dans ce cas, la précision parfaite de la détection est perdue : l'image d'un point n'est plus un point mais une tache. Mathématiquement, on dira que l'image d'une fonction de Dirac (c'est-à-dire d'une distribution ponctuelle) n'est plus une fonction de Dirac, ponctuelle, mais une certaine distribution telle que celle que j'ai représentée sur la figure. Cette fonction est appelée réponse impulsionnelle parce qu'elle décrit la réponse d'un détecteur à une fonction ponctuelle, une « impulsion ». Avec un instrument non idéal, l'image d'un objet non ponctuel perd en netteté. L'image de chaque point de cet objet s'étale selon la réponse impulsionnelle de l'instrument (figure 9-b).

Différents facteurs peuvent contribuer à l'imprécision de la détection qui génère un flou sur l'image. Outre la nécessité, dans l'exemple ci-dessus, d'attribuer un diamètre non nul à l'ouverture de l'instrument, le détecteur est lui-même souvent caractérisé par une certaine imprécision. Mais quels que soient ces facteurs, il est possible de connaître empiriquement la réponse impulsionnelle du détecteur en produisant l'image d'une source ponctuelle ou linéique, comme sur la figure 10, où un fil est utilisé comme source. Cette figure représente l'image de projection obtenue sur une source linéique (un fil imbibé de technétium 99 m, en haut à gauche) dont le rectangle grisé transversal permet de calculer un profil moyen d'intensité, affiché en haut à droite. En bas, une fonction gaussienne a été ajustée de manière à minimiser l'erreur entre profil mesuré et modèle gaussien.

Grâce à la mesure de la réponse impulsionnelle de l'instrument, il est possible de créer un modèle mathématique de la formation d'une image floue. Ce modèle établit une relation entre l'image idéale d'un objet et son image avec la véritable réponse impulsionnelle du détecteur. Pour cela, il faut prendre en compte le fait que l'image de chaque point de l'objet n'est plus un point (une fonction de Dirac) mais une tache (la réponse impulsionnelle). L'opération mathématique qui réalise cela est le produit de convolution. Si l'image idéale d'un objet est une fonction f et la réponse impulsionnelle de l'instrument une fonction g, l'image floue qui est obtenue est le produit de convolution de f et g et s'écrit $f \star g(x)$.

Revenons à l'exemple d'un instrument d'imagerie délivrant des données numériques brutes *D*. Celles-ci sont supposées être obtenues par l'opération $D_p \star h$ où D_p sont les données parfaites, non affectées par le flou et *h* est la réponse impulsionnelle du détecteur. En résolvant l'équation de convolution $D=D_p \star h$, on peut calculer $D_p=D\star^{-1}h$ où $\star^{-1}$ est l'opérateur inverse du produit de convolution. Il s'agit d'une méthode de « déconvolution » ou de « défloutage », qui est très économique car elle ne demande que des connaissances empiriques aisément accessibles concernant le système de production de données. Le résultat n'est généralement pas aussi bon que si le détecteur possédait une résolution spatiale idéale car il demeure d'autres sources de dégradation des données (du bruit par exemple), et que le modèle utilisé est toujours approximatif, mais les données D_p peuvent néanmoins être beaucoup plus faciles à interpréter que les données brutes.

Cet exemple illustre que le traitement des données repose sur l'utilisation d'une connaissance *empirique* et *bien articulée*. Empirique, parce que cette connaissance est accessible par une investigation qui porte sur le processus d'acquisition des données et qui est elle-même de nature observationnelle. On place par exemple une source ponctuelle face à l'instrument et l'observation des données qu'il produit apporte une connaissance superficielle mais néanmoins précieuse au sujet de l'instrument. Cette connaissance est bien articulée parce que l'on ne se contente pas d'une caractérisation vague qui pourrait conduire l'expérimentateur à conclure que l'instrument produit des images floues ou que l'image d'un point est une tache. Pour créer un modèle de la réponse impulsionnelle du détecteur, il faut en dire des choses beaucoup plus précises : quelle est sa forme, son diamètre, sa hauteur ? Est-elle la même sur toute la surface du détecteur ? Varie-t-elle à mesure que l'on éloigne le point source du détecteur ? Ce n'est donc qu'après une minutieuse investigation empirique que l'on peut valider le modèle de la production des données qui est utilisé pour améliorer ces dernières.

Le but de ce type de traitements est donc de contourner une impossibilité temporaire ou définitive de rendre les données mieux interprétables et donc plus fiables en améliorant matériellement le dispositif de production des données. Qu'en est-il du statut observationnel des données traitées ? J'ai défendu la thèse selon laquelle des données empiriques sont observationnelles si elles participent d'un processus de détection du phénomène fiable, c'est-à-dire que le jugement produit en interprétant ces données est caractérisé par une grande sécurité épistémique *et* que ce jugement peut être produit par n'importe quel investigateur compétent du domaine concerné. Il s'agit donc d'évaluer dans quelle mesure ces deux critères sont satisfaits.

Concernant le premier – la sécurité épistémique du processus de détection du phénomène utilisant des données traitées – le principal problème concerne les hypothèses qui sont utilisées pour créer le modèle mis en œuvre dans le traitement des données. L'idée que des hypothèses même bien confirmées puissent intervenir dans une observation est aujourd'hui encore considérée comme suspecte. En outre, l'observation est rendue très explicitement inférentielle lorsque des données traitées sont utilisées. Pourtant, il ne s'agit pas d'un cas fondamentalement différent de l'interprétation de données scientifiques non traitées, dans la mesure où dans un cas comme dans l'autre, l'observateur fait toujours usage de ses connaissances pour observer. La seule question qui se pose porte toujours sur la stabilité de l'investigation, qui témoigne de la validité des hypothèses qui y sont en jeu. Dès lors, du moment que les hypothèses qui fondent le traitement des données sont stables, bien confirmées, il me semble que les données traitées de la sorte peuvent être des données observationnelles.

L'usage de traitements utilisant des modèles de la production des données permet une interprétation qui tranche mieux en faveur de l'une des hypothèses qui sont en compétition concernant le phénomène d'intérêt. Si le jugement de l'observateur s'avérait surprenant, parce qu'il entre en conflit avec certaines attentes, c'est-à-dire avec d'autres hypothèses bien établies, la phase observationnelle de l'investigation empirique serait suspendue et les conditions redeviendraient expérimentales. Par exemple, le modèle de réponse impulsionnelle du détecteur serait remis en cause, de nouvelles mesures seraient effectuées pour l'ajuster, jusqu'à ce qu'une nouvelle phase de stabilité s'instaure et recrée des conditions observationnelles.

La dynamique de l'investigation empirique demeure la même, avec ou sans traitement des données. Un instrument produit des données (brutes). Si celles-ci ne sont pas traitées, l'investigateur les interprète à la lumière d'un certain cadre interprétatif dont il peut se rendre compte qu'il est par certains aspects inadéquat. Par exemple, il pensait que son instrument produisait des artefacts mais a finalement conclu à la réalité d'entités qu'il appelle des « corps denses[1] ». L'adéquation entre un cadre interprétatif et l'expérience n'est jamais fixée de manière définitive mais nos ressources pour établir et maintenir cette adéquation sont robustes. Il faut multiplier les expériences et réviser constamment notre cadre interprétatif.

La nouveauté du traitement des données consiste en l'imprégnation de l'expérience par nos meilleures connaissances, et ce sous forme quasi-propositionnelle, et non matérielle. En dépit de cette nouveauté, je soutiens que l'empirisme itératif que j'ai développé est indifférent au traitement des données car l'observation y est toujours interprétation de données à la lumière des meilleures connaissances disponibles. Si une partie de ces connaissances est déjà intégrée aux données, cela ne fait que rendre plus explicite leur utilisation et cela force l'investigateur à mieux les articuler que s'il s'en servait dans son interprétation.

Enfin, l'interchangeabilité entre observateurs compétents, est en principe favorisée par le traitement des données. J'ai en effet affirmé que l'observation ne pouvait reposer sur les qualités exceptionnelles d'un investigateur qui maîtriserait la théorie et la pratique du dispositif d'acquisition mieux que tout autre et saurait interpréter de manière fiable des données qui ne sont pas fiables pour d'autres investigateurs. Un investigateur compétent est avant tout un spécialiste d'un certain domaine de phénomènes (biologie cellulaire, astrophysique, oncologie, etc.) mais non un spécialiste de l'instrumentation. Or le type de traitement de données que je discute est précisément celui qui permet à l'investigateur d'en savoir moins sur la production des données parce qu'une partie de la connaissance disponible à ce sujet est déjà incluse dans les données traitées.

MODÈLES DU PHÉNOMÈNE : SIMULATIONS À PARTIR DE DONNÉES EMPIRIQUES

La deuxième catégorie de traitements concerne le cas où l'hypothèse utilisée dans le modèle mathématique porte sur le phénomène d'intérêt. Deux aspects me paraissent importants au sujet de ce type de traitement de données. Le premier est son lien étroit avec les simulations numériques, qui à mon avis peuvent être mieux comprises si on les considère comme un cas particulier de traitement de données. Le second est qu'une

---

1 Voir p. 156.

attention toute particulière doit être portée aux types d'hypothèses qui sont en jeu dans les modèles de phénomène. Je m'appuierai en particulier sur la distinction que j'ai établie dans le chapitre précédent entre les hypothèses « délocalisantes » ou non, dans le temps ou dans l'espace.

Les simulations numériques ont fait l'objet d'une attention soutenue de la part des philosophes au cours de ces quinze dernières années et ont été caractérisées de diverses manières. Plusieurs auteurs se sont concentrés sur le fait que les « simulations numériques étendent la classe des mathématiques calculables et par conséquent élargissent le domaine des outils de modélisation que nous pouvons utiliser[1] », insistant ainsi sur l'extension des capacités computationnelles qui est apportée par les ordinateurs. Ceux-ci permettent de construire de meilleurs modèles, plus détaillés et tenant compte de davantage d'hypothèses tout en permettant de résoudre numériquement les équations dans lesquelles apparaissent ces modèles[2].

Une autre caractérisation des simulations numériques a été proposée par Hartmann, qui soutient que celles-ci reposent sur des modèles dynamiques, c'est-à-dire des modèles reposant sur des hypothèses qui portent sur l'évolution dynamique du système[3]. Cette caractérisation paraît légitime puisqu'une simulation numérique transforme des données initiales en données finales, et il est naturel de penser une transformation comme ayant lieu au cours du temps.

Ces deux propositions semblent incomplètes pour caractériser les simulations, la première parce qu'elle met l'accent sur la calculabilité et semble donc appropriée pour caractériser les méthodes de calcul numérique par ordinateur, mais non les simulations en particulier. La seconde insiste sur le rôle des hypothèses dynamiques dans les simulations mais je montrerai que certaines simulations sont fondées sur des hypothèses qui ne décrivent pas l'évolution d'un système au cours du temps.

1 R. Frigg et J. Reiss, « The philosophy of simulation : hot new issues or same old stew ? », *Synthese*, vol. 169, 2008, p. 593-613.

2 E. Winsberg, « Simulations, Models, and Theories : Complex Physical Systems and Their Representations », *Philosophy of Science*, vol. 68, 2001, p. 442-454 ; P. Humphreys, « Computer Simulations », *Proceedings of the Biennial Meeting of the Philosophy of Science Association*, The University of Chicago Press, 1991, p. 497-506 ; P. Humphreys, *Extending Ourselves : Computational Science, Empiricism and Scientific Method.*

3 S. Hartmann, « The World as a Process : Simulations in the Natural and Social Sciences », éd. U. Mueller, R. Hegselmann et K. G. Troitzsch, *Modelling and Simulation in the Social Sciences from a Philosophy of Science Point of View*, Kluwer, 1996, p. 77-100.

La définition des simulations numériques que je propose est la suivante : il s'agit d'un calcul qui transforme des données initiales représentant un système à partir d'un modèle fondé sur une ou plusieurs hypothèses, dynamiques ou non, portant sur ce même système. Ce calcul est souvent trop complexe pour être effectué sans un ordinateur mais ce n'est pas une caractéristique essentielle des simulations. Cette définition permet de comprendre les simulations numériques comme un cas particulier de traitement de données, décrit par l'équation $D_T=T(D)$, où *D* sont les données initiales et *T* le modèle mathématique, et où il est essentiel que *D*, *T* et le résultat D_T représentent le même système. Par conséquent, les traitements de données que j'ai décrits dans la section précédente, où *T* est un modèle de l'un des aspects de la production des données, et non du phénomène visé, ne sont pas des simulations. C'est en cela que les simulations numériques sont un cas particulier de traitement des données.

L'une des questions centrales portant sur les simulations est de savoir dans quelle mesure le résultat d'une simulation numérique peut être dit empirique[1]. Pour y répondre, deux cas doivent être distingués. Le premier est celui de données initiales *D* qui sont générées de manière artificielle et qui peuvent d'ailleurs représenter un système qui, à notre connaissance, n'a pas de réalité. Par exemple, il est possible d'effectuer une simulation concernant l'évolution d'une population imaginaire sur une planète imaginaire, dans laquelle *D* serait la distribution initiale de la population et *T* un modèle de son évolution tenant compte de paramètres tels son taux de fécondité, la présence de maladies, de prédateurs, etc. Dans ce cas, il me semble difficile de dire du résultat de cette simulation qu'il serait empirique tant son lien avec l'expérience paraît ténu. En revanche, rien n'empêche d'utiliser comme données initiales des données observationnelles, produites par un instrument. Si le modèle *T* est fondé sur des hypothèses bien confirmées empiriquement et portant sur le même système, l'affirmation selon laquelle le résultat de la simulation est empirique me paraît tout à fait défendable. Peut-on dire alors que l'interprétation du résultat D_T de la simulation constitue une observation ? Pour répondre à cette question, il est nécessaire de revenir à la distinction que j'ai introduite dans le chapitre précédent entre les hypothèses « délocalisantes » ou non, dans le temps ou dans l'espace.

1 Voir par exemple A. Barberousse *et al.* « Computer Simulations as Experiments », *Synthese*, vol. 169, 2007, p. 557-574 et W. Parker, « Does matter real ly matter ? Computer simulations, experiments and materiality », *Synthese*, 2007.

Modèles « délocalisants » dans le temps ou l'espace

L'observation, qu'elle ait lieu dans un cadre scientifique ou non, porte sur des faits singuliers avec lesquels un lien causal est établi, que ce soit par l'intermédiaire des sens non assistés ou en produisant des données. En outre, l'observation est toujours cantonnée à un « ici » et un « maintenant », ces deux démonstratifs s'appliquant au lieu et à l'instant auquel les données sensorielles ou médiates sont produites. La conséquence en est qu'il faut traiter à part les hypothèses portant sur l'évolution dynamique d'un système ainsi que celles qui lient une entité spatialement localisée à une entité distincte et donc localisée à un autre endroit que la première.

Un exemple d'hypothèse dynamique est la deuxième loi de Newton $F=m.a$ qui, lorsqu'elle est couplée à la loi universelle de la gravitation, peut être utilisée pour prédire l'évolution de systèmes astrophysiques. Supposons que l'on dispose de données observationnelles D par lesquelles sont établies les positions relatives de la Terre, de la Lune et du Soleil. Si l'on fait usage des hypothèses bien confirmées de la mécanique céleste (loi de Newton et loi universelle de la gravitation) dans le modèle T, il devient possible de prédire, à partir des données observationnelles initiales, quand aura lieu la prochaine éclipse solaire et de disposer des données traitées D_T qui soutiennent cette prédiction. Mais il serait incorrect de dire que par ces données traitées, on *observe* que la prochaine éclipse solaire aura lieu à telle date, même s'il s'agit d'une prédiction très sûre et parfaitement acceptée au sein de la communauté des astrophysiciens. Le même raisonnement s'applique à un événement qui aurait eu lieu dans le passé. Si le modèle dynamique du même système était utilisé pour retrouver la date de la précédente éclipse, et même sachant que cette éclipse a eu lieu à la date prédite (on parlerait alors de « rétrodiction », une prédiction dans le passé), on ne dirait pas pour autant que l'on observe cette éclipse, parce que le principe de localisation temporelle du fait observé aurait été violé.

Un exemple proche peut venir illustrer ce que l'on peut entendre par un modèle dont l'application change l'objet de l'investigation, procédant à une délocalisation spatiale des données. Les lois de l'astrophysique permettent de prédire la position d'une planète sous l'hypothèse que la trajectoire de celle-ci n'est pas perturbée par des astres dont on n'aurait pas tenu compte dans le calcul des forces de gravitation. À supposer que les observations ne se conforment pas à ces prédictions et que l'orbite de la planète observée est perturbée, on fait l'hypothèse qu'un objet d'une certaine masse et possédant une certaine trajectoire est la cause de ces perturbations. On procède donc à un raffinement du modèle dynamique de la trajectoire de la planète, en tenant compte de la présence d'un autre astre. Si ce modèle est couronné de succès, peut-on dire que l'astre perturbant a été observé ? On dispose alors de données initiales observationnelles, d'un modèle, et de données finales qui sont le résultat d'un calcul. Ces données finales entrent en accord avec d'autres données observationnelles, réalisées plus tard, confirmant que le modèle est correct. La présence de l'autre astre est alors acceptée par la communauté compétente mais il ne s'agit pas d'une confirmation par l'observation, en raison à mon avis du caractère délocalisant de l'hypothèse qui a permis la production des données finales. En revanche, puisque cette opération a conduit les scientifiques à admettre l'existence d'une certaine entité, ceux-ci peuvent désormais pointer leurs télescopes à la recherche de cette entité et l'observer[1].

Modèles conduisant à un niveau de lecture différent

Dans la section précédente, j'ai affirmé que ce que j'appelle les modèles délocalisants pouvaient servir à traiter des données, mais empêchaient ces données d'être observationnelles. Existe-t-il alors d'autres modèles du phénomène dont l'utilisation pour le traitement des données est compatible avec l'observation scientifique ?

Dans le chapitre précédent, j'ai présenté deux exemples d'observations pour lesquels j'ai identifié plusieurs niveaux possibles d'interprétation. Le premier était celui d'une image d'IRM où, à partir de la propriété paramagnétique de la matière, des propriétés physiologiques pouvaient être inférées. Le second était l'observation du centre du soleil, au cours

1 Il s'agit bien entendu d'un exemple inspiré de la découverte de Neptune grâce aux perturbations que cette planète causait sur la trajectoire de Jupiter. Les calculs menés vers la fin des années 1830 et au début des années 1840 furent suffisants pour convaincre les astronomes de la présence d'un corps céleste expliquant ces perturbations. Ce n'est qu'une fois ces calculs menés à bien avec suffisamment de précisions, en 1846, que l'astronome prussien Galle put pointer son télescope en direction d'une zone suffisamment restreinte pour qu'il puisse trouver et observer Neptune.

de laquelle le taux d'émission de neutrinos était la propriété physique mesurée, et de laquelle pouvait être inférée une autre propriété physique : la production d'énergie dans le noyau solaire. Ces deux exemples illustraient la possibilité de faire usage d'hypothèses bien confirmées portant sur le phénomène afin d'observer ce que j'ai appelé des propriétés de haut niveau.

Le propre de ces exemples est qu'ils ne mettent pas en jeu des hypothèses « délocalisantes ». Les quantités qui sont liées l'une à l'autre (paramagnétisme et activité cérébrale dans un cas, taux d'émission de neutrinos et production d'énergie dans l'autre) le sont au même endroit, au même moment. Ces relations entre propriétés sont donc similaires à des équations d'état, c'est-à-dire des lois quantitatives qui lient plusieurs paramètres physiques et qui déterminent l'état d'un système.

De manière générale, le traitement de données concernant un certain système physique, à l'aide d'une hypothèse bien confirmée représentant le même système physique, ne violerait pas la condition de localisation de l'observation si cette hypothèse exprimait une loi d'état quantitative. Par exemple, si le système en question est un gaz supposé parfait et que l'on mesure sa température et son volume, la loi des gaz parfaits, qui porte sur le même système que la mesure, peut servir à calculer la pression, dont on pourrait dire qu'elle est observée. Le principe est celui-ci : il faut que l'hypothèse en jeu soit bien confirmée, et que cette hypothèse ne conduise ni à une délocalisation spatiale, ni temporelle du fait observé.

MODÈLES DE LA PERCEPTION DES DONNÉES

Le troisième type d'hypothèses que l'on trouve dans les pratiques contemporaines du traitement des données porte sur la perception de ces données par un agent. Le plus souvent, il s'agit de la perception visuelle de données présentées sous forme d'images et je me limiterai à ce cas ici. Il s'agit de transformer les données observationnelles collectées à l'aide d'un instrument, de manière à en faire ressortir l'information pertinente sous l'hypothèse que cette information serait accessible à la perception. Les applications possibles du traitement des données fondé sur des modèles de vision sont très nombreuses et incluent le suivi d'objets ou de personnes dans une scène filmée, la reconnaissance d'objets, la robotique ou encore le contrôle industriel de qualité. Parmi les très nombreuses publications internationales du domaine du traitement des données, une bonne dizaine portent exclusivement sur la vision par ordinateur ce qui fait de ce sous-domaine peut-être celui qui génère le plus d'efforts de la part des scientifiques[1].

Dans ce qui suit, je me concentrerai sur une seule application de ces traitements qui est la reconnaissance d'objets en présentant d'abord des exemples relativement simples qui sont ceux des images (a) et (c) de la figure 11. Sur l'image (a), un certain nombre d'objets sont saillants pour l'œil humain, indépendamment de toute capacité qu'aurait le sujet à reconnaître des entités qu'il a déjà vues. Le simple fait que certaines formes apparaissent sur l'image comme des objets bien contrastés suffit à l'individuation d'entités. Sur la figure (c), une forme familière est immédiatement reconnue (un disque) et cette forme se distingue très nettement du fond noir. Il apparaît donc possible de procéder à l'identification de certaines formes qui conduisent à isoler des entités, indépendamment de toute connaissance portant sur ces entités, grâce à un contraste élevé qui permet d'identifier facilement leurs contours. C'est le modèle d'identification des objets par détection de contours.

Sur les images (b) et (d) de la même figure, la présence de facteurs dégradants (respectivement du bruit et du flou) rend les contours moins nets et donc plus difficiles à détecter. Mais un autre critère d'identification permet encore l'individuation d'entités car les objets apparaissent *en moyenne* plus foncés (figure b) et plus clair (figure d) que le fond. C'est le modèle d'identification des objets par régions relativement homogènes.

Ces deux modèles de reconnaissance d'objets sont les plus utilisés en vision artificielle, soit séparément, soit conjointement pour rendre les résultats plus robustes. Dans ce qui suit, je me concentre sur le premier d'entre eux, qui permet la détection des contours. Les grandes lignes de sa mise en œuvre informatique sont les suivantes. Supposons qu'une image traduise une variation de l'intensité d'une propriété physique, représentée

---

1 Une liste non exhaustive de ces journaux inclut *IEEE Transactions on Pattern Analysis and Machine Intelligence*, *Computer Vision and Image Understanding*, *Pattern Recognition*, *Image and Vision Computing*, *International Journal of Computer Vision*, *Machine Vision and Applications* et *Journal of Mathematical Imaging and Vision* pour ne compter que les trois principaux éditeurs du domaine (IEEE, Elsevier et Springer). De nombreux autres journaux publient régulièrement des articles en vision artificielle mais sont plus spécialisés par domaines d'applications, par exemple *IEEE Transactions on Medical Imaging* ou *IEEE Transactions on Geoscience and Remote Sensing*.

par des nuances de gris (par exemple, plus l'intensité est élevée, plus le pixel qui représente cette intensité se rapproche du blanc). Détecter des objets revient à détecter les variations brutales d'intensité entre le fond et l'objet. Par exemple, sur la figure 11-c, l'intensité du signal augmente très vite entre le fond (noir) et l'objet (blanc). Pour détecter les bords de l'objet, il est possible de calculer la dérivée de la fonction $f(x,y)$ qui représente l'intensité du signal en fonction des coordonnées spatiales. Le bord de l'objet correspond alors aux valeurs élevées de cette dérivée. En revanche, l'intérieur et l'extérieur de l'objet étant homogènes, la dérivée y est nulle. De manière mathématiquement équivalente, le bord de l'objet peut être détecté par le passage par zéro de la dérivée seconde de f (voir la figure 12).

Dans son livre *Vision*, Marr a défendu la thèse selon laquelle la détection des objets fondée sur le passage par zéro de la dérivée seconde est un modèle de la détection par le système visuel humain[1]. En effet, l'opérateur mathématique qui réalise la dérivée seconde, le laplacien, peut être approché par une différence de deux fonctions gaussiennes. Or les travaux de Wilson et Giese, ainsi que de Wilson et Bergen, ont montré la présence de filtres récepteurs ayant approximativement la forme d'une fonction gaussienne et qui, en se superposant, réalisent une différence de deux gaussiennes dans le système visuel[2]. L'hypothèse selon laquelle un observateur détecte des objets à partir d'un pic de la dérivée de l'image ou, de manière mathématiquement – mais non physiologiquement – équivalente, à partir du zéro de la dérivée seconde de l'image, a donc été empiriquement confirmée.

Étant donné que la détection automatique des objets est supposée trouver les mêmes objets qu'un agent humain, l'hypothèse selon laquelle la détection des contours par le passage par zéro de la dérivée seconde est un modèle empiriquement confirmé de la détection des objets par le système visuel humain est importante. Elle permet de garantir que ce sont les mêmes opérations qui sont effectuées par l'homme et la machine et d'avoir donc meilleure confiance dans les résultats de la détection automatique. Si l'on applique ce modèle de détection de contours à une image à l'aide d'un ordinateur, on met en évidence les bords des objets, accélérant l'interprétation (voir figure 13).

---

1 D. Marr, *Vision*. W.H. Freeman & Company, 1982, section 2.2.

2 H. Wilson et S.C. Giese, « Threshold visibility of frequency gradient patterns », *Vision Research*, vol. 17, 1977, p. 1177-1190 ; H. Wilson et J.R. Bergen, « A four mechanism model for threshold spatial vision », *Vision Research*, vol. 19, 1979, p. 19-32.

Les données traitées avec un modèle de la perception (par exemple les images de la figure 13-b ou c) peuvent-elles être considérées comme étant observationnelles si l'on admet que l'image (a) de la même figure est observationnelle ? L'aspect de l'image (c) pousserait à donner une réponse affirmative, tant cette image semble montrer exactement les mêmes objets que ceux que l'on peut percevoir sur l'image (a), mais de manière (encore) plus claire. La détection d'objets dans une scène est cependant un problème extrêmement complexe, comme en atteste l'activité de recherche foisonnante sur le sujet. Les résultats obtenus dépendent énormément du contexte, du type d'objet cherché, de son contraste, du bruit dans l'image, etc. David Marr a souligné que la détection des contours était un processus mathématique qui demande de considérer plusieurs échelles différentes, en fonction de la forme et la taille des objets que l'on cherche à détecter ainsi que de l'importance des facteurs dégradants des données. La détection d'un objet net et bien contrasté ne se passe pas de la même manière que celle d'un objet aux contours flous en présence de bruit. L'œil humain est habitué à considérer une image (ou une scène) à des niveaux de netteté variables, ce qui lui permet de déceler des changements d'intensité à des échelles différentes, plus ou moins adaptées aux différents éléments perçus sur l'image[1]. Or ce qui est fait de manière extrêmement naturelle par le système visuel ne peut être reproduit par un algorithme informatique qu'en tenant compte d'hypothèses portant à la fois sur le phénomène d'intérêt et la production des données.

Cela conduit à un problème de sécurité épistémique qui persiste encore à l'heure actuelle. Un traitement visant à détecter des objets et qui ne repose que sur les hypothèses portant sur la perception que je viens de présenter ne fonctionnera que dans des cas très simples, manquera de généralité et ne sera dont pas fiable. En revanche, si des hypothèses supplémentaires sont intégrées pour rendre ce traitement plus fiable, en imposant par exemple la recherche d'une certaine forme ou position de l'entité, la détection sera certainement meilleure dans la plupart des cas, mais le risque est que les données traitées soient conformes à certaines attentes et ne puissent plus servir à la découverte d'un phénomène inattendu. Par exemple, si une tumeur n'est segmentée

1 D. Marr, *Vision*, p. 56. Voir aussi D. Marr et E. Hildreth, « Theory of Edge Detection », *Proceedings of the Royal Society of London. Series B, Biological Sciences*, vol. 207, 1980, p. 187-217.

(automatiquement détectée) qu'à la condition qu'elle satisfasse certaines conditions de forme, le risque est de ne pas détecter une tumeur qui ne se conformerait pas à ce calibre. Des données ainsi transformées ne seraient pas observationnelles parce que leur sécurité épistémique serait insuffisante. Ces méthodes portent des attentes sur ce qui devrait être observé qui sont les mêmes que chez l'observateur, mais de manière beaucoup plus rigide qu'un observateur.

Les modèles utilisés en traitement des données qui portent sur la perception sont donc encore souvent susceptibles d'orienter l'investigateur vers un jugement erroné. Les développements actuels de ce type de traitements, qui relèvent du domaine de l'intelligence artificielle s'orientent vers une prise en compte de la plasticité de la perception humaine. Celle-ci est caractérisée par l'emploi d'hypothèses plus ou moins bien justifiées, mais un emploi *relâché*. Cela veut dire qu'un investigateur fait généralement usage d'une hypothèse concernant la forme et la position de l'entité qu'il cherche par exemple, mais que si une entité possède une forme ou une position sensiblement différentes, il est malgré tout capable de considérer cette entité comme une candidate à l'entité cherchée. C'est la raison pour laquelle les chercheurs en traitement d'images essaient d'utiliser les outils de la logique floue et des ensembles flous pour imposer des contraintes qui ne soient pas trop rigides[1]. Mais il est à prévoir que le développement des méthodes de traitement des données qui sont orientées vers l'interprétation ou la pré-interprétation (la mise en évidence de l'information pertinente) prendra encore de nombreuses années avant d'atteindre la robustesse et la généralité qui permettrait leur utilisation dans l'observation scientifique.

1 Voir par exemple R. Yager, « On a General Class of Fuzzy Connectives », *Fuzzy Sets and Systems*, vol. 4, 1980, p. 235-242 ; S. Deveughele et B. Dubuisson, « Using Possibility Theory in Perception : An Application in Artificial Vision », *Second IEEE International Conference on Fuzzy Systems*, p. 821-826, San Francisco, Californie, 1993 ; I. Bloch, « Fuzzy Relative Position Between Objects in Image Processing : A Morphological Approach », *IEEE Transactions on Pattern Analysis and Machine Intelligence*, vol. 21, 1999, p. 52-67 ; O. Colliot *et al.*, « Integration of fuzzy spatial relations in deformable models-Application to brain MRI segmentation », *Pattern Recognition*, vol. 39, 2006, p. 1401-1414.

AUTOMATISATION ET RESPONSABILITÉ DU SUJET

En examinant les différents types de traitements des données empiriques, je suis parvenu à des résultats contrastés concernant le statut observationnel des données traitées. Mis à part le cas des modèles fondés sur ce que j'ai nommé les hypothèses délocalisantes, qui sont incompatibles avec l'observation, les autres types de traitements doivent pour l'essentiel reposer sur des hypothèses très bien confirmées pour participer d'une investigation stabilisée et générer des données observationnelles.

Les traitements des données de différents types, ou du même type mais reposant sur différentes hypothèses, peuvent être combinés pour former une chaîne de traitements. Si l'on considère les chaînes de plus en plus longues et sophistiquées qui sont mises en œuvre par les scientifiques, on est amené à constater une automatisation croissante des tâches qui étaient auparavant réservées à l'investigateur. Lorsque l'investigation est suffisamment bien circonscrite, que la question qui la sous-tend est parfaitement déterminée, et que la communauté des investigateurs travaille globalement de la même manière, avec les mêmes instruments, il devient très avantageux de porter des efforts importants sur une automatisation maximale. L'interprétation des données est de plus en plus facilitée par des couches successives de traitements, qui peuvent aller jusqu'à une analyse complète des données et la formulation d'un jugement. Reprenons l'exemple de la figure 14-c. À partir de cette image, qui est binaire (chaque point de l'image est soit noir, soit blanc), il existe de nombreuses méthodes numériques pour extraire par exemple le nombre d'entités présentes, en comptant le nombre de composantes connexes. L'ordinateur peut ainsi délivrer une interprétation qui pourrait porter sur le nombre d'entités détectées, sur leurs tailles individuelles ou leur taille moyenne, leur densité (c'est-à-dire leur nombre moyen par unité de surface), etc. par exemple en affichant sur l'écran « il y a *N* entités présentes ». En médecine par exemple, on voit apparaître des outils de diagnostic automatique. Quel est le statut d'un rapport établi par un ordinateur ? Peut-on entrevoir, si les procédures de traitement et d'analyse des données devenaient suffisamment robustes, une observation qui serait conduite de bout en bout par des machines ?

J'ai déjà abordé une question très similaire au sujet de la « conception thermométrique » de la connaissance[1]. Le fait qu'un ordinateur délivre une proposition n'est au fond pas très différent du thermomètre qui nous délivre une mesure de température et semble nous dire « il fait 22°C ». Il suffirait d'ailleurs de placer sur les bords du thermomètre, à gauche de la mesure affichée, les mots « il fait », et à droite de la mesure l'unité, pour obtenir un résultat sous une forme identique à celle de l'ordinateur. Il ne s'agit en réalité pas d'une forme propositionnelle mais d'une *réponse* qui semble avoir un contenu propositionnel. Accepter la réponse fournie par un instrument revient à adopter une position purement externaliste. Cette position n'est pas tenable car elle revient à accepter la fiabilité d'un certain processus *en toute circonstance*. Or face à la réponse de l'ordinateur, l'attitude épistémique de l'investigateur doit être déterminée par la fiabilité qu'il attribue au processus qui a mené à cette réponse dans les circonstances présentes, c'est-à-dire pour un type d'investigation déterminé. Ma conclusion sur la question de l'automatisation de l'observation est qu'une réponse fournie par un instrument ne peut être qu'une aide à l'interprétation, mais ne se substitue nullement à l'observateur en lui fournissant une proposition qu'il n'a plus qu'à accepter. Celui-ci a toujours la responsabilité d'évaluer les circonstances dans lesquelles son dispositif est fiable. On peut noter par exemple, dans le domaine médical, que lorsque des algorithmes qui produisent une interprétation automatique sont utilisés, on parle d'une « aide au diagnostic » (computer-aided diagnosis) et pas d'un diagnostic produit par une machine et accepté sans confrontation avec l'avis d'un ou plusieurs spécialistes.

1 Voir p. 74.

ÉTUDE DE CAS

Application de la tomographie d'émission monophotonique (TEMP) au petit animal

En développant la conception de l'observation présentée dans cet ouvrage, j'ai tenté d'échapper aux critiques qui avaient été adressées à la conception traditionnelle, fondationnaliste, tout en défendant le rôle que joue l'observation dans la structuration de la connaissance empirique. L'observation n'y est plus définie de manière absolue en déterminant à l'avance quels phénomènes sont observables ni quels moyens d'accéder à ces phénomènes sont conciliables avec l'observation. Elle n'est pas davantage contrainte par un vocabulaire spécifique dans lequel devraient être choisis les termes apparaissant dans les énoncés d'observation. En revanche, des contraintes contextuelles importantes pèsent sur l'observation. Elle est l'aboutissement d'une phase expérimentale souvent complexe au cours de laquelle une technique d'investigation est développée, de même que doit être mise en place une ébauche de théorie du phénomène sur lequel porte l'investigation, qui détermine au moins les catégories pertinentes et quelques questions qui pourront orienter et motiver l'investigation. Ce n'est qu'au terme de cette première phase de l'investigation empirique – la phase expérimentale – que l'on peut obtenir certaines conditions de stabilité sous lesquelles il est permis de parler d'observation. Au cours de cette deuxième phase, observationnelle, les énoncés formulés à la suite d'une expérience ont la plus grande autorité épistémique que puisse espérer l'investigateur dans le domaine du phénomène concerné.

Bien que j'aie cherché à illustrer mon propos en cours de route par quelques exemples, ceux-ci n'ont servi qu'à rendre plus tangibles certains arguments isolés. Il me semble important de soumettre l'ensemble de cette conception de l'observation à un cas détaillé qui est représentatif de la démarche expérimentale telle qu'elle se présente aujourd'hui. Ce cas est tiré de travaux antérieurs réalisés dans le domaine de l'imagerie biomédicale et s'inscrit dans une démarche visant à adapter pour le petit animal (rat et souris) une technique d'imagerie déjà validée chez l'homme pour de nombreuses applications : la tomographie d'émission monophotonique (TEMP). Ce faisant, j'espère démontrer l'adéquation de la conception de l'observation développée ici à la pratique ; j'espère aussi permettre au lecteur de retrouver de manière synthétique les éléments essentiels de cette théorie.

En premier lieu, je présente le cadre préexistant à cette recherche. Avant que l'on cherche à employer la TEMP pour réaliser des observations *in vivo* chez le rat ou la souris, cette technique a été développée tout au long du XXe siècle pour aboutir, au milieu des années 1970 aux premiers résultats concluants chez l'homme. Un savoir-faire technique et des connaissances théoriques et pratiques nombreuses sont déjà disponibles au moment où des chercheurs pensent à élargir son emploi et ce sont ces acquis que j'expose.

Je présente ensuite les motivations qui poussent les chercheurs à étendre une technique éprouvée chez l'homme au petit animal. Celles-ci reposent essentiellement sur le rôle que jouent le rat et la souris comme organismes modèles pour l'homme et sur l'information tout à fait unique qu'apporte la TEMP au sujet des organismes vivants. Par conséquent, les développements liés à l'emploi de la TEMP dans ce contexte reposent sur un travail d'*adaptation* d'une technique existante à des conditions d'utilisation beaucoup plus délicates, en raison notamment d'un changement d'échelle important entre l'homme et la souris (dont les masses respectives sont en rapport d'environ 1/250 pour le rat et 1/2500 pour la souris).

Je poursuis en entrant dans les détails de la phase expérimentale de l'investigation empirique. C'est ici que sont mises en application les diverses stratégies que j'ai exposées pour parvenir à une maîtrise complète des différents éléments qui entrent en jeu dans l'investigation. Il faut résoudre un vaste problème de sous-détermination lors de l'interprétation de données collectées avec un instrument prototype pour déterminer la contribution due au phénomène, celle due à l'instrument et celle enfin qui est due aux conditions expérimentales. Des données sensiblement différentes peuvent être produites pour un même examen, sur le même animal et avec le même dispositif en faisant varier un nombre impressionnant de paramètres expérimentaux (on peut facilement en dénombrer une trentaine) dont il s'agit non seulement de comprendre l'influence, mais aussi de déterminer la combinaison qui pourra conduire à la production de données optimales en vue de répondre à une question donnée.

Au terme de cette phase, après avoir multiplié les expérimentations pour arriver à une stabilisation de l'investigation empirique, une étude systématique portant exclusivement sur le phénomène peut être entreprise. Le dispositif expérimental n'est pas encore considéré de manière transparente, sans le remettre en question, mais les données produites conduisent déjà les investigateurs à formuler des jugements ayant une certaine autorité. Au terme de cette étude systématique, l'autorité de ces jugements est encore renforcée si les résultats démontrent une stabilité sur une population d'animaux, et si ces résultats sont en adéquation avec ceux obtenus par d'autres équipes ou avec d'autres techniques d'investigation.

À ce stade, les conditions observationnelles sont atteintes. Une ou plusieurs équipes de recherche sont capables d'appliquer cette technique à l'exploration du rat et de la souris et le protocole expérimental est stable, peut être parfaitement explicité et conduit à l'obtention de données facilement interprétables, même par un technicien. Il s'agit d'une phase durant laquelle des connaissances sont obtenues de manière cumulative concernant une application donnée chez le petit animal. En parallèle, de nouvelles applications sont développées au cours d'une phase expérimentale allégée puisque de nombreux aspects de l'investigation sont déjà maîtrisés.

CADRE PRÉEXISTANT
La TEMP chez l'homme

L'utilisation de rayonnements ionisants dans le domaine médical est désormais largement répandue, à la fois à des fins diagnostiques et thérapeutiques. La détection de nombreuses pathologies a été rendue possible par l'imagerie par rayons X, qui a commencé avec la radiographie classique, c'est-à-dire la production d'images bi-dimensionnelles de projection montrant l'atténuation par les tissus biologiques d'un faisceau de rayons X issus d'une source externe. Ensuite, le scanner X (la tomodensitométrie) a été développé pour permettre la visualisation de l'atténuation des rayons X de coupes de l'organisme, d'épaisseur variable, permettant l'obtention d'une information réellement tridimensionnelle. Parallèlement à ces techniques diagnostiques, les rayonnements sont également utilisés depuis plusieurs dizaines d'années pour attaquer les lésions cancéreuses et obtenir, dans les cas les plus favorables, une rémission complète de la maladie. Ces différentes techniques, la radiographie, le scanner et la radiothérapie sont désormais bien connues du grand public. Elles se caractérisent notamment par le fait que la source de rayonnement est extérieure à l'organisme.

Dans le même esprit, la médecine nucléaire est une branche de la médecine qui exploite les propriétés des éléments radioactifs à des fins diagnostiques ou thérapeutiques. Il s'agit d'une discipline encore relativement peu connue du grand public, mais dont les objectifs sont semblables à ceux visés par les techniques mentionnées ci-dessus. Les éléments radioactifs, c'est-à-dire les atomes dont les noyaux produisent diverses formes de rayonnements, peuvent être administrés à l'organisme par différentes voies (ingestion, inhalation, injection) et constituent donc des sources de rayonnement internes à l'organisme. La radiothérapie dite « métabolique » employant des isotopes radioactifs est complémentaire de la radiothérapie utilisant des sources externes et a l'avantage de mieux cibler le rayonnement émis en disposant la source au plus près de la zoner à traiter, diminuant ainsi l'exposition des tissus sains. Dans le domaine diagnostique, les techniques d'imagerie propres à la médecine nucléaire reposent sur la détection du rayonnement émis par les sources radioactives dont la localisation est dépendante des processus normaux et pathologiques de l'organisme.

Je m'intéresse ici à une technique particulière d'imagerie faisant partie de la médecine nucléaire, la tomoscintigraphie ou tomographie d'émission monophotonique (TEMP). J'en précise d'abord les principes physiques, l'intérêt comparé à la radiographie, et la nature des données qu'elle permet de produire. Je présente ensuite la partie proprement tomographique de la TEMP, c'est-à-dire la transformation mathématique des données qui permet de passer de données bidimensionnelles sous forme d'images de projection à des données tridimensionnelles beaucoup plus précises anatomiquement. Enfin, je dresse un rapide état de l'art de l'emploi de la TEMP chez l'homme en décrivant les principales applications de cette technique.

LE DÉVELOPPEMENT DE LA MÉDECINE NUCLÉAIRE

La fin du XXe siècle marque une période de grande effervescence dans le domaine de l'exploration du corps humain par l'image. Aux techniques photographiques et cinématographiques qui permettent de fixer ce à quoi l'œil humain accède déjà, s'ajoute à la fin de l'année 1895 une technique révolutionnaire qui permet l'accès aux structures internes de l'organisme : la radiographie. Cette technique est quasiment née avec la découverte des rayons X par le physicien allemand Wilhelm Röntgen puisque dans les jours qui suivent sa découverte (le 8 novembre 1895), il expérimente sans relâche pour déterminer les propriétés de ces nouveaux rayons inconnus. Parmi les nombreuses expérimentations qu'il entreprend, la plus fameuse conduit à la première radiographie représentant la main de son épouse portant alliance (figure 14) et démontre déjà l'intérêt de cette technique pour l'exploration des structures internes de l'organisme. Après 50 jours de travail acharné, Röntgen a déjà publié l'article séminal *Über eine neue Art von Strahlen* qui établit l'existence des rayons X et étudie leurs propriétés pénétrantes à travers divers types de matériaux biologiques ou non. La traduction anglaise est publiée immédiatement dans *Nature* et propage la nouvelle à travers le monde[1].

Ce n'est pas un hasard si la découverte de la radioactivité en 1896 par le physicien français Henri Becquerel suit de si près celle des rayons X. C'est en expérimentant avec des tubes cathodiques exposés aux rayons X pour déterminer si les phénomènes lumineux qui se produisaient à cette occasion pouvaient être assimilés à de la phosphorescence que Becquerel découvre que les sels d'uranium impressionnent une plaque photographique même lorsqu'ils n'ont pas été exposés à la lumière au préalable. Il ne peut donc s'agir de phosphorescence mais plutôt d'un phénomène comparable à l'émission de rayons X. L'uranium émet un rayonnement que de nouvelles expériences menées par Becquerel, Pierre et Marie Curie et Ernest Rutherford permettent de scinder en trois faisceaux distincts appelés alpha, bêta et gamma.

De ces trois types de rayonnements, c'est le rayonnement gamma qui est le plus pénétrant. Il s'agit d'un rayonnement dû à l'émission de photons très énergétiques, un rayonnement électromagnétique d'énergie

1 W. Röntgen, « On a New Kind of Rays ».

plus élevée que celle des rayons X. Pierre et Marie Curie découvrent dès 1898 de nouveaux éléments plus radioactifs que l'uranium, le radium et le polonium et en 1912, ce sont déjà pas moins de trente éléments radioactifs qui ont été découverts.

L'idée d'utiliser ces éléments pour l'exploration de systèmes biologiques est attribuée au physicien hongrois Georg von Hevesy au début des années 1910. Il imagine que des molécules marquées d'un atome radioactif, des « traceurs », permettraient de suivre des processus chez les plantes ou les animaux. En 1923, il expérimente l'absorption de plomb marqué et peut suivre le parcours de cette substance dans les plantes. Plusieurs types de détecteurs de ces rayonnements existent déjà à cette époque. Les plus anciens consistent en des plaques photo-sensibles pour lesquelles les émulsions sont améliorées au fur et à mesure pour rendre ces plaques plus sensibles. La propriété ionisante des rayonnements, c'est-à-dire leur capacité d'arracher les électrons des matériaux qu'ils traversent, est par la suite utilisée pour créer les premiers détecteurs de type Geiger à partir de 1908, mais ces détecteurs ne peuvent encore détecter que les particules alpha. Ce système, reposant sur l'ionisation d'un gaz, est développé pour obtenir en 1928 le détecteur de Geiger-Müller qui permet la détection des rayonnements alpha, beta et gamma[1].

La première utilisation d'un traceur radioactif pour l'exploration fonctionnelle chez l'homme date de 1925, lorsque Herman Blumgart injecte une solution d'un gaz de radon radioactif et mesure le temps pris par cette solution pour aller du point d'injection dans la veine d'un bras jusqu'à l'autre bras, en passant par le cœur et les poumons[2]. Il apparaît qu'en multipliant les molécules marquées, les façons d'administrer ces traceurs et en développant une instrumentation précise à la fois du point de vue spatial et quantitatif, de nombreux processus physiologiques et pathologiques pourront être étudiés chez l'homme.

Le passage de l'instrument de mesure, qui compte localement la quantité de rayonnement détecté mais n'apporte qu'une information spatiale très grossière, à l'instrument d'imagerie, qui fournit une carte de mesures spatialement organisées, est réalisé au cours des années 1950. La première étape, due à Benedict Cassen, consiste à déplacer

1 F.N. Flakus, « Detecting and measuring ionizing radiation – a short history », *IAEA Bulletin*, vol. 23, 1981, p. 31-36.

2 H.H. Wagner, *A Personal History of Nuclear Medicine*. Springer-Verlag, 2006.

linéairement, grâce à un moteur, un nouveau type de détecteur. Il s'agit d'un cristal ayant la propriété de scintiller lorsqu'il est ionisé, couplé à un tube photomultiplicateur qui détecte la lumière émise par le cristal. Le détecteur est relié à un stylet inscripteur qui permet d'enregistrer sur papier les premières images de la glande thyroïde après administration d'iode radioactif[1].

La seconde étape aboutit grâce à Hal Anger en 1958 à l'outil moderne de détection des rayons gamma, la gamma-caméra. Un cristal d'iodure de sodium est placé cette fois devant un réseau entier de photomultiplicateurs. Un circuit calcule le point d'impact de chaque photon sur le cristal et, à partir de ces coordonnées, l'image est formée sur un oscilloscope cathodique, ouvrant définitivement la voie à la scintigraphie. Une zone entière du corps humain peut dès lors être explorée en une fois, sans déplacement de l'instrument. Entre l'objet exploré duquel est émis un rayonnement gamma dans toutes les directions et le détecteur, un dispositif en plomb joue le rôle de l'objectif photographique en sélectionnant la direction des photons incidents. Sans ce dispositif, chaque point du détecteur recevrait des rayons en provenance de tous les points de l'objet exploré et aucune correspondance spatiale ne serait possible entre l'objet et l'image. Ce dispositif, appelé « collimateur », caractérise la géométrie de l'image de projection obtenue (figure 15).

À l'aube des années 1960, tous les éléments sont en place pour que la *scintigraphie*, c'est-à-dire l'examen visant à détecter le rayonnement gamma émis par un traceur radioactif administré à un patient à l'aide d'une gamma-caméra, devienne un examen de routine dans les services hospitaliers. La *Society of Nuclear Medicine* a été fondée en 1954 aux États-Unis et le *Journal of Nuclear Medicine* est lancé en 1960 pour donner à cette discipline naissante son autonomie scientifique. Les praticiens disposent déjà de nombreux traceurs parmi lesquels l'iode 131 (^{131}I) qui se fixe sur la thyroïde et le technétium 99 m (^{99m}Tc) dont les propriétés physiques sont extrêmement favorables à son utilisation en scintigraphie grâce essentiellement à sa simplicité à marquer de nombreuses molécules d'intérêt biologique[2]. La figure 16 montre une image scintigraphique

1 W. H. Blahd, « Ben Cassen and the Development of the Rectilinear Scanner », *Seminars in Nuclear Medicine*, vol. 26, 1996, p. 165-170.

2 En outre, la « demi-vie » du ^{99m}Tc étant de 6 h, c'est-à-dire que l'activité de cet isotope est divisée par 2 toutes les 6 h, elle est à la fois suffisamment longue comparée à la

de la thyroïde obtenue après avoir administré au patient de l'iode 131. La faible résolution de l'image et son aspect granuleux ne sont pas des facteurs particulièrement défavorables au recueil d'une information pertinente pour le praticien. En effet, ils sont largement compensés par un très bon contraste entre la thyroïde et les tissus voisins parce que le follicule thyroïdien capte quasiment tout l'iode qui a été administré, fournissant ainsi une image « fonctionnelle » de la thyroïde.

De nombreuses autres explorations peuvent être entreprises. En cardiologie, la fonction cardiaque peut être évaluée de plusieurs manières. La scintigraphie cavitaire par exemple, consiste dans un premier temps à administrer au patient des pyrophosphates non marqués par voie intraveineuse, puis à injecter du $^{99m}Tc\text{-}TcO^{-}_{4}$ (pertechnétate) vingt minutes après par une autre voie veineuse. Les pyrophosphates tapissent d'abord la membrane des hématies (il leur faut 20 minutes) et fixent ensuite le pertechnétate. Le compartiment sanguin est ainsi marqué et ce marquage conduit à la production d'une image scintigraphique à partir de laquelle il est possible d'estimer les volumes des cavités cardiaques au cours du cycle cardiaque (systole-diastole), permettant de mesurer l'efficacité de la pompe cardiaque.

Il serait trop long de donner des détails concernant toutes les applications qui sont désormais celles de la scintigraphie, parmi lesquelles on peut citer l'exploration osseuse (pour localiser des métastases ou des fractures), pulmonaire (pour chercher des signes d'embolies) ou encore cérébrale (évaluation de la perfusion). Dans ce qui suit, je me concentrerai sur le développement d'une seule de ces applications qui est celle de la perfusion du myocarde par le Sestamibi ou la Tétrofosmine marquées par le technétium 99 m. Ces molécules possèdent la propriété de se fixer dans les cellules du muscle cardiaque proportionnellement au débit des artères coronaires qui perfusent le myocarde. Mais cette application ne peut être présentée avant d'avoir exposé ce que sont les techniques *tomographiques* et leurs fondements mathématiques.

---

durée de l'examen, soit en général environ 1 / 2 h, et suffisamment courte pour ne pas continuer à irradier la patient inutilement trop longtemps après la fin de l'examen. Après 24 h, il subsisterait ainsi, du seul fait de la décroissance radioactive, moins de 6,27% de l'activité initiale dans l'organisme. À cela il faut ajouter la « période biologique » liée à l'élimination du traceur par les voies métaboliques hépatique et surtout rénale. Cela conduit chez le patient ayant conservé ces voies d'élimination à une période effective de 3 h et par conséquent à une valeur très faible de la radioactivité résiduelle après 24 h.

LA TOMOGRAPHIE

La radiographie et la scintigraphie présentent de grandes similitudes en ce que ces deux techniques reposent sur les propriétés pénétrantes de rayonnements de forte énergie qui ont la capacité de transmettre de l'information sur la profondeur de l'organisme. Mais le fait même que ces rayonnements soient pénétrants crée une difficulté considérable par rapport à la vision (ou à la photographie). La lumière visible ne pénètre pas ou très peu dans la plupart des objets qui forment notre quotidien. Lorsque nous regardons notre environnement, notre regard s'arrête donc à la surface des choses et cela nous permet, dans la plupart des cas, d'obtenir une information visuelle présentant très peu d'ambiguïté. Pour comprendre les problèmes soulevés par la radiographie et la scintigraphie, il faudrait imaginer un monde entièrement *transparent* autour de nous. Notre regard percerait les murs, la table, le sol, la terre, etc. Imaginons alors quelle confusion il résulterait de tout cela. En ayant accès à la dimension de profondeur, notre représentation visuelle du monde serait tellement complexe qu'il serait difficile d'y démêler quoi que ce soit.

La différence majeure qui existe entre ces deux techniques et, disons, la photographie, est que cette dernière crée une image de la surface des choses. Cela signifie qu'il y a une adéquation entre la dimension de ce à quoi elle donne accès (la *surface* de tous les objets qui sont dans le champ de vue de l'objectif) et l'image produite, qui est elle aussi une surface. C'est l'adéquation de ces dimensions qui permet une association claire et non ambiguë des différentes parties de l'image aux surfaces des différents objets présents. En revanche, lorsqu'une technique apporte de l'information sur la profondeur, cette information est par nature tridimensionnelle. Or la représentation d'une information tridimensionnelle dans un format bidimensionnel (une image, radiographique ou scintigraphique) conduit nécessairement à des surimpressions, des superpositions, c'est-à-dire des ambiguïtés. Seules certaines structures suffisamment planes (la main par exemple, comme on l'a vu dans la section précédente) sont susceptibles d'être représentées de manière claire et sont immédiatement reconnaissables. L'image radiographique présente en revanche un intérêt moindre pour l'étude anatomique des structures épaisses, dont les différents niveaux de profondeur se retrouvent mêlés sur l'image (voir la figure 17).

Les chercheurs qui développaient ces techniques se sont vite rendu compte de ces limitations. Thomas Edison par exemple avait projeté dès 1896, c'est-à-dire immédiatement après la découverte des rayons X, de réaliser une image radiographique du cerveau. Il ne put cependant guère trouver beaucoup plus à voir sur les images qu'il produisit qu'une tache informe, sans aucun détail anatomique. Or il s'agit là d'un problème intrinsèque aux techniques d'imagerie utilisant des rayonnements pénétrants et qui ne pouvait être résolu par aucun progrès technique qui aurait été réalisé sur l'appareil. Un instrument idéal, d'une résolution et d'une sensibilité parfaite aurait aussi montré le cerveau comme une tache informe. Durant la première moitié du XXe siècle, les applications de la radiologie et de la scintigraphie paraissent donc limitées aux structures et organes suffisamment plats et bien contrastés pour que leur projection sur une image soit encore lisible[1].

La solution à ce problème inhérent aux techniques d'imagerie fondées sur l'utilisation de rayonnements pénétrants trouve son origine dans les travaux du mathématicien autrichien Johann Radon. Dans un article publié en 1917, il explore les propriétés d'un type de transformée mathématique qui porte aujourd'hui le nom de « transformée de Radon », et qui décrit la projection d'une fonction f de l'espace sur un plan, le long de lignes d'intégration[2]. En effet, la formation des images en radiologie et en scintigraphie relève précisément de ce principe. En scintigraphie, la radioactivité est distribuée dans l'espace, si bien que l'on peut associer à chaque point de l'organisme une valeur de radioactivité (un taux d'émission de photons gamma). La distribution des taux d'émission dans l'organisme peut donc être décrite par une fonction de $\mathbb{R}^3$ à valeur dans $\mathbb{R}$. En chaque point du détecteur plan s'accumule tout le rayonnement qui peut atteindre ce point en passant par le trou d'entrée du collimateur. C'est la raison pour laquelle les images de projection sont souvent confuses, parce que l'information correspondant

1 Pendant de nombreuses années, on a employé en radiographie une technique de « tomographie » fondée sur une translation limitée de la source et de l'autre côté, de la plaque photo-sensible, en se servant des règles d'homothétie de Thalès. Cette méthode permettait d'avoir des séries d'images (bidimensionelles) qui mettaient en valeur différentes profondeurs.

2 J. Radon, « Ü ber die Bestimmung von Funktionen durch ihre Integralwerte längsgewisser Mannigfaltigkeiten », *Berichte Sächsische Akademie der Wissenschaften Math-Phys Kl*, vol. 69, 1917, p. 262-267.

à différents niveaux de profondeur de l'objet par rapport au détecteur se trouve superposée sur l'image. Sur la figure 18, un point source *S* d'un objet émet des photons gamma dans toutes les directions (par exemple selon les trajectoires d_1 et d_2). Seuls ceux qui passent par le trou d'entrée du collimateur *E* parviennent jusqu'au détecteur au point *b*. Cependant, *b* n'est pas seulement l'image de *S* mais de tous les points qui se trouvent sur la ligne d_2.

Le résultat fondamental obtenu par Radon est que, sous certaines conditions, cette transformée intégrale est inversible, c'est-à-dire qu'à partir de la connaissance d'une information projective (une fonction à support dans le plan $\mathbb{R}^2$ et à valeur dans $\mathbb{R}$), la fonction originale, à support dans l'espace $\mathbb{R}^3$ et à valeur dans $\mathbb{R}$ est calculable exactement. Quelles sont ces conditions garantissant l'inversibilité de la transformée de Radon ? La connaissance d'une seule projection de la fonction originale *f* serait insuffisante pour calculer la contribution de chaque point de *f* à la projection. Il faut donc multiplier les projections, sous différentes incidences angulaires, pour que l'information contenue dans l'*ensemble* des projections soit suffisante au calcul de *f*. Radon démontre ainsi que si les projections de *f* sont connues pour tous les angles pris dans l'intervalle [0°, 180°] autour de *f* (par rapport à n'importe quel axe de rotation), *f* peut être calculée à partir de ces projections.

L'application de ce résultat mathématique aux techniques d'imagerie médicale demandera plusieurs dizaines d'années, le temps nécessaire pour élaborer le dispositif de mesure adéquat, un appareil radiologique qui tourne autour de l'objet d'étude, réalisé par Hounsfield en 1971 sur l'idée du physicien américain Cormack. Parallèlement, en scintigraphie, des appareils capables d'acquérir des images en tournant autour de l'objet d'étude apparaissent à peu près à la même époque. Ces appareils recueillent des données sous la forme de mesures projectives. Un ordinateur permet ensuite d'exploiter ces mesures pour calculer la fonction tridimensionnelle originale grâce à des algorithmes dérivés de la théorie de Radon. La fonction reconstruite peut alors être visualisée sous forme d'images qui ne présentent plus l'ambiguïté inhérente aux projections. Sur la figure 19, l'image de gauche montre une surimpression des structures inhérente à l'opération de projection obtenue par simple radiographie. À droite, correspondant à la coupe indiquée par la ligne noire à gauche, on dispose de l'image tomographique reconstruite qui permet de distinguer les différentes structures du thorax sans ambiguïté. En radiographie, on accède ainsi au taux d'atténuation des rayons X des différents tissus de l'organisme que l'on peut voir tranche par tranche tandis qu'en scintigraphie, c'est le taux d'émission des photons gamma que l'on peut voir, également tranche par tranche. C'est cette possibilité d'explorer un objet tridimensionnel par tranche qui conduit à l'adoption du terme « tomographie » (du grec *tomos*, « tranche »), la radiologie devenant « tomodensitométrie » (on parle aussi souvent de scanner) et la scintigraphie devenant « tomoscintigraphie ». La contribution de Hounsfield et Cormack au développement de la tomodensitométrie leur vaudra un Prix Nobel de Médecine en 1979.

La mise en œuvre des techniques tomographiques s'inscrit très précisément dans les pratiques que j'ai présentées dans le chapitre précédent. Il s'agit d'un traitement mathématique des données recueillies par un détecteur, ce traitement utilisant un *modèle* du dispositif d'acquisition des données. Le modèle de l'instrument repose en premier lieu sur la théorie de la transformée de Radon qui décrit l'opération de projection et permet d'en calculer l'inverse. Mais ce modèle fait aussi intervenir des connaissances particulières au sujet de chaque instrument. Les constantes du modèle théorique doivent toutes être adaptées à l'instrument qui est utilisé et aux conditions précises de son utilisation. Par exemple, puisque l'instrument doit tourner autour de l'objet d'étude pour produire des images de projection sous différents angles, il faut préciser l'angle total de rotation et le pas angulaire entre chaque image de projection. Si l'on se réfère à la figure 18, il faut aussi tenir compte de la taille du trou d'entrée du collimateur *E* et de sa distance par rapport au détecteur, qui jouent sur la sensibilité et le facteur de grossissement de l'image projetée, etc. Comme je l'ai souligné précédemment, comprendre un instrument, savoir comment il produit des données, ce n'est pas seulement connaître les principes généraux du fonctionnement de ce type d'instruments. C'est aussi rassembler des connaissances précises concernant les caractéristiques particulières de cet exemplaire de l'instrument en tenant compte des conditions d'utilisation qui ont été déterminées pour favoriser la clarté des données collectées.

À partir des éléments que j'ai présentés jusqu'ici, j'expose à présent un exemple précis d'application de la tomoscintigraphie, aussi appelée tomographie d'émission monophotonique ou TEMP. Il s'agit de l'exploration de la fonction myocardique chez l'homme.

LA TOMOSCINTIGRAPHIE MYOCARDIQUE CHEZ L'HOMME

La TEMP repose comme on l'a vu sur deux idées principales. La première est d'utiliser les propriétés des traceurs, c'est-à-dire de composés chimiques marqués par un atome radioactif, qui ont en outre un parcours et une distribution spécifiques dans l'organisme. La seconde est d'appliquer les résultats mathématiques de Radon pour transformer des données recueillies sous forme projective en données reconstruites qui permettent un accès à la distribution de la concentration du traceur dans l'organisme, en trois dimensions.

L'un des examens TEMP les plus pratiqués dans les services de médecine nucléaire consiste à évaluer la perfusion myocardique dans le but de détecter différentes pathologies parmi lesquelles la cardiomyopathie hypertrophique (épaississement de la paroi cardiaque qui devient plus rigide et entraîne des difficultés lors du remplissage du ventricule), des maladies coronariennes ou encore artérielles. Il est ainsi possible de détecter les sujets menacés par l'infarctus du myocarde ou de contrôler l'efficacité d'un traitement contre l'infarctus grâce à la TEMP. Différents radiopharmaceutiques (traceurs) peuvent être utilisés parmi lesquels le ^{99m}Tc-tétrofosmine. Après injection, cette molécule se distribue en quelques minutes dans les tissus du myocarde dans lesquels se crée une distribution de traceur proportionnelle à l'irrigation du muscle par le réseau artériel coronaire. Plus le traceur est présent dans un tissu et plus la quantité de rayonnement gamma émis depuis ce tissu est élevée, si bien que la détection du rayonnement renseigne sur la bonne perfusion du muscle cardiaque. Dans le cas d'un patient insuffisant coronarien ou ayant des séquelles d'infarctus, le tissu myocardique sera soit peu perfusé soit cicatriciel (c'est à dire non-perfusé). Les images scintigraphiques correspondantes montreront soit une diminution plus ou moins importante de la quantité de rayonnement suivant le degré d'hypoperfusion soit une lacune complète de fixation en cas de territoire cicatriciel. Sur la figure 20, la paroi du ventricule gauche est montrée coupe par coupe en allant de la pointe, depuis la gauche, jusqu'à la base à droite. La ligne du bas montre une perfusion relativement homogène de la paroi lorsque le patient est au repos. Mais si le patient est mis à l'effort, un défaut de perfusion apparaît par une diminution relative locale du traceur (en haut de chacune des coupes, dans la région antéro-latérale, sur la ligne du haut). C'est en cela que les techniques d'imagerie de la médecine nucléaire sont dites *fonctionnelles* : elles délivrent une information sur la fonction d'un organe et montrent celui-ci de manière très différente suivant son état. La radiographie, en comparaison, apporte une information quasi-exclusivement spatiale : un tissu sain et un tissu nécrosé auront une atténuation analogue aux rayons X et par conséquent un même aspect sur une radiographie, du moment qu'ils ont la même forme.

L'examen TEMP se révèle donc extrêmement intéressant à pratiquer chez l'homme car il apporte une information fonctionnelle quantitative qu'aucune autre technique ne peut fournir concernant l'état du muscle cardiaque. Dans la section suivante, j'expose les motivations qui ont poussé les chercheurs en imagerie médicale et biomédicale à développer cette technique validée chez l'homme de manière à la rendre applicable chez le petit animal et les problèmes qui ont ainsi été rencontrés.

NOUVEAUX DÉVELOPPEMENTS DE LA TEMP
L'application au petit animal

J'ai exposé dans la section précédente les développements qui ont conduit en un peu moins d'un siècle à la mise au point d'une technique d'investigation nouvelle, fondée sur l'utilisation de traceurs radioactifs et sur les algorithmes de reconstruction tomographiques. La TEMP permet aux investigateurs d'évaluer de manière quantitative et avec une bonne localisation spatiale différentes fonctions telles que la perfusion myocardique ou cérébrale, les fonctions hépatiques ou encore rénales. Ces succès ont conduit quelques groupes de recherche à s'intéresser à son application chez le rat et à la souris à partir du début des années 1990 alors qu'elle était déjà validée chez l'homme. Je présente d'abord les raisons pour lesquelles ces efforts ont été entrepris puis j'énumère les problèmes qui se posaient pour mener à bien l'adaptation de la TEMP au rat et à la souris. Je me concentre pour cela sur le type d'examen que j'ai présenté ci-dessus : l'exploration de la fonction myocardique par injection d'un traceur technétié.

MOTIVATIONS DE L'APPLICATION DE LA TEMP AU PETIT ANIMAL

L'intérêt des chercheurs en imagerie biomédicale pour le rat et la souris s'explique avant tout par le rôle que jouent ces animaux comme organismes modèles pour l'homme. Leur similitude génétique avec l'homme est intéressante et ces animaux s'imposent plus facilement que d'autres comme modèles du fait de la facilité de leur élevage. En outre, leur petite taille permet d'une part une manipulation aisée, et limite d'autre part l'encombrement dans les laboratoires.

En tant qu'organismes modèles, ces animaux prennent place dans une démarche visant à inférer chez l'homme des résultats qui ont été observés sur le rat ou la souris. Des laboratoires se spécialisent dans la production d'animaux standardisés qui, depuis le début des années 1980, peuvent servir de modèles de pathologies spécifiques grâce aux techniques transgéniques. Les modifications du patrimoine génétique permettent en effet de cibler l'utilisation d'un type d'animal pour une question biologique particulière. Par exemple, les souris normales ne peuvent pas être infectées par le poliovirus car le récepteur du virus n'est pas présent chez elles. Elles ne peuvent donc pas servir de modèle pour étudier la maladie causée par le poliovirus, à moins de subir des modifications génétiques de sorte à exprimer le gène humain responsable du récepteur du virus. Ces souris transgéniques peuvent alors être infectées par le poliovirus et développent les pathologies caractéristiques de la maladie chez les humains, notamment certaines paralysies.

Chacune des applications liées à l'utilisation de souris normales ou transgéniques comme modèles de l'homme demande des outils d'exploration pour étudier ces animaux. Concernant ces explorations, il est souhaitable de pouvoir réaliser un suivi dans le temps de l'évolution des pathologies ou de la réaction à un traitement, ce pour quoi le développement de méthodes d'exploration *in vivo* (par opposition à une investigation qui demande de sacrifier l'animal) est particulièrement important. En outre, les questions liées à l'utilisation d'animaux modèles de pathologies traitent de la fonction des organes, et plus généralement de l'étude des processus de l'organisme. C'est la raison pour laquelle la TEMP, outil d'imagerie *fonctionnelle* et *in vivo*, paraît être incontournable pour étudier les animaux modèles.

Dans le cas plus précis de l'étude de la fonction cardiaque chez la souris, d'autres méthodes d'exploration par l'image ont pu être développées avant la TEMP. L'imagerie par ultrasons ou l'imagerie par résonance magnétique ont ainsi pu être adaptées à la souris, mais ces techniques fournissent une information essentiellement spatiale ou morphologique, montrant le cœur comme une pompe dont seules les fonctions mécaniques peuvent être évaluées. La TEMP fournit en revanche une information sur la *perfusion* et la *viabilité* des tissus du myocarde, ce qui est très précieux pour les chercheurs. L'adaptation de la TEMP à la souris a donc été jugée comme étant particulièrement intéressante par les groupes de recherche médicaux et biomédicaux des secteurs public comme privé, notamment chez les grands fabricants d'instruments d'imagerie médicale. Cette adaptation est néanmoins rendue difficile par un certain nombre de problèmes techniques que je présente maintenant.

LES PROBLÈMES À SURMONTER

La difficulté principale qui est rencontrée par les chercheurs désireux d'appliquer la TEMP chez la souris est liée à un problème d'échelle. Elle se traduit en premier lieu par une inadaptation de la résolution spatiale des gamma-caméras aux dimensions de la souris et de ses organes. Le détecteur mis au point par Anger[1] qui est encore souvent utilisé aujourd'hui, ne peut localiser l'impact d'un photon parvenant à sa surface qu'avec une précision de l'ordre du demi-centimètre et l'on considère que la résolution spatiale d'une gamma-caméra utilisée en routine chez l'homme, c'est-à-dire sa capacité à discriminer deux points sources à l'intérieur de l'organisme, est à peine inférieure au centimètre. Cela n'empêche pas la TEMP de permettre au praticien de produire des jugements fiables concernant de nombreuses questions, car cette technique est davantage utilisée pour l'information fonctionnelle unique qu'elle apporte que pour sa précision spatiale. En outre, le cœur humain ayant un ordre de grandeur de l'ordre d'une dizaine de centimètres le long de son grand axe, une résolution spatiale d'environ un centimètre ne représente qu'une approximation de 10 % par rapport à la taille de l'objet d'étude ce qui est acceptable pour une technique dont l'intérêt

1 Voir p. 225.

premier n'est pas la précision spatiale des images qu'elle fournit. La figure 21 montrait par exemple que les défauts de perfusion pouvaient être associés à une région relativement précise du myocarde.

La résolution spatiale médiocre de la TEMP est cependant beaucoup plus pénalisante chez la souris que chez l'homme. La taille du cœur de la souris est d'environ un centimètre et si une incertitude de un centimètre existe pour chaque photon détecté en provenance de cet organe, il n'est plus possible de rien affirmer concernant les propriétés locales de perfusion du myocarde. L'un des principaux problèmes pour appliquer la TEMP aux dimensions réduites de la souris sera donc d'obtenir une résolution spatiale nettement meilleure que ce qu'elle est chez l'homme, qui devrait être de l'ordre du millimètre.

Une autre difficulté liée au changement d'échelle entre l'homme et la souris est que si les dimensions en longueur sont en rapport de dix pour un environ, le rapport des volumes ou des masses est d'environ de mille pour un. Or la quantité de traceur et d'activité corrélative administrée est fonction de la masse. Il faudrait donc une dose de traceur et une activité mille fois moins importantes chez la souris par rapport à l'homme. Mais dans ce cas, le détecteur serait trop peu sensible pour produire une image qui soit réellement informative car trop peu de photons gamma seraient détectés. Il est donc nécessaire de trouver un moyen de préserver une activité relativement élevée dans l'organisme de la souris.

Enfin, un autre problème provient du fait que l'expérimentation se déroule sur des animaux. L'examen prenant environ une demi-heure, il faut maintenir ceux-ci dans un état d'immobilité absolue, mis à part les processus physiologiques (battements du cœur, respiration...) Cela ne peut être fait qu'en les plaçant sous anesthésie et cela a généralement pour effet de diminuer leur rythme cardiaque normalement très élevé (500 à 600 battements par minute) du fait de la réduction sensible de leur température. Le risque est donc de troubler la stabilité de l'animal, voire de le mettre en danger si son rythme cardiaque devait descendre en dessous d'un certain seuil.

Les problèmes d'adaptation de la TEMP à la souris concernent donc différents aspects liés à l'instrument, dont la résolution est inadaptée aux dimensions de l'animal, et au protocole expérimental particulier qu'il est nécessaire de mettre en place pour garantir la stabilité de l'animal ainsi que la correcte administration du traceur. J'expose à présent les différentes étapes qui, de la réception d'un instrument prototype à la production des premières images du myocarde de la souris, ont permis d'établir la TEMP comme une technique d'investigation viable pour ce type d'explorations.

LA PHASE EXPÉRIMENTALE

Durant les années 1990, au moment où plusieurs équipes commencent à s'intéresser à l'application de la TEMP au petit animal et notamment à l'étude du myocarde, la TEMP en général et cet examen en particulier sont pratiqués en routine chez l'homme. Il s'agit donc d'une technique établie qui, en dépit de sa grande complexité, repose désormais sur des instruments bien compris et contrôlés. Ces instruments produisent des données claires, concernant lesquelles un praticien formé peut produire un jugement correct. Pour cela, le praticien n'a guère à posséder une connaissance complète et détaillée du système d'imagerie et de tous les paramètres qui ont contribué à la production des données. Il a d'ailleurs pu confier la préparation du patient et la production des données à des manipulateurs qui suivent un protocole parfaitement établi. Ce protocole détermine la dose administrée pour un type d'examen (différente pour les adultes et les enfants), le type de traceur utilisé, la durée de l'examen, le rayon de rotation de l'instrument autour du patient, le nombre d'images de projection, etc. Les données produites ressemblent alors à toutes celles que le praticien a déjà eu à interpréter pour ce type d'examen, il peut appliquer des règles d'interprétation relativement sûres et simples.

La mise au point de la TEMP pour le petit animal va évidemment bénéficier de l'immense quantité de savoir, savoir-faire et technique qui a été développée tout au long du XXe siècle. L'instrument (la gamma-caméra) a bénéficié de nombreux apports successifs pour améliorer la résolution et la sensibilité de la détection des photons gamma et les principes théoriques de l'instrument sont en outre bien articulés. Pour améliorer l'instrument, et notamment sa résolution spatiale, il faudrait donc envisager une technologie fondée sur les principes tout à fait différents de ceux qui sont en jeu actuellement et cela reporterait l'effort d'adaptation de la TEMP au petit animal de plusieurs années. La phase expérimentale de l'investigation empirique portant sur la souris ne reposera donc pas sur une remise en question du cadre technique et théorique de l'instrument.

Concernant la théorie du phénomène, l'exploration par la TEMP de certaines fonctions chez le rat et la souris s'appuie sur le fait que ces animaux présentent de grandes similitudes avec l'homme. J'ai souligné leur rôle d'organismes modèles de l'homme, rendu possible par la présence des mêmes organes, remplissant à peu près les mêmes fonctions. Par exemple, le traceur radioactif utilisé chez l'homme pour l'évaluation de la perfusion du myocarde doit selon toute vraisemblance avoir le même parcours dans l'organisme de la souris. Une fois administré par voie veineuse, il devrait se diriger vers les tissus du myocarde et se distribuer en fonction de la perfusion de ces tissus. Par conséquent, la théorie du phénomène, qui permet à l'investigateur d'associer à la mesure d'une propriété physique par un instrument une propriété de plus haut niveau instanciée ici par un certain organisme, n'est pas non plus susceptible d'être profondément révisée lors de son adaptation au petit animal.

J'ai décrit la phase expérimentale d'une investigation empirique portant sur une question précise comme étant l'établissement de conditions qui garantissent qu'un jugement bien affirmé, faisant autorité, peut être rendu concernant cette question grâce à une expérience scientifique. Je me concentre ici sur la question portant sur l'évaluation de la perfusion du myocarde chez la souris par la TEMP. Des remarques qui précèdent, il découle que la phase expérimentale de cette investigation ne passe pas par des développements techniques et théoriques profonds, mais plutôt par l'établissement de conditions d'utilisation spécifiques de la TEMP visant à répondre aux difficultés que j'ai soulevées plus haut. J'exposerai dans ce qui suit les grandes étapes de la phase expérimentale de l'investigation empirique portant sur l'étude du myocarde de la souris par la TEMP à partir d'un instrument prototype. La première aura comme objectif de conduire à une bonne compréhension de l'instrument grâce à la visualisation des données qu'il produit concernant des phénomènes de nature très simple (image d'un point ou d'une ligne). La suite de l'investigation vise à produire des images d'objets inertes plus complexes, dont la structure imite celle du myocarde de la souris. Enfin, la phase expérimentale se conclut par des expériences sur animaux à la suite desquelles les données produites ont bien l'aspect attendu.

CARACTÉRISATION DE L'INSTRUMENT

J'ai mentionné que l'un des principaux problèmes dus au changement d'échelle entre l'homme et l'animal était l'inadaptation de la résolution spatiale de l'instrument aux dimensions du phénomène d'intérêt. Mais j'ai aussi affirmé que la technologie et la théorie de l'instrument étaient déjà trop avancées pour que l'on puisse espérer produire des détecteurs plus précis à relativement court terme. Or même si le recueil d'une information spatiale adaptée à l'échelle du phénomène d'intérêt n'est pas le seul critère devant entrer en jeu dans l'établissement des conditions observationnelles, il s'agit malgré tout d'une condition nécessaire à la réussite de l'investigation scientifique. Il faut donc en premier lieu trouver une solution pour adapter la résolution spatiale de l'instrument aux dimensions de l'entité explorée, c'est-à-dire le cœur de la souris.

La solution à ce problème est relativement simple. Devant le détecteur, un dispositif appelé « collimateur » permet de sélectionner la direction des photons parvenant jusqu'au détecteur[1]. Chez l'homme, on utilise un collimateur dit « parallèle » qui est constitué d'une épaisseur de plomb placée contre le détecteur, percée de centaines de trous perpendiculaires au détecteur. Les photons qui parviennent jusqu'au détecteur sont donc ceux dont la trajectoire est elle aussi perpendiculaire au détecteur. Par conséquent, l'image obtenue est à la même échelle que l'objet qui émet du rayonnement (figure 21).

Pour surmonter le problème d'imprécision trop grande du détecteur pour son application au petit animal, le collimateur parallèle est remplacé par un collimateur conique ou *sténopé* qui change la géométrie de la projection. Ce collimateur consiste en un cône de matériau dense, opaque aux rayonnements gamma, tel que le plomb, le tungstène ou l'or (ces deux derniers se travaillant plus facilement que le plomb) et dont seule l'extrémité est percée d'un trou. Avec ce collimateur, la géométrie de projection est caractérisée par le grossissement de l'image obtenue, qui est proportionnel à la distance *a* entre le détecteur et le trou d'entrée du

1 Voir p. 225.

rayonnement et inversement proportionnel à la distance *b* entre l'animal et le trou d'entrée (voir la figure 22). Par conséquent, l'incertitude de la localisation spatiale des photons détectés est rapportée à la nouvelle échelle de la projection. Si celle-ci est grossie cinq fois, l'incertitude de 5 mm du détecteur devient, à l'échelle de l'objet imagé une incertitude de 1 mm.

Cette solution au problème d'échelle ne demande donc pas de faire usage d'un instrument de type nouveau mais elle impose des contraintes sur l'utilisation d'une gamma-caméra. Celle-ci doit tourner autour de l'objet pour permettre une reconstruction tomographique de la distribution d'activité mais puisque la distance entre l'objet et le collimateur doit être faible, le rayon de rotation doit lui aussi être faible. Or les instruments utilisés chez l'homme ne permettent généralement pas de réduire le rayon de rotation en dessous d'une certaine limite. Cette simple contrainte mécanique demande de recourir à un instrument prototype adapté à l'imagerie du petit animal.

L'utilisation d'un nouvel instrument, même s'il n'est pas fondé sur des principes physiques nouveaux, demande de procéder à un certain nombre d'expériences pour s'assurer qu'il fonctionne correctement et obtenir une caractérisation de certains paramètres. Durant cette première phase, c'est véritablement l'instrument qui est au centre de l'investigation scientifique. Les paramètres dont je dresse maintenant la liste peuvent être déterminés en produisant avec l'instrument des données concernant des objets très simples.

La résolution intrinsèque de l'instrument est déterminée en utilisant une source de radioactivité ponctuelle. Un détecteur ayant une précision parfaite produirait des données sur lesquelles l'image d'un point serait un point mais l'incertitude de la détection de chaque photon gamma émis depuis le point source se traduit par une image du point sous forme de tache. Une mesure du diamètre de cette tache indique la résolution intrinsèque du détecteur.

La sensibilité ou l'efficacité du détecteur se mesure en plaçant une source d'activité connue (mesurée avec un autre instrument) face au détecteur. L'activité de cette source étant connue, il est possible de prédire le nombre de photons qui parviennent à la surface du détecteur durant un intervalle de temps donné. La proportion de photons détectés par rapport au nombre qui parvient en théorie jusqu'au détecteur détermine l'efficacité de celui-ci.

L'homogénéité du détecteur peut être vérifiée grâce à un objet plat que l'on remplit d'un fluide radioactif. Cet objet émet alors un rayonnement homogène sur toute sa surface. On place l'objet devant le détecteur (sans collimateur), et l'image formée devrait être homogène. Si elle ne l'est pas, certaines parties du détecteur sont plus sensibles que d'autres et des corrections doivent être appliquées aux mesures.

Les expériences portant sur le dispositif d'imagerie sont ainsi multipliées pour en avoir la meilleure caractérisation possible. Par exemple, la résolution, la sensibilité et l'homogénéité du détecteur doivent être mesurées pour des rayonnements de différentes énergies car ceux-ci n'interagissent pas de la même manière avec le cristal scintillant. Tous ces paramètres sont ensuite intégrés dans un modèle informatique de l'instrument qui permet de calculer les données obtenues théoriquement à partir d'une distribution quelconque de radioactivité. En plus de tenir compte des paramètres physiques de l'instrument (la résolution spatiale et la sensibilité notamment), le modèle de l'instrument doit intégrer des paramètres géométriques tels que la taille physique du détecteur, la distance focale entre le détecteur et le trou d'entrée du collimateur et le diamètre de ce trou d'entrée. Enfin, les paramètres sur lesquels peut jouer l'expérimentateur pour chaque expérience sont notamment le temps de pose par image, le nombre d'images réalisées le long d'une trajectoire circulaire autour de l'objet d'étude et le rayon de rotation de la gamma-caméra.

Ce modèle va servir à la reconstruction tomographique. Celle-ci a pour but de calculer la distribution tridimensionnelle de l'activité à partir des données bidimensionnelles qui ont été recueillies sous plusieurs angles en faisant le tour de l'objet. On dispose donc d'une part des données réellement acquises et d'autre part, d'un modèle théorique de la formation des données. En calculant l'inverse de ce modèle théorique, on parvient alors à calculer la distribution tridimensionnelle qui a pu donner lieu à l'obtention des données réelles. De manière plus formelle, si x est la distribution tridimensionnelle d'activité (inconnue), M le modèle mathématique de l'instrument et d les données recueillies, on a :

$$Mx=d.$$

Si l'on peut calculer un inverse M^{-1} de M, on a :

$$x=M^{-1}d.$$

Ce sont les données tomographiques reconstruites qui serviront à l'étude du myocarde de la souris. Outre le fait qu'elles sont plus lisibles parce que la distribution d'activité n'y est plus projetée ou superposée mais visible tranche par tranche, ces données reconstruites présentent l'avantage d'intégrer toutes les particularités du modèle de l'instrument. Tandis que les données recueillies par l'instrument portaient en elles toutes ces particularités (la sensibilité de l'instrument, d'éventuelles inhomogénéités du détecteur, etc.), l'emploi d'un modèle inverse de la formation des données efface toutes ces spécificités de l'instrument sur les données reconstruites.

À l'issue de cette première phase, un modèle mathématique précis et complet de l'instrument est obtenu et utilisé pour calculer des données reconstruites par tomographie. Seuls des objets simples, dont la seule fonction est d'apporter une connaissance au sujet de l'instrument ont été étudiés pour le moment. Je présente maintenant la phase de l'investigation qui se détache de l'instrument pour se tourner vers le phénomène visé (la perfusion du myocarde chez la souris).

INVESTIGATION PORTANT SUR L'ANIMAL

L'expérimentation sur animal implique la mise en place d'un protocole expérimental nettement plus complexe que lorsque des objets inertes sont étudiés. Il est en effet primordial d'assurer la stabilité de l'animal à la fois physique et physiologique. Celui-ci doit rester immobile durant le temps que dure l'acquisition des données. 48 images de projection sont acquises sur une trajectoire circulaire avec un temps de pose de 1 minute par projection. L'animal est placé sous anesthésie gazeuse et il est réchauffé pour qu'il ne se refroidisse pas et maintienne un rythme cardiaque suffisant pour ne pas risquer un arrêt cardiaque. L'administration du traceur est effectuée par injection d'une solution de ^{99m}Tc-tétrofosmine plus concentrée qu'elle ne l'est chez l'homme pour avoir une activité suffisante en injectant un volume nettement moindre, de sorte que le volume total de sang ne change pas significativement.

L'animal est disposé en essayant qu'il soit le plus justement placé sur le centre de rotation de la caméra. De la sorte, le rayon de rotation de l'instrument peut être minimisé, ce qui permet d'obtenir un facteur de grossissement moyen du même ordre (cinq fois environ) que pour l'expérience effectuée avec un objet inerte.

Ces différentes opérations demandent chacune plusieurs essais avant d'arriver à un résultat concluant. Par exemple, l'injection du traceur dans la veine caudale de la souris est un geste qui demande une très grande précision et doit être accompli par un véritable spécialiste. Le protocole d'anesthésie a lui aussi beaucoup évolué entre les premiers essais durant lesquels l'animal ne survivait pas en raison d'une concentration trop élevée d'isoflurane (le gaz anesthésiant, mélangé à de l'air) ou d'un refroidissement de l'animal. De nombreuses expérimentations sont donc nécessaires pour déterminer les conditions qui permettront de produire des données exploitables concernant le phénomène d'intérêt.

À l'issue de cette phase de mise en place d'un protocole d'acquisition de données qui porte à la fois sur la préparation de l'animal, la manière de se servir de l'instrument et la mise en œuvre d'un modèle mathématique de la formation des données permettant la reconstruction tomographique, des images du myocarde de la souris sont produites (figure 23). Les premières constatations démontrent la grande similitude entre les images produites chez la souris et celles produites chez l'homme : on distingue très clairement l'anneau du ventricule gauche en coupe mais la paroi du ventricule droit est aussi visible sur cette image (à gauche du ventricule gauche sur l'image). Ensuite, grâce à l'utilisation de logiciels de visualisation et de quantification des données, des énoncés plus précis peuvent être formulés au sujet par exemple de l'homogénéité relative de la perfusion du myocarde ou du volume de la paroi et de la cavité du ventricule gauche, pour un individu ou pour une population. Ainsi, la perfusion relative des différentes régions du myocarde montre une légère hypoperfusion de l'apex (la pointe du cœur), décrite dans la littérature.

Ces énoncés jouissent déjà d'une certaine autorité étant donné l'ensemble des expériences qui ont été accomplies pour vérifier chaque étape de la production des données. Cependant, toutes les sources d'imprécision ou d'erreur n'ont pas encore été écartées. L'ensemble du dispositif expérimental, de par sa grande complexité, peut encore produire des effets imprévus propres à dénaturer la représentation du phénomène. Dans la section suivante, je présente plusieurs arguments permettant de conclure à la validité de l'examen TEMP du myocarde chez la souris, grâce à la comparaison des résultats obtenus avec ceux d'autres équipes, avec la même technique et avec des techniques différentes.

STABILISATION DE L'INVESTIGATION

La production d'images TEMP du myocarde de la souris qui ressemblent à celles produites chez l'homme ne garantit pas encore une très grande sûreté épistémique des jugements qui sont prononcés par les chercheurs qui interprètent ces images. Les praticiens qui formulent des diagnostics chez l'homme grâce aux images TEMP peuvent s'appuyer sur la complète maîtrise de la production et de l'interprétation des données, mais aussi sur l'ensemble des correspondances qui ont été établies entre l'information apportée par la TEMP et celle apportée par d'autres techniques d'exploration. D'autre part, l'examen TEMP du myocarde étant pratiqué dans des centaines de services d'imagerie de par le monde, les praticiens ont pu échanger leurs résultats grâce aux congrès et publications et établir un consensus sur la manière dont sont représentés les phénomènes.

Je montre ici que plusieurs autres techniques peuvent être utilisées pour confirmer les résultats obtenus avec la TEMP chez le petit animal. J'expose ensuite de quelle manière l'exploration TEMP du myocarde de la souris peut être validée grâce à la comparaison des résultats entre équipes travaillant sur le développement de cette technique.

COMPARAISON AVEC D'AUTRES TECHNIQUES D'EXPLORATION

Avant même que la TEMP ait permis de produire des données concernant le myocarde de la souris, d'autres techniques d'imagerie avaient déjà été utilisées pour explorer la fonction cardiaque. Même si ces techniques apportent une information différente de celle fournie par la TEMP, justifiant ainsi le besoin de développer cette dernière, il existe de fortes corrélations entre les images issues de ces différentes techniques. Deux techniques autres que la TEMP sont généralement mentionnées pour l'exploration cardiaque du petit animal : l'échographie par ultra-sons et l'IRM[1].

1 Voir M. Scherrer-Crosbie *et al.*, « Echocardiographic determination of risk area size in a murine model of myocardial ischemia », *American Journal of Physiology*, vol. 277, 1999, p. H986-H992 et B. Holt, « New Approaches to Phenotypic Analysis in Adult Mice », *Journal of Molecular and Cellular Cardiology*, vol. 33, 2001, p. 27-35 qui traitent respectivement des ultra-sons et de l'IRM.

Ces différentes techniques sont capables de détecter des problèmes de perfusion myocardique même si elles le font de manière différente de la TEMP. Par exemple, il est possible de pratiquer une intervention sur la souris visant à ligaturer l'une des artères du cœur. Cela a pour effet de créer un infarctus du myocarde, c'est-à-dire que les cellules des tissus qui ne sont plus irrigués meurent et la région concernée ne se contracte plus correctement. L'échographie et l'IRM, qui sont des techniques d'imagerie morphologiques (apportant une information sur la forme et non directement sur la fonction comme la TEMP), permettent malgré tout d'identifier les tissus nécrosés grâce au changement de la forme et de la dynamique du cœur qui surviennent après quelques jours[1]. Les images TEMP, qui permettent de détecter le défaut de perfusion, peuvent alors être comparées aux images d'IRM ou d'échographie et si ces trois types de données permettent la détection d'un infarctus au même endroit, la crédibilité de chacune des techniques s'en trouve renforcée. En outre, étant donné que l'infarctus est provoqué artificiellement, les expérimentateurs savent à quel endroit la zone infarcie devrait se trouver.

L'argument que je présente ici rappelle celui de Hacking concernant l'utilisation de plusieurs microscopes reposant sur des principes physiques différents mais qui permettent de retrouver la même structure (p. 156). Ici aussi, les techniques instrumentales que je considère (la TEMP, l'échographie et l'IRM) reposent sur des principes physiques différents et produisent des données à la fois très dissemblables et représentant des propriétés de bas niveau tout à fait différentes. En effet, les données de la TEMP sont des images de la distribution de sources radioactives dans l'organisme tandis que l'IRM montre la relaxation des noyaux des atomes d'hydrogène de l'eau des tissus sous l'effet combiné de champs magnétiques et d'ondes radiofréquence et que l'échographie montre la capacité des différentes interfaces à renvoyer des ultrasons. Mais si ces données admettent donc des interprétations de bas niveau très différentes les unes des autres, toutes sont susceptibles de conduire l'investigateur à formuler des énoncés de haut niveau qui portent sur la perfusion du myocarde en ayant recours à différents aspects de ce que j'ai appelé la « théorie du phénomène ».

---

1 M. Wu et al., « Pinhole single-photon emission computed tomography for myocardial perfusion imaging of mice », *Journal of the American College of Cardiology*, vol. 42, 2003, p. 576-582.

Une autre technique, l'autoradiographie, aide grandement à la validation de la TEMP et notamment à la validation de la reconstruction tomographique. Rappelons que cette dernière repose sur l'utilisation d'un modèle de la formation des données qui doit être aussi précis que possible. Ce modèle est ensuite utilisé pour résoudre l'équation liant la distribution tridimensionnelle des taux d'émission radioactif aux images de projection de l'activité détectée. Il n'est pas rare que cette équation dépasse le million d'inconnues ce qui ne permet pas de la résoudre autrement qu'en employant des algorithmes itératifs qui conduisent généralement à une solution approchée. Or si l'adéquation du modèle est critique et que les calculs menés ne conduisent qu'à une solution approchée du système, comment peut-on s'assurer que la distribution tridimensionnelle calculée correspond bien à la distribution réelle qui a donné lieu aux images de projection obtenues ?

Un accès direct à cette distribution est possible en excisant le cœur de l'animal euthanasié après l'examen TEMP alors que le traceur est encore distribué dans le myocarde. Le cœur est ensuite congelé pour permettre sa section en tranches fines de 20 mm et ces tranches sont posées sur un film sensible aux rayons ionisants. Les photons gamma qui sont émis par le traceur impressionnent l'émulsion et leur distribution est ainsi restituée sous forme d'images. Cette technique est nommée autoradiographie parce que le rayonnement est issu de l'objet étudié sans recours à une source extérieure de rayonnement comme c'est le cas pour la radiographie[1]. Elle permet la visualisation tranche par tranche de l'activité comme le fait la tomographie assistée par ordinateur et constitue donc le moyen idéal de contrôler l'ensemble de l'examen TEMP. Mais il est évident que le recours à cette technique n'intervient que dans la phase de validation de l'examen TEMP du myocarde chez la souris puisqu'elle implique la mort de l'animal. L'intérêt de la TEMP est précisément qu'il s'agit d'un technique d'exploration *in vivo* qui permet le suivi dans le temps de l'état d'un animal, de l'aggravation ou de la rémission d'une pathologie, etc.

---

1 Comme la radiographie, et comme la plupart des autres techniques instrumentales, l'autoradiographie est devenue numérique et l'animal est donc le plus souvent posé sur un détecteur plan.

COMPARAISON AVEC LES RÉSULTATS OBTENUS EN TEMP PAR D'AUTRES ÉQUIPES

Sur une période de quelques années, au début des années 2000, plusieurs équipes de recherche ont contribué au développement de la TEMP chez le petit animal. Chacune de ces équipes a pu atteindre des résultats similaires en employant des méthodes à peu près identiques. Les quelques différences que l'on peut relever sont les suivantes. L'anesthésie de l'animal est gazeuse chez certaines équipes ou se fait par injection chez d'autres. Les images de projection peuvent être acquises en faisant tourner la caméra autour de l'animal mais certaines équipes ont préféré faire tourner l'animal plutôt que la caméra pour que la rotation soit exactement circulaire, ce qui est difficile à obtenir avec un instrument grand et lourd. D'autres traceurs que le ^{99m}TC ont été utilisés comme le thallium ^{210}Tl. Enfin, la reconstruction tomographique est une opération mathématique qui peut être traitée par des méthodes analytiques, en raisonnant sur un espace continu, ou algébriques, en raisonnant sur un espace discret, décomposé en petits volumes élémentaires.

Les équipes, peu nombreuses, qui ont travaillé spécifiquement sur l'application de la TEMP à l'exploration myocardique chez la souris ont, en dépit de légères différences expérimentales, obtenu des résultats qui concordent sous plusieurs aspects. D'abord, les performances de l'instrument ont été améliorées de manière à peu près identique, ramenant la résolution spatiale du dispositif à moins de 1 mm (contre près d'un centimètre en conditions normales d'utilisation chez l'homme). Ensuite, des études portant sur des groupes d'animaux ont montré les mêmes tendances à une perfusion très homogène du myocarde chez les individus normaux, à l'exception de l'apex, qui est hypoperfusé[1].

La publication de travaux de plusieurs équipes, la concordance des résultats publiés, la maîtrise technique acquise par ces équipes après plusieurs années de pratique et l'ensemble des expériences menées sur des animaux et sur des objets inertes visant à vérifier un aspect précis du dispositif, sont autant d'éléments qui ont conduit les chercheurs à considérer qu'ils avaient désormais entre les mains un outil d'observation

1 Voir M. Wu, « Pinhole single-photon emission computed tomography for myocardial perfusion imaging of mice » et A. Constantinesco et al., « Assessment of left ventricular perfusion, volumes and motion in mice using pinhole gated SPECT », *Journal of Nuclear Medicine*, vol. 46, 2005, p. 1005-1011.

de la fonction myocardique chez la souris. Aucun événement particulier n'a marqué ce passage entre la phase expérimentale de l'investigation et ce qui est désormais la phase observationnelle. Le terme d'observation n'est d'ailleurs pas véritablement employé par les chercheurs du domaine. Mais leurs efforts sont désormais tournés exclusivement vers l'exploration de l'animal, le dispositif permettant cette exploration étant désormais considéré comme étant maîtrisé, bien compris et plus guère susceptible de faire naître des erreurs d'interprétation. Dans la conception de l'observation que j'ai défendue dans cette thèse, *on observe désormais le myocarde (ou certaines propriétés de celui-ci) in vivo, avec la TEMP.*

CONCLUSION
Développements de l'imagerie TEMP du petit animal

L'investigation empirique portant sur le myocarde de la souris a contribué plus généralement à la possibilité d'utiliser la TEMP comme un instrument d'observation de la souris. Cette technique permet, grâce à la multiplication de traceurs de différentes fonctions, l'exploration de plusieurs organes et parfois, pour un même organe, l'exploration de divers processus physiologiques ou pathologiques. En parallèle à l'imagerie myocardique chez la souris, l'imagerie cérébrale ou hépatique par exemple ont été développées pour atteindre des résultats validés par des moyens similaires à ceux que j'ai exposés tout au long de ce chapitre.

L'intérêt que les chercheurs ont manifesté vis-à-vis de la TEMP pour son application au petit animal et la réussite des diverses investigations qui ont été menées par quelques équipes ont poussé les grands constructeurs industriels à s'intéresser à la production de machines dédiées au petit animal. Ces instruments, désormais standardisés, bénéficient d'un savoir-faire technique qui s'est enrichi de toutes les expériences conduites depuis les années 1990. Grâce à ces nouveaux instruments, la prise en charge technique est assurée par les constructeurs et des expérimentateurs peuvent désormais procéder à des examens du myocarde de la souris par exemple, en suivant un protocole bien établi, mais sans qu'eux-mêmes possèdent une connaissance très détaillée au sujet de l'instrument qu'ils utilisent. Loin de constituer une menace pour la fiabilité de leurs investigations, le fait que des instruments permettent à des sujets de produire facilement des données et de les interpréter par l'application de règles en nombre relativement limité marque au contraire que les conditions observationnelles sont désormais établies.

L'exemple que j'ai présenté dans ce chapitre soutient, je l'espère, les thèses que j'ai défendues au sujet de l'observation. Avant de revenir sur ces thèses dans la conclusion générale, il me semble que deux d'entre elles méritent d'être soulignées.

Tout d'abord, l'observation prend place au sein d'un processus dynamique, fondé sur la nature corrective de l'expérience. Le statut observationnel que j'accorde à l'investigation empirique du myocarde de la souris grâce à la TEMP ne provient pas de l'observabilité du cœur de la souris – le fait que le cœur d'une souris, en tant qu'entité de dimension macroscopique, soit aussi observable qu'une tasse ou tout autre objet paradigmatique de l'observabilité ; il ne provient pas davantage d'une similitude entre les principes sous-jacents à la TEMP et le fonctionnement de la vision humaine – le fait que par exemple, dans les deux cas, un rayonnement électromagnétique parvienne à un « détecteur » sensible à ce rayonnement. Ce statut est selon moi déterminé par les efforts fournis par une communauté pour mettre en œuvre des moyens de produire des données concernant un type de phénomènes et de s'assurer, en multipliant les expériences, que leurs interprétations de ces données gagnent en autorité.

Ensuite, il me paraît important de réaffirmer, au vu de l'exemple que j'ai développé dans ce chapitre, que « la science construit à partir de ce qu'elle sait déjà, même en ce qui concerne ses capacités observationnelles[1] ». L'observation ne demande pas de faire table rase de toute connaissance acquise au préalable, ni de s'appuyer sur un langage rudimentaire ou d'ignorer les progrès techniques déjà accomplis. L'observation s'appuie sur ce que nous savons déjà, sur ce que nous savons faire, produire, maîtriser et dire.

1 D. Shapere, « The concept of Observation in Science and Philosophy », p. 513.

CONCLUSION

Le problème principal qui a motivé cette étude est celui de l'attribution du statut observationnel aux pratiques exploratoires qui ont cours dans les sciences. De quelles expérimentations scientifiques, réalisées à l'aide de quels instruments, et de quelles expériences quotidiennes, peut-on dire qu'elles relèvent de l'observation ? J'ai présenté ce problème largement débattu dans la littérature comme visant à déterminer l'extension du concept d'observation. Or ce problème ne pouvait pas être traité sans clarifier au préalable ce qu'il faut entendre par « observation ». Pour savoir jusqu'où s'étend l'observation, il fallait d'abord préciser l'intension du concept, en identifiant le type de résultat que nous attendons d'une observation. La thèse que j'ai défendue est premièrement que l'observation est épistémique et qu'elle aboutit à la formulation d'un énoncé communicable portant sur l'observé (une entité, un système, une propriété, etc.) et deuxièmement que cet énoncé jouit d'un privilège épistémique par rapport aux énoncés d'origine non observationnelle. Plus précisément, ce privilège est la priorité qui est accordée à l'énoncé d'observation par rapport aux autres énoncés dans le cas où le premier entre en conflit avec les seconds. C'est ce privilège, caractéristique de l'observation, qui doit être au fondement de la discussion sur l'extension du concept d'observation.

Pour défendre le privilège des énoncés d'observation, j'ai d'abord présenté la conception fondationnaliste de l'observation, dans laquelle la priorité qui est accordée aux énoncés d'observation provient d'un mode de justification particulier de ces énoncés : l'auto-justification. L'auto-justification implique néanmoins une indépendance totale de l'observation par rapport aux connaissances de fond du sujet, ce qui crée un double problème pour la conception fondationnaliste de l'observation. Tout d'abord, le travail hygiéniste visant à préserver l'observation de toute influence épistémique aboutit dans le cas extrême à une conception de l'observation portant sur des expériences élémentaires privées dans un langage de *sense data*. Dès lors, l'observation devient tellement restreinte que le concept n'est plus vraiment pertinent dans le contexte scientifique. D'autre part, même si l'observation présentée dans cette perspective fondationnaliste pouvait être intéressante pour les philosophes, les attaques qui ont porté depuis le milieu des années 1950 à son encontre l'ont touchée de manière semble-t-il définitive. L'argument le plus général qui les sous-tend est que la connaissance ne se conçoit pas de manière autonome puisque toute connaissance implique une dépendance à un cadre préexistant.

Il fallait donc admettre l'interdépendance entre nos connaissances et nos énoncés d'observation. Les premières ne sont pas seulement enrichies et modifiées par les seconds, elles participent aussi à leur formation. Au centre de mon étude se trouvait donc le problème suivant : comment défendre l'autorité épistémique en renonçant à l'autonomie épistémique, c'est-à-dire en tenant compte de l'interdépendance entre les énoncés d'observation et la connaissance que le sujet possède déjà ? De l'échec du programme fondationnaliste, j'ai conclu que la défense du privilège des énoncés d'observation devait être découplée d'un mode de justification spécifique à l'observation. La justification cohérentiste qui a cours lorsque toute connaissance est considérée comme étant dépendante d'autres connaissances ne peut servir à faire ressortir les énoncés d'observation. Le problème du privilège consiste donc à défendre l'autorité épistémique des énoncés d'observation de manière indépendante de leur justification.

La réponse que j'ai apportée à ce problème repose sur la prise en compte du caractère riche, multiple, dynamique et surtout correctif de l'expérience. J'ai ainsi proposé de ne pas considérer des expériences de manière isolée, mais des suites d'expériences, menées dans le cadre d'une investigation scientifique. Chaque expérience apporte des contraintes rationnelles qui sont fonction de cette expérience *et* des croyances de fond du sujet. La multiplication de ces contraintes engage l'investigateur dans un processus itératif, correctif, à l'issue duquel l'investigation peut être stabilisée : ni les éventuels instruments utilisés, ni le cadre conceptuel, ni les croyances de fond qui sont en jeu dans cette investigation ne semblent plus évoluer sous la pression de nouvelles expériences. J'ai proposé de définir l'observation comme la limite de ce processus correctif, lorsque la stabilité est atteinte, montrant qu'une forme d'autorité épistémique émergeait par le caractère affirmé, univoque et catégorique des énoncés d'observation.

Cette caractérisation légitime à la fois l'emploi de nos meilleures connaissances, d'un cadre conceptuel riche et des avancées techniques dans l'observation, sous la condition que le cadre matériel, conceptuel et doxastique soit stable. La stabilisation de ce cadre est un problème complexe, enchevêtré parce que de multiples paramètres interdépendants y interviennent. J'ai cependant pu montrer que ce type de problème admettait des solutions obtenues itérativement, au cours de processus de révisions. J'ai également montré que cette approche itérative trouvait un fort écho dans les travaux des philosophes de l'expérimentation, notamment chez Franklin qui a proposé une véritable méthode visant à « valider une expérience ». Mais chez les philosophes qui se sont intéressés de près aux pratiques expérimentales, le terme d'observation n'avait plus cours. L'observation telle que je l'ai définie serait donc à rapprocher de l'« expérience valide » de Franklin ou de la « détection fiable des phénomènes » chez Bogen et Woodward.

Le terme d'« empirisme itératif » caractérise au mieux l'épistémologie empiriste que j'ai développée ici. De l'empirisme, elle conserve la thèse fondamentale de l'attribution d'un privilège épistémique aux énoncés d'observation. Mais ce résultat ne peut être obtenu qu'après une phase expérimentale, au cours de laquelle nos croyances, nos techniques et nos concepts évoluent pas à pas, au gré des contraintes imposées par des expériences successives, jusqu'à atteindre un état de stabilité.

Trois remarques viennent compléter la conception de l'observation que j'ai associée à l'empirisme itératif. La première est que la question de savoir si une technique d'investigation empirique relève ou non de l'observation intègre une composante historique. Elle ne peut en tout cas être tranchée sans considérer le développement de cette technique et ce qu'elle a pu montrer comme preuves de stabilité, par exemple, par la reproductibilité des résultats qu'elle fournit et la cohérence de ces résultats avec ceux qui sont fournis par d'autres techniques stables.

La deuxième remarque concerne le fait que l'observation scientifique n'est pas une affaire d'experts mais traduit au contraire une simplification de l'investigation empirique. L'expert étant par définition celui qui en sait plus que l'investigateur normalement compétent, le fait qu'il soit requis pour réaliser une observation signifierait que grâce à son savoir hors-normes, il peut arriver à un jugement correct auquel l'investigateur normalement compétent n'arrive pas. Or c'est là un signe que l'investigation empirique n'est pas encore stable, souvent parce qu'un instrument est utilisé mais demande encore des réglages extrêmement précis et un œil exercé pour déterminer quelles sont les données pertinentes et celles qu'il faut rejeter. L'observation en revanche se caractérise par la clarté des données, relativement à une question donnée, et par la possibilité qui existe d'établir des règles d'interprétation de ces données qui soient simples, et en nombre relativement limité.

La troisième remarque porte sur les hypothèses qui interviennent dans l'élaboration d'un jugement d'observation. Je n'ai placé que deux exigences concernant ces hypothèses. La première est qu'elles ne soient pas « délocalisantes », dans le temps ou dans l'espace. J'ai souligné que même si, par exemple, une loi est parfaitement confirmée, le fait qu'elle décrive le comportement dynamique d'un système exclut son usage de l'observation. Cette restriction concerne le fait que l'observation porte sur des faits singuliers, c'est-à-dire des événements présents, *ici* et *maintenant.* Le recours à la loi selon laquelle une chenille devient un papillon me permet de *prédire* que la chenille que j'ai sous les yeux deviendra un papillon. Mais elle ne me permet pas d'*observer* un papillon. La seconde exigence concernant les hypothèses qui interviennent dans l'observation est l'extrême vigilance qu'il faut porter à leur confirmation. Une seule hypothèse mal confirmée peut conduire à de grossières erreurs de jugement, même lorsque l'essentiel du cadre de l'investigation est stable.

L'étude que j'ai entreprise, et qui aboutit à la conception de l'observation dont j'ai tenté de résumer les principaux aspects, démontre aussi que plusieurs thèses importantes au sujet de l'observation doivent être rejetées. En premier lieu, la thèse selon laquelle l'observabilité ou les observables déterminent par avance les limites de la connaissance observationnelle est infondée, dès lors que nos capacités observationnelles évoluent et permettent l'accès à de nouveaux phénomènes. Dans ces conditions, le seul sens que l'on puisse attribuer au mot « observable », lorsqu'il qualifie un fait, un phénomène, une entité, etc. est celui-ci : *X* a été *observé*, *X* est donc observable. C'est donc l'observabilité qui découle de l'observation et non l'inverse.

Une autre thèse très présente en philosophie des sciences depuis les années 1960 est la suivante : puisque la conception empiriste fondationnaliste de l'observation doit être rejetée et qu'il faut donc reconnaître l'interdépendance entre nos croyances de fond et nos croyances observationnelles, ces dernières ne peuvent pas avoir une autorité épistémique supérieure aux premières. Par conséquent, l'observation est un concept pragmatique, utile pour décrire certaines pratiques, sans qu'on puisse lui prêter un rôle épistémologique. Cette thèse peut et doit être rejetée car elle naît d'un refus de considérer d'autres moyens d'attribuer un privilège épistémique à des énoncés que celui qui découlerait de leur autonomie épistémique. J'ai voulu montrer dans ce travail que l'autorité épistémique pouvait être attribuée par d'autres voies que l'autonomie épistémique.

La dernière thèse dont il me paraît important de souligner la faillite est celle selon laquelle certains instruments sont, de manière générale et sans égard aux différents phénomènes sur lesquels peut porter une investigation, des instruments d'observation. Un certain nombre de travaux philosophiques ont porté sur la question de savoir si, par exemple, le microscope pouvait servir à des fins d'observation. À supposer que la réponse soit oui (ce qui est bien entendu le cas dans la conception que je propose), cela ne signifie pas qu'en utilisant un microscope, les conditions observationnelles soient garanties. Pour l'exploration de certains phénomènes, ces conditions sont bien établies, pour d'autres, elles sont en cours d'établissement, pour d'autres enfin, elles ne seront jamais établies (mais ces phénomènes pourront probablement être observés à l'aide d'autres instruments). Un instrument n'est donc un instrument d'observation que par rapport à certains phénomènes.

Le rejet de ces thèses ne traduit pas, ou pas seulement, leur inadéquation aux pratiques d'investigation empirique contemporaines. Il est avant tout la conséquence d'une conception de l'observation qui est fondée sur la mise en valeur du rôle que joue l'observation dans la structure et l'évolution de la connaissance.

ILLUSTRATIONS

ILL. 1 – Gravure de Joseph Jastrow (1899) représentant le « canard-lapin ».

ILL. 2 – Illusion de la grille d'Hermann.

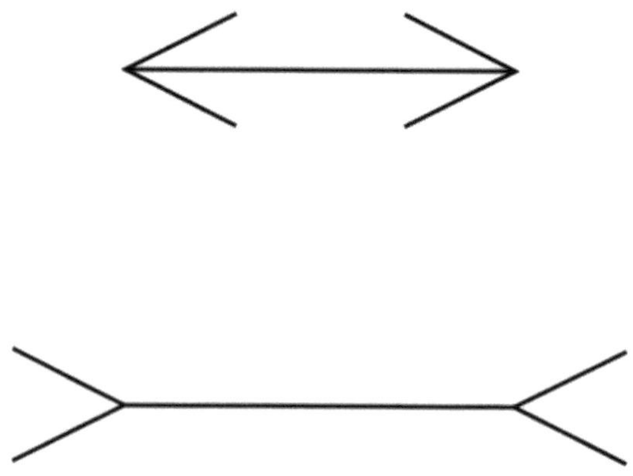

Ill. 3 – Illusion de Müller-Lyer. Les deux segments horizontaux ont la même longueur, malgré les apparences.

Ill. 4 – Image montrant la région NGC 2024 dans la constellation d'Orion, tirée des données produites par le télescope VISTA qui détecte le rayonnement infra-rouge. Crédit : ESO / J. Emerson / VISTA.

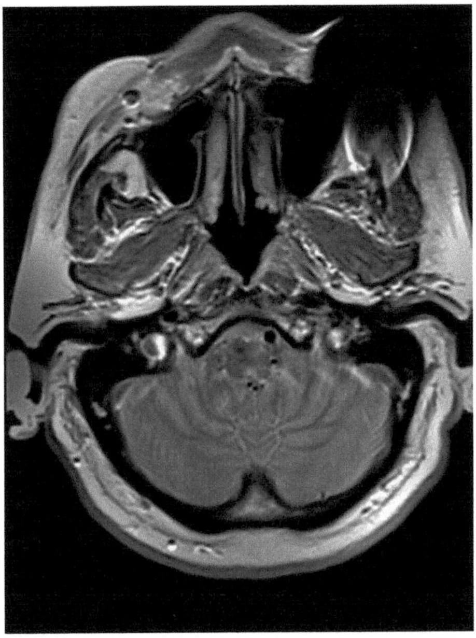

ILL. 5 – Présence d'artefacts sur une IRM cérébrale. Provenance : service de médecine nucléaire – Hôpitaux universitaires de Strasbourg.

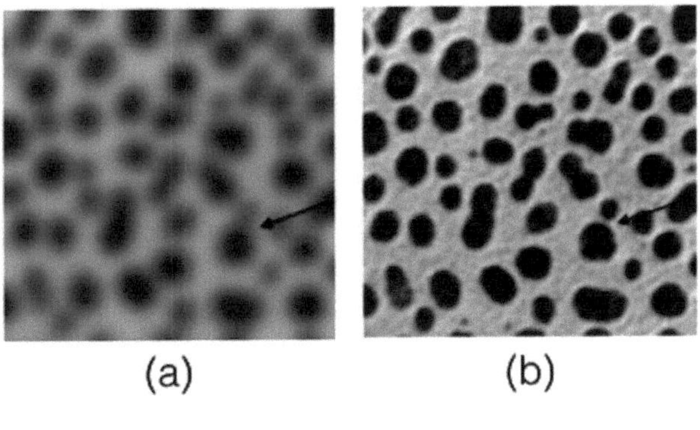

ILL. 6 – Simulation de données produites par un instrument qui génère un flou sur l'image (a) et par un instrument produisant des images nettes (b). Image réalisée avec le logiciel ImageJ (http://imagej.nih.gov/ij).

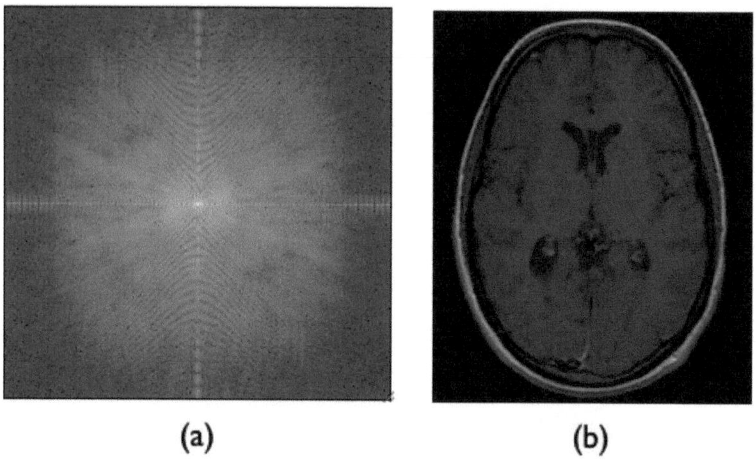

ILL. 7 – Image du domaine de Fourier (a) et du domaine spatial (b) de données IRM. Exemple fourni avec le logiciel ImageJ (http://imagej.nih.gov/ij).

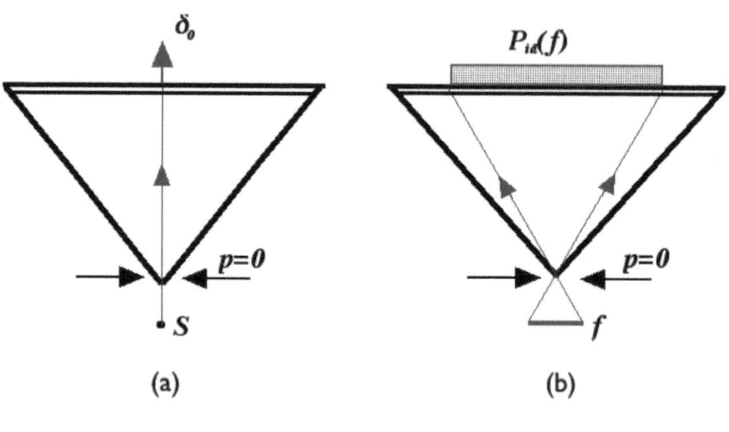

ILL. 8 – Schéma d'un détecteur idéal. Tiré de Israel-Jost, 2006.

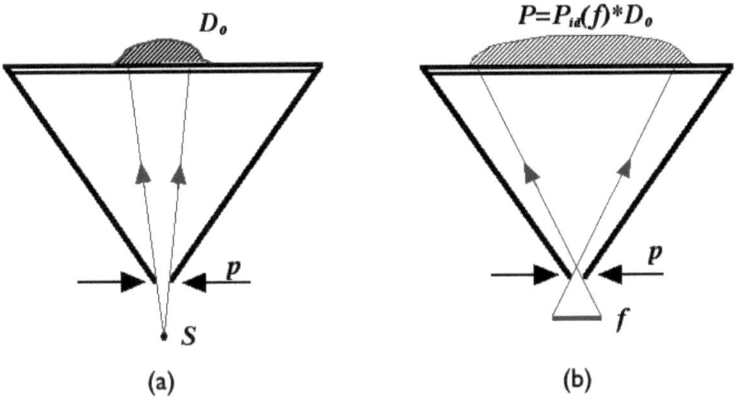

ILL. 9 – Schéma d'un dispositif d'imagerie générant des données floues. Tiré de Israel-Jost, 2006.

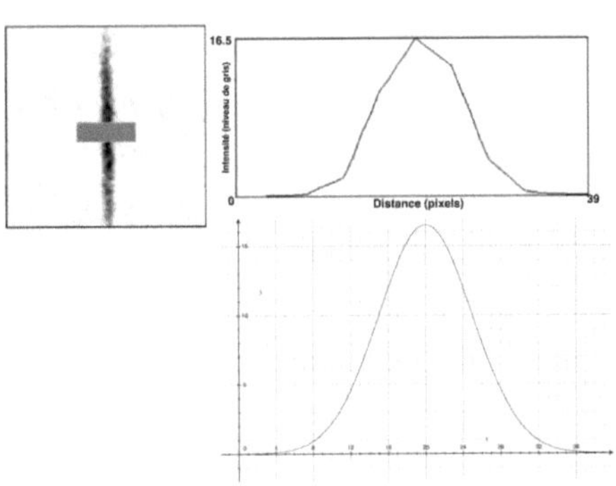

ILL. 10 – Image de projection obtenue sur une source linéique.

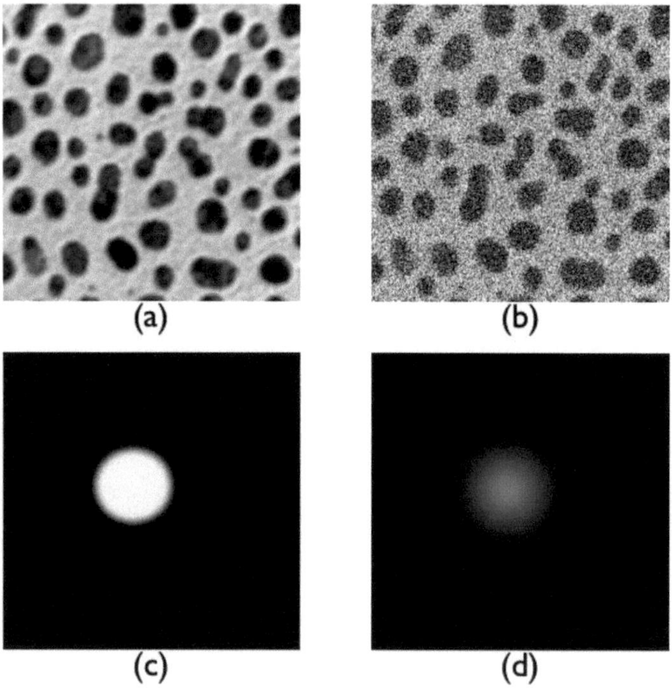

Ill. 11 – Exemples d'images présentant des objets à détecter sans et avec facteurs de dégradation. Exemple fourni et traité avec le logiciel ImageJ (http://imagej.nih.gov/ij).

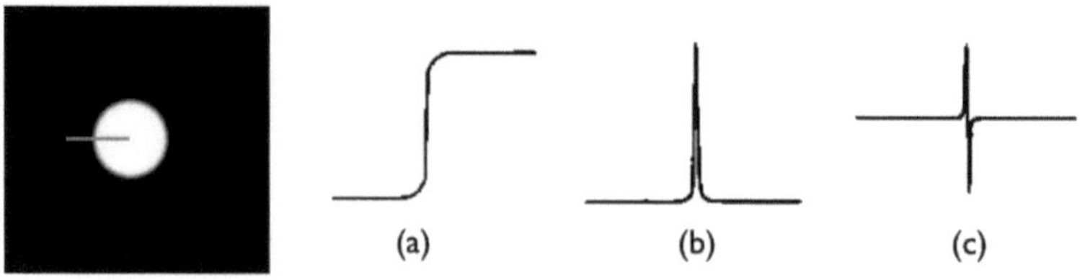

Ill. 12 – Détection du bord du disque le long de la ligne grise par un calcul de dérivée.

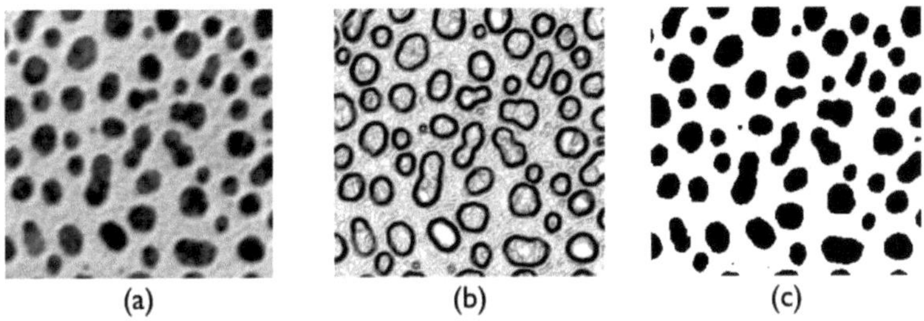

ILL. 13 – Détection des contours d'objets et remplissage de ces contours. Exemple fourni et traité avec le logiciel ImageJ (http://imagej.nih.gov/ij).

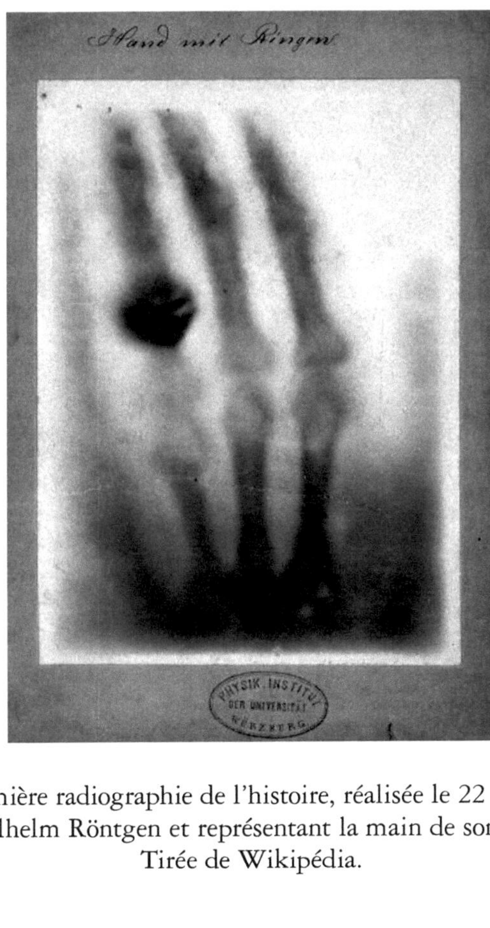

ILL. 14 – Première radiographie de l'histoire, réalisée le 22 décembre 1895 par Wilhelm Röntgen et représentant la main de son épouse. Tirée de Wikipédia.

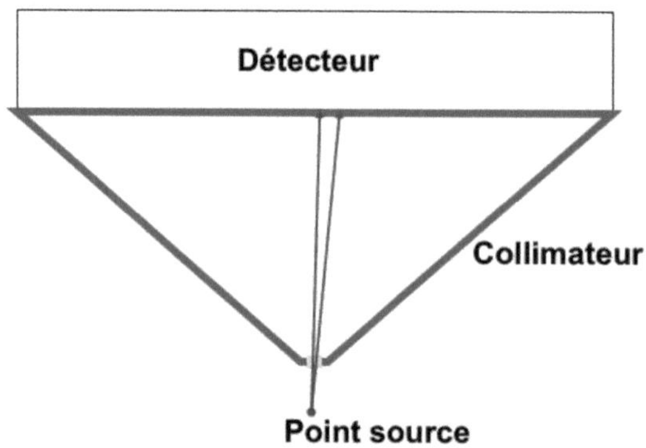

ILL. 15 – Schéma d'une gamma-caméra présentant le détecteur devant laquelle le collimateur plombé sélectionne les photons pouvant être détectés depuis un point source.

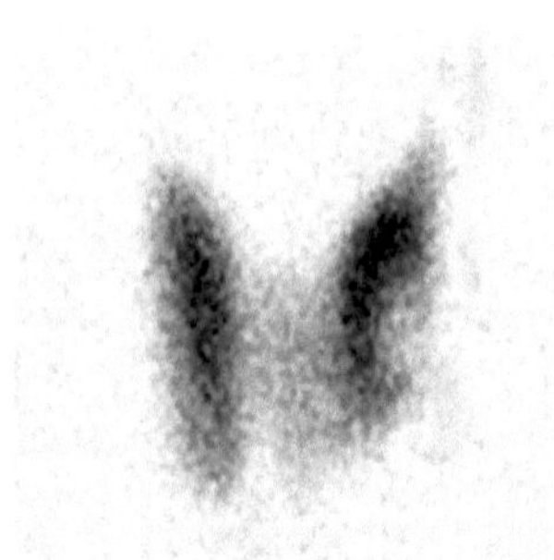

ILL. 16 – Image scintigraphique de la thyroïde acquise après administration d'iode 131. Provenance : service de médecine nucléaire – Hôpitaux universitaires de Strasbourg.

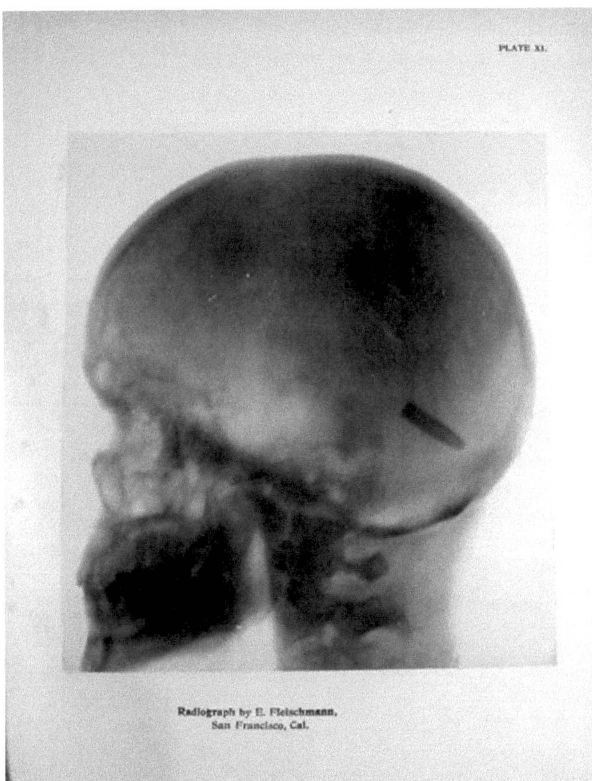

ILL. 17 – Radiographie du crâne. Le cerveau est représenté comme une tache indistincte parce que toute sa profondeur se trouve projetée sur une image. Celle-ci a été produite pour localiser une balle.

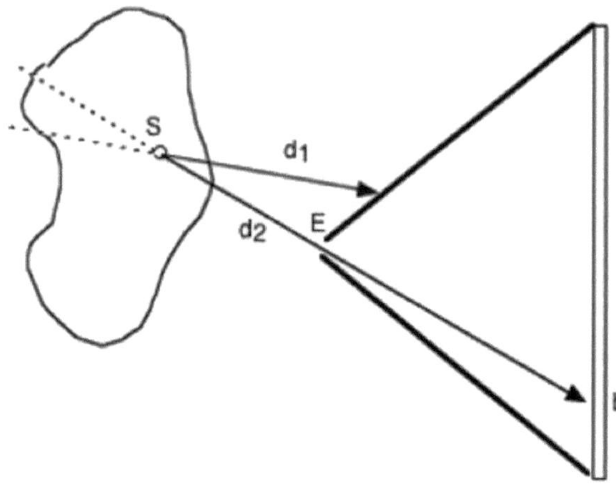

Ill. 18 – Schéma illustrant la nature projective de l'information obtenue en scintigraphie.

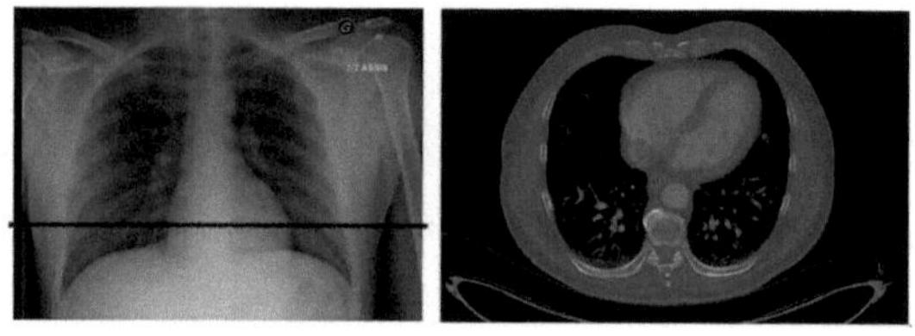

Ill. 19 – Comparaison de l'image planaire projetée d'un thorax par radiographie (à gauche) avec une coupe de l'image tomodensitométrique reconstruite (à droite). Provenance : service de médecine nucléaire – Hôpitaux universitaires de Strasbourg.

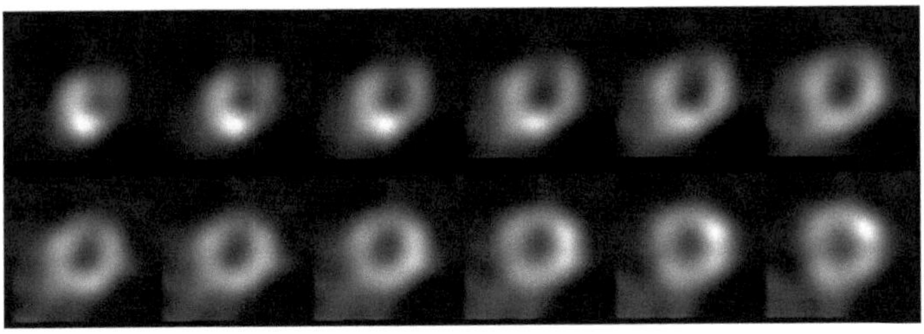

Ill. 20 – Comparaison des coupes tomographiques de la perfusion myocardique chez un patient à l'effort (ligne du haut) et au repos (ligne du bas). Provenance : service de médecine nucléaire – Hôpitaux universitaires de Strasbourg.

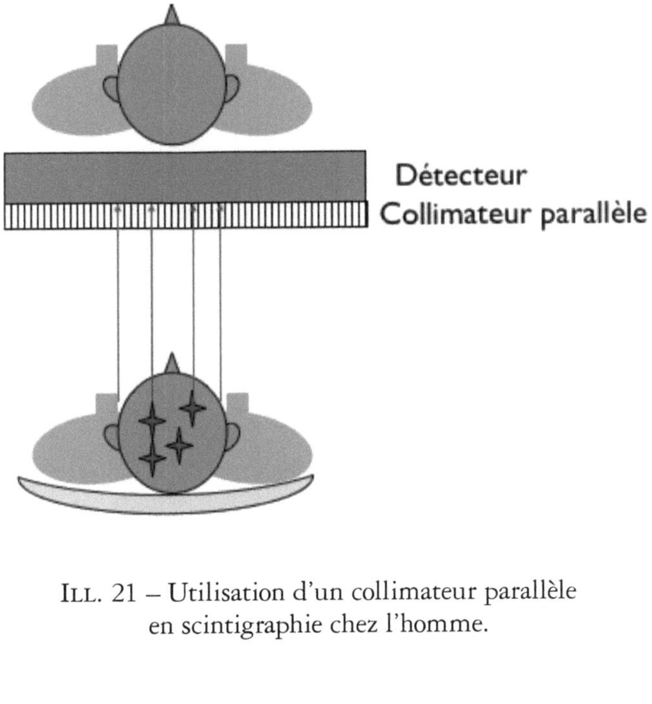

Ill. 21 – Utilisation d'un collimateur parallèle en scintigraphie chez l'homme.

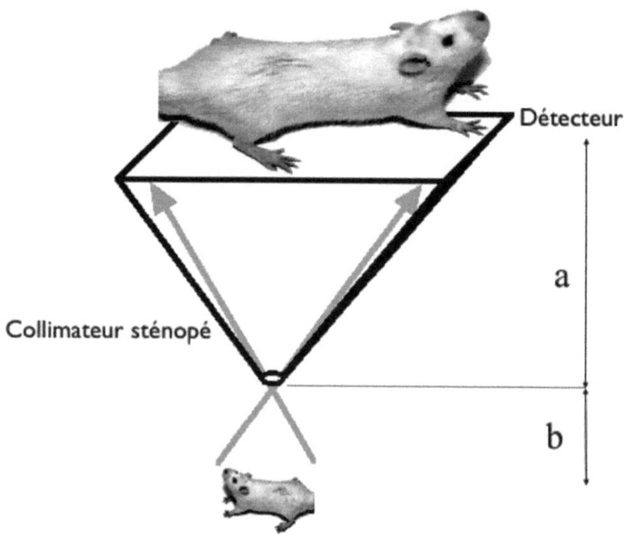

Ill. 22 – Utilisation d'un collimateur conique en scintigraphie chez le petit animal.

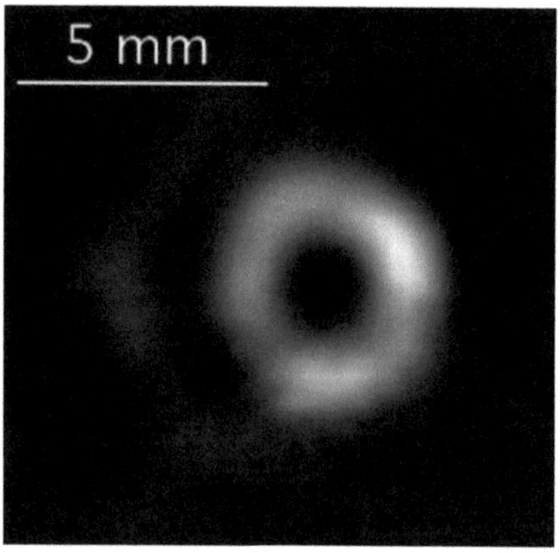

Ill. 23 – Image de la perfusion du myocarde de la souris à la 99mTc-tétrofosmine. Provenance : service de médecine nucléaire – Hôpitaux Universitaires de Strasbourg, publié dans (Constantinesco 2005).

BIBLIOGRAPHIE

ALSPECTOR-KELLY, Marc, « Seeing the Unobservable », *Synthese*, vol. 140, 2004, p. 331-353.

BARBEROUSSE, Anouk, KISTLER, Max et LUDWIG, Pascal, *La philosophie des sciences au XXe siècle*, Flammarion, 2000.

BARBEROUSSE, Anouk, FRANCESCHELLI, Sara et IMBERT, Cyrille, « Computer Simulations as Experiments », *Synthese*, vol. 169, 2007, p. 557-574.

BICHAT, Xavier, *Traité des membranes en général et de diverses membranes en particulier*, Richard, Caille et Ravier, 1799.

BLAHD, William Henry, « Ben Cassen and the Development of the Rectilinear Scanner », *Seminars in Nuclear Medicine*, vol. 26, 1996, p. 165-170.

BLOCH, Isabelle, « Fuzzy Relative Position Between Objects in Image Processing : A Morphological Approach », *IEEE Transactions on Pattern Analysis and Machine Intelligence*, vol. 21, 1999, p. 52-67.

BOGEN Jim et WOODWARD, Jim, « Saving the Phenomena », *The Philosophical Review*, vol. 97, 1988, p. 303-352.

BOGEN Jim et WOODWARD, Jim, « Observations, Theories and the Evolution of the Human Spirit », *Philosophy of Science*, vol. 59, 1992, p. 590-611.

BOGEN, Jim, « Theory and Observation in Science », *The Stanford Encyclopedia of Philosophy*, éd. Edward N. Zalta, 2009.

BONJOUR, Laurence, *The Structure of Empirical Knowledge*, Harvard University Press, 1985.

BONJOUR, Laurence, « Epistemological problems of perception », *The Stanford Encyclopedia of Philosophy*, éd. Edward N. Zalta, 2007.

BROAD, Charlie Dunbar, « The Theory of Sensa », Scientific Thought, Routledge, 2002, p. 239-283.

BRUNER, Jerome et POSTMAN, Leo, « On the Perception of Incongruity : A Paradigm », *Journal of Personality*, vol. 18, 1949, p. 206-223.

BRUNER, Jerome, « On Perceptual Readiness », *Beyond the Information Given*. W. W. Norton & Co, 1973.

CARNAP, Rudolf, HAHN, Hans et NEURATH, Otto, « La conception scientifique du monde : Le Cercle de Vienne », éd. A. Soulez, *Manifeste du Cercle de Vienne et autres écrits*, PUF, 1985.

CARNAP, Rudolf, « Die physikalische Sprache als Universalsprache der Wissenschaft », *Erkenntnis*, vol. 2, 1931, p. 432-465.

CARNAP, Rudolf, « Ü berwindung der Metaphysik durch logische Analyse der Sprache », *Erkenntnis*, vol. 2, 1931, p. 219-241.

CARNAP, Rudolf, « Über Protokollsätze », *Erkenntnis*, VOL. 3, 1932, p. 215-228.

CARNAP, Rudolf, *Philosophical foundations of Physics : An Introduction to the Philosophy of Science*, Basic Books, 1966. *Les fondements philosophiques de la physique*, traduction par Jean-Mathieu Luccioni et Antonia Soulez, Armand Colin, 1973.

CHALMERS, Alan, « The Theory-Dependence of the Use of Instruments in Science », *Philosophy of Science*, vol. 70, 2003, p. 493-509.

CHANG, Hasok, *Inventing Temperature*, Oxford University Press, 2004.

CHANG, Hasok, « A Case for Old-Fashioned Observability, and a Reconstructed Constructive Empiricism », *Philosophy of Science*, vol. 72, 2005, p. 876-887.

CHURCHLAND, Paul, *Scientific Realism and The Plasticity of Mind*, Cambridge University Press, 1979.

COLLINS, Harry, *Changing order*, Sage Publications, 1985.

COLLIOT, Olivier, CAMARA, Oscar et BLOCH, Isabelle, « Integration of fuzzy spatial relations in deformable models-Application to brain MRI segmentation », *Pattern Recognition*, vol. 39, 2006, p. 1401-1414.

CONSTANTINESCO, André, CHOQUET, Philippe, MONASSIER, Laurent, ISRAEL-JOST, Vincent, ELFERTAK, Lahsen et SONNENDRUCKER, Éric, « Étude pilote de la perfusion myocardique chez la souris par micro-imagerie TEMP », *Médecine Nucléaire – Imagerie fonctionnelle et métabolique*, vol. 28, 2004, p. 163-168.

CONSTANTINESCO, André, CHOQUET, Philippe, MONASSIER, Laurent, ISRAEL-JOST, Vincent et MERTZ, Luc, « Assessment of left ventricular perfusion, volumes and motion in mice using pinhole gated SPECT », *Journal of Nuclear Medicine*, vol. 46, 2005, p. 1005-1011.

CRANE, Tim, « The problem of perception », *The Stanford Encyclopedia of Philosophy*, éd. Edward N. Zalta, 2005.

DEMAZEUX, Steeves, « Le lit de Procuste du DSM-III : Classification psychiatrique, standardisation clinique et ontologie médicale », Thèse de doctorat, université de Paris 1 Panthéon-Sorbonne, 2011.

DEVEUGHELE, Stéphane et DUBUISSON, Bernard, « Using Possibility Theory in Perception : An Application in Artificial Vision », *Second IEEE International Conference on Fuzzy Systems*, p. 821-826, San Francisco, Californie, 1993.

DEVRIES, Willem et TRIPLETT, Timm, *Knowledge, Mind, and the Given-Reading Wilfrid Sellars's "Empiricism and the Philosophy of Mind"*, Hackett Publishing Company, 2000.

DOYON, Dominique, CABANIS, Emmanuel-Alain, IBA-ZIZEN, Marie-Thérèse, ROGER, Bernard, FRIJA, Jacques, PARIENTE, Danièle et IDY-PERETTI, Ilana, *IRM : imagerie par résonance magnétique*, Elsevier-Masson, 2004. Quatrième édition.

DRETSKE, Fred, *Seeing and knowing*, Routledge and Kegan Paul, 1969.

DUHEM, Pierre, *La théorie physique, son objet, sa structure*, Marcel Rivière et Cie, 1914. Deuxième édition revue et augmentée.

FACOS, Michelle, *An Introduction to Nineteenth-Century Art*, Routledge, 2011.

FEYERABEND, Paul, « An Attempt at a Realistic Interpretation of Experience », *Realism, Rationalism, and Scientific Method (Philosophical Papers I)*, Cambridge University Press, 1996, p. 17-36.

FEYERABEND, Paul, « Problems of Empiricism », éd. R. Colodny, Beyond the Edge of Certainty, Prentice-Hall, 1996, p. 17-36.

FLAKUS, Frankz-Nikolaus, « Detecting and measuring ionizing radiation – a short history », *IAEA Bulletin*, vol. 23, 1981, p. 31-36.

FODOR, Jerry, « Observation Reconsidered », *Philosophy of Science*, vol. 51, 1984, p. 23-43.

FRANKLIN, Allan et HOWSON, Colin, « It probably is a valid experimental result : a Bayesian approach to the epistemology of experiment », *Studies in History and Philosophy of Science*, vol. 19, 1988, p. 419-427.

FRANKLIN, Allan, ANDERSON, M., BROCK, D., COLEMAN, S., DOWNING, J., GRUVANDER, A., LILLY, J., NEAL, J., PETERSON, D., PRICE, M., RICE, R., SMITH, L., SPEIRER, S. et TOERING, D., « Can a Theory-Laden Observation Test the Theory ? », *The British Journal for the Philosophy of Science*, vol. 40, 1989, p. 229-231.

FRANKLIN, Allan, *The neglect of experiment*, Cambridge University Press, 1986.

FRANKLIN, Allan, « How to avoid the experimenter's regress », *Studies in History and Philosophy of Science*, vol. 25, 1994, p. 463-491.

FRIEDMAN, Michael, « Explanation and Scientific Understanding », *Journal of Philosophy*, vol. 71, 1974, p. 5-19.

FRIES, Jakob Friedrich, *Neue oder anthropologische Kritik der Vernunft*, Mohr und Zimmer, 1807.

FRIGG, Roman et REISS, Julian, « The philosophy of simulation : hot new issues or same old stew ? », *Synthese*, vol. 169, 2008, p. 593-613.

GOLDMAN, Alvin, « The given », *A Companion to Epistemology*, Blackwell, 1992, p. 159-161.

GUPTA, Anil, *Empiricism and Experience*, Oxford University Press, 2006.

HAACK, Susan, *Evidence and Inquiry : Towards Reconstruction in Epistemology*, Blackwell, 1993.

HACKING, Ian, « Est-ce qu'on voit à travers un microscope ? », éd. Sandra

Laugier et Pierre Wagner, *Philosophie des sciences vol. II : naturalismes et réalismes*, Vrin, 1981, p. 235-274.

HACKING, Ian, *Representing and Intervening*, Cambridge University, 1983.

HACKING, Ian, « On the Stability of the Laboratory Sciences », *The Journal of Philosophy*, vol. 85, 1988, p. 507-514.

HACKING, Ian, *Entre science et réalité, la construction sociale de quoi ?* La Découverte, 2001.

HANSON, Norwood Russell, *Patterns of Discovery*, Cambridge University Press, 1958.

HARTMANN, Stephan, « The World as a Process : Simulations in the Natural and Social Sciences », éd. U. Mueller, R. Hegselmann et K. G. Troitzsch, *Modelling and Simulation in the Social Sciences from a Philosophy of Science Point of View*, Kluwer, 1996, p. 77-100.

HEIDELBERGER, Michael, « Theory-ladenness and Scientific Instruments in Experimentation », *The Philosophy of Scientific Experimentation*, University of Pittsburgh Press, 2003, p. 138-151.

HEMPEL, Carl Gustav et OPPENHEIM, Paul, « Studies in the Logic of Explanation », *Philosophy of Science*, vol. 15, 1948, p. 135-175.

HEMPEL, Carl Gustav, « Explanation in Science and History », éd. R. G. Colodny, *Frontiers of Science and Philosophy*, University of Pittsburgh Press, 1962, p. 9-19.

HEMPEL, Carl Gustav, *Philosophy of natural science*, Prentice-Hall, 1966.

HOBBS, Jesse, « A Limited Defense of the Pessimistic Induction », *British Journal of Philosophy of Science*, 1994, p. 171-191.

HOLT, Brian, « New Approaches to Phenotypic Analysis in Adult Mice », *Journal of Molecular and Cellular Cardiology*, vol. 33, 2001, p. 27-35.

HUME, David, *Enquête sur l'entendement humain*, Flammarion, 1983.

HUMPHREYS, Paul, « Computer Simulations », *Proceedings of the Biennial Meeting of the Philosophy of Science Association*, The University of Chicago Press, 1991, p. 497-506.

HUMPHREYS, Paul, *Extending Ourselves : Computational Science, Empiricism and Scientific Method*, University Press, 2004.

ISRAEL-JOST, Vincent, CHOQUET, Philippe, BLONDET, Cyrille, NAMER, Izzie Jacques, SLIM, Ihsen, ELKADRI, Nomen, MONASSIER, Laurent, SONNENDRUCKER, Éric et CONSTANTINESCO, André, « Théorie et état de l'art de l'imagerie scintigraphique du petit animal avec col limateur pinhole simple et multi-trous », *Médecine Nucléaire – Imagerie fonctionnelle et métabolique*, vol. 27, 2003, p. 557-567.

ISRAEL-JOST, Vincent, « Optimisation de la reconstruction en tomographie d'émission monophotonique avec collimateur sténopé », Thèse de doctorat, université Louis-Pasteur, 2006.

KASTIS, George, FURENLID, L. R., WILSON, D. W., PETERSON, T. E., BARBER, H. B. et BARRETT, H. H., « Compact CT / SPECT Small-Animal Imaging System », *IEEE Transactions on Nuclear Science*, vol. 51, 2004, p. 63-67.

KITCHER, Philip, « Explanatory Unification and the Causal Structure of the World », *Scientific Explanation*, University of Minnesota Press, 1989, p. 410-505.

KLEIN, Peter, « Human Know ledge and the Infinite Regress of Reasons », *Noûs*, vol. 33,1999, p. 297-325.

KUHN, Thomas, *The Structure of Scientific Revolutions*, University of Chicago Press, 1962 / 1970. Seconde édition augmentée d'une postface. *La structure des révolutions scientifiques*, traduction par Laure Meyer, Flammarion, 1983.

LEHRER, Keith, *Knowledge*. Oxford University Press, 1974.

LEHRER, Keith, *Theory of Knowledge*, Westview Press, 1990.

LJUNGGREN, Stig, « A simple graphical representation of Fourier-based imaging methods », *Journal of Magnetic Resonance*, vol. 54, 1983, p. 338-343.

LOPES, Dominic, « Drawing in a Social Science : Lithic Illustration », *Perspective on Science*, vol. 17, 2009, p. 5-25.

MARR, David et HILDRETH, Ellen, « Theory of Edge Detection », *Proceedings of the Royal Society of London. Series B, Biological Sciences*, vol. 207, 1980, p. 187-217.

MARR, David, *Vision*. W. H. Freeman & Company, 1982.

MASTERMAN, Margaret, « The nature of a paradigm », éd. I. Lakatos et A. Musgrave, *Criticism and the Growth of Knowledge*, Cambridge University Press, 1993, p. 45-58.

MAXWELL, Grover, « On the Ontological Status of Theoretical Entities », éd. H. Feigl et G. Maxwell, *Scientific Explanation, Space, and Time*. Minnesota Studies in the Philosophy of Science, 1962, p. 3-27.

MEYERS, Robert, *Understanding Empiricism. Acumen Publishing Limited*, 2006.

MOORE, George Edward, « Sense data », éd. T. Baldwin, *Selected Writings*, Routledge, 1993, p. 45-58.

NEURATH, Otto, « Protocol Statements », éd. R. Cohen et M. Neurath, *Philosophical Papers 1913-1946*, D. Reidel, 1983, p. 91-99.

NEURATH, Otto, « The Lost Wanderers of Descartes and the Auxilliary Motive », éd. R. Cohen et M. Neurath, *Philosophical Papers 1913-1946*, D. Reidel, 1983, p. 1-12.

NOLA, Robert, « Some problems concerning the theory-ladenness of observations », *Dialectica*, vol. 41, 1987, p. 273-292.

PACHERIE, Élisabeth, « Do we see with microscopes ? », *The Monist*, vol. 78, 1995, p. 171-188.

PARKER, Wendy, « Does matter real ly matter ? Computer simulations, experiments and materiality », *Synthese*, 2007.

PEYRET, Olivier, MESTAIS, Corinne et VERGER, Loïck, « Vers les gamma-caméras à semi-conducteurs », *Revue de l'ACOMEN*, vol. 5, 1999, p. 129-135.

POLINE, Jean-Baptiste, CIUCIU, Philippe, ROCHE, Alexis et THIRION, Bertrand, « Quelle confiance accorder aux images du cerveau en action ? », *Pour la science*, vol. 338, 2005, p. 138-142.

POPPER, Karl, *La logique de la découverte scientifique*, Payot, 1973.

PRICE, Henry Habberley, *Perception*, Methuen, 1932.

RADON, Johann, « Über die Bestimmung von Funktionen durch ihre Integralwerte längsgewisser Mannigfaltigkeiten », *Berichte Sächsische Akademie der Wissenschaften Math-Phys Kl*, vol. 69, 1917, p. 262-267.

REICHENBACH, Hans, *Experience and Prediction. An Analysis of the Foundations and the Structure of Knowledge*, University of Chicago Press, 1938.

REIMER, Marga, « Reference », *The Stanford Encyclopedia of Philosophy*, éd. Edward N. Zalta, 2009.

RÖNTGEN, Wilhelm, « On a New Kind of Rays », *Nature*, vol. 53, 1896, p. 274-276.

RUSSELL, Bertrand, et WHITEHEAD, Alfred North, *Principia Mathematica*, Cambridge University Press, 1910.

RUSSELL, Bertrand, *The Problems of Philosophy*, Williams and Norgate, 1912. *Problèmes de philosophie*, traduction par François Rivenc, Payot, 1989.

RUSSELL, Bertrand, « Knowledge by Acquaintance and Knowledge by Description », *Mysticism and Logic and Other Essays*, Longmans, 1918, p. 152-167.

RYLE, Gilbert, *Dilemmas*, Cambridge University Press, 1954.

SCHERRER-CROSBIE, Marielle, STEUDEL, W., ULLRICH, R. HUNZIKER, P. R., LIEL-COHEN, N., NEWELL, J., ZAROFF, J., ZAPOL, W. M. et PICARD, M. H., « Echocardiographic determination of risk area size in a murine model of myocardial ischemia », *American Journal of Physiology*, vol. 277, 1999, p. H986-H992.

SCHINDLER, Samuel, « Bogen and Woodward's data-phenomena distinction, forms of theory-ladenness, and the reliability of data », *Synthese*, 2009, p. 1-17.

SELLARS, Wilfrid, « Empiricism and the Philosophy of Mind », *Minnesota Studies in the Philosophy of Science*, vol. I, éd. H. Feigl et M. Scriven, University of Minnesota Press, 1956, p. 253-329.

SEXTUS EMPIRICUS, *Esquisses pyrrhoniennes*. I. Seuil, 1997, traduction fran¸caise de P. Pellegrin.

SHAPERE, Dudley, « The concept of Observation in Science and Philosophy », *Philosophy of Science*, vol. 49, 1982, p. 485-525.

STEUP, Matthias, « Epistemology », *The Stanford Encyclopedia of Philosophy*, éd. Edward N. Zalta, 2006.

STUEWER, Roger H., « Artificial Disintegration and the Cambridge-Vienna Controversy », éd. P. Achinstein et O. Hannaway, *Observation, Experiment, and Hypothesis in Modern Physical Science*, MIT Press, 1985, p. 239-307.

TELLER, Paul, « Whither Constructive Empiricism ? », *Philosophical Studies*, vol. 106, 2001, p. 123-150.

TWIEG, Donald, « The k-trajectory formulation of the NMR imaging process with applications in analysis and synthesis of imaging methods », *Medical Physics*, vol. 10, 1983, p. 610-621.

VAN FRAASSEN, Bas, *The Scientific Image*. Oxford University Press, 1980.

VAN FRAASSEN, Bas, « Empiricism in the Philosophy of Science », éd. P. M. Churchland et C. A. Hooker, *Images of Science : Essays on Realism and Empiricism*, University of Chicago Press, 1985, p. 245-308.

VOGT, Katja, « Ancient Skepticism », *The Stanford Encyclopedia of Philosophy*, éd. Edward N. Zalta, 2010.

VOLLMER, Sara, « Two Kinds of Observation : Why Van Fraassen Was Right to Make a Distinction, but Made the Wrong One », *Philosophy of Science*, vol. 67, 2000, p. 355-365.

WAGNER, Henry H., *A Personal History of Nuclear Medicine*. Springer-Verlag, 2006.

WILLIAMS, Michael, *Problems of Knowledge : a Critical Introduction to Epistemology*. Oxford University Press, 2001.

WILSON, Hugh R. et BERGEN, James R., « A four mechanism model for threshold spatial vision », *Vision Research*, vol. 19, 1979, p. 19-32.

WILSON, Hugh R. et GIESE, Stephen C., « Threshold visibility of frequency gradient patterns », *Vision Research*, vol. 17, 1977, p. 1177-1190.

WINSBERG, Eric, « Simulations, Models, and Theories : Complex Physical Systems and Their Representations », *Philosophy of Science*, vol. 68, 2001, p. 442-454.

WU, Max C., GAO, Dong-Wei, SIEVERS, Richard E., LEE, Randall J., HASEGAWA, Bruce H. et DAE, Michael W., « Pinhole single-photon emission computed tomography for myocardial perfusion imaging of mice », *Journal of the American College of Cardiology*, vol. 42, 2003, p. 576-582.

YAGER, Ronald R., « On a General Class of Fuzzy Connectives », *Fuzzy Sets and Systems*, vol. 4, 1980, p. 235-242.

INDEX

TABLE DES ILLUSTRATIONS

TABLE DES MATIÈRES

COLLECTION
« HISTOIRE ET PHILOSOPHIE DES SCIENCES »

La collection « Histoire et philosophie des sciences » accueille des travaux originaux et de grande exigence scientifique, en vue de constituer une collection de référence sans préjugés de méthode ou d'orientation philosophique.

Retrouvez tous les titres de la collection en scannant ce code QR :

Et pour recevoir nos dernières actualités, abonnez-vous ici :